建设工程施工图审查疑难问题解析丛书

建筑专业施工图疑难问题解析

马国祝　李佳男　编著

机械工业出版社
CHINA MACHINE PRESS

本书是一本为贯彻落实国家和省建设工程设计审查相关政策技术文件，进一步提升建设工程设计审查水平，保障建设工程设计审查质量的工具用书。书中通过收集各省相关设计单位及施工图审查机构反映的疑难问题，并借鉴了各省市的技术经验，以国家现行的法律法规、工程建设技术标准、各地政府部门规范性文件作为编写依据，针对建筑设计审查实际工作中存在的部分盲点、疑点和难点，通过一题一议的方式，结合实际工程，以建筑为纲、设计为本、图纸为鉴、实例为证，以期切实解决设计审查人员工作中遇到的困惑，进一步强化对现行规范及最近实施的通规等相关条文的理解认识和实际执行尺度。具体内容包括建筑施工图审查总原则、建筑施工图专篇、建筑施工图审查细则、建筑施工图审查要点、建筑施工图审查主要内容、总平面图设计常见问题、建筑节能设计常见问题、建筑设计总说明中的常见问题、建筑防火设计常见问题、公共建筑设计中常见问题及住宅建筑设计常见问题。

本书可作为建筑工程设计及施工图审查人员的参考用书，对于相关专业的高校师生也具有一定的借鉴意义。

图书在版编目（CIP）数据

建筑专业施工图疑难问题解析 / 马国祝，李佳男编著. -- 北京：机械工业出版社，2025.6. --（建设工程施工图审查疑难问题解析丛书）. -- ISBN 978-7-111-78407-4

Ⅰ.TU204-44

中国国家版本馆 CIP 数据核字第 2025MD9222 号

机械工业出版社（北京市百万庄大街22号　邮政编码100037）
策划编辑：薛俊高　　　　　　　　责任编辑：薛俊高　范秋涛
责任校对：李　霞　马荣华　景　飞　封面设计：张　静
责任印制：任维东
河北宝昌佳彩印刷有限公司印刷
2025年7月第1版第1次印刷
184mm×260mm・14.75印张・269千字
标准书号：ISBN 978-7-111-78407-4
定价：59.00元

电话服务　　　　　　　　　　网络服务
客服电话：010-88361066　　　机　工　官　网：www.cmpbook.com
　　　　　010-88379833　　　机　工　官　博：weibo.com/cmp1952
　　　　　010-68326294　　　金　书　网：www.golden-book.com
封底无防伪标均为盗版　　　　机工教育服务网：www.cmpedu.com

前　言

我国于 2000 年开始实施施工图审查制度，20 多年的实践证明，通过施工图审查实现了保障公众安全、维护公共利益的初衷，极大减少了因勘察设计原因而引起的工程安全事故，推动了建设事业的健康可持续发展。另外，通过线上数字化联合审查系统，实现了建设、勘察、设计、施工、监理、档案等各参建单位与施工图审查机构在审查系统上的在线协同、闭环管理。政府主管部门实现了对勘察设计企业及其从业人员的有效监管与正确引导，为工程建设项目施工监管、验收以及建档、存档提供了依据，为政府决策提供了大量、可靠的数据与信息支撑，为政府部门上下游审批环节的无缝衔接搭建了平台。

施工图审查是《建设工程质量管理条例》和《建设工程勘察设计管理条例》确立的一项重要制度，是法定基本建设程序。施工图审查在严把勘察设计质量关、确保建设工程质量安全、维护公共利益、保障人民群众生命财产安全等方面发挥着事前审查和排除安全隐患的重要作用，同时也对政府各项政策落实起到了把关作用。多年来，通过施工图审查，发现了大量存在于施工图设计文件中的各类问题，这些问题多带有普遍性，主要是由设计人员对规范条文理解不到位引起的。图纸是项目建设的灵魂，施工图设计质量不仅可以左右建设项目质量、进度和成本等建设目标的达成，而且直接影响到建设工程建成后全生命周期内的使用价值和运行效益。因此，施工图设计审查是建设工程的关键性环节。本书描述的常见设计质量问题主要收集于以下几个方面：

（1）近三年全国"双随机、一公开"设计质量专项检查通报的普遍性问题。

（2）施工图设计质量现场调研报告中的问题。

（3）近年来群众投诉较多、反映强烈的问题。

（4）其他地区相关文件中列举的典型问题。

（5）通用规范实施等原因引发的问题。

经过对上述问题的分析、归纳和整理，逐条有针对性地做出原因分析和处理措施。书中列举的工程实例大多选自实际工程的施工图设计文件，原因分析多数基于工程建设标准规范和技术审查要点。因对各类规范理解的不同，同样问题均有不同观点，各个地方标准要求不尽一致，任何个人都无法做出完全权威性判定。但我们可以从基本概念、底层逻辑、条文制定背景等多个方面进行理解，得出一个相对共性的观点，再通过建筑使用者感受，验证规范与设计的合理性。我们剖析工程实例的目的是为了共同学习和把握规范标准，希望通过分析总结让施工图设计文件更完善，尽量不违反强制性条文。为此，除了分析原因，还给出合理化修改意见，或解决问题的可行方向。标准规范不可能解决所有的问题，有意或无意中留下了一些空白区域，将设计过程中所有的问题寄希望于在规范中寻找答案，同样是不可能的，设计人员应学会从不同视角来思考规范规定之义。唯有如此，才能最大限度弥补规范局限性的影响。

本书编写中侧重于常见问题发生的点（审查要点），从点到线（审查内容），从线到面（专项设计）。内容主要包括施工图审查要点、审查主要内容和建筑各专项设计等。选取的工程实例，也是日常审查工作中遇到的具有代表性的真实案例，只是为了突出重点，对案例做了适当的简化和再表达工作。本书编写过程中得到了很多业内专家和设计人员的支持和帮助，在此表示衷心的感谢。特别要感谢机械工业出版社的薛俊高先生对施工图审查常见问题这一课题的长期热心关注，以及参与编辑本书的所有人员，感谢他们对本书最终出版所付出的共同努力，以及他们提出的有针对性的意见和建议。由于规范条文的时限性，以及编者自身认知的局限性和专业能力的限制，书中难免有不当甚或错讹之处，也请读者和行业内专家批评指正。

特别说明：同一规范条文，不同地区、不同审查人员理解经常不同，本书对常见问题的分析，只代表编者的个人观点，仅供设计审查人员对工程实例理解时参考使用，不具备任何法律约束力。

马国祝

2025 年 1 月

目 录

前言

第 1 章 建筑施工图审查总原则 / 1

    1.1 现行设计标准体系与新标准体系 / 1
    1.2 通用规范与现行设计标准的关系 / 3
    1.3 新旧规范标准衔接关系 / 3
    1.4 政府文件及要求 / 5
    1.5 施工图审查的总原则 / 6
    1.6 施工图审查方法 / 7

第 2 章 建筑施工图专篇内容 / 9

    2.1 建筑消防设计专篇内容 / 9
    2.2 建筑节能设计专篇内容 / 24
    2.3 绿色建筑设计专篇内容 / 29
    2.4 建筑防水设计专篇内容 / 37
    2.5 装配式建筑设计专篇内容 / 45

第 3 章 建筑施工图审查细则 / 51

    3.1 设计缺陷类审查细则 / 51
    3.2 专业配合类审查细则 / 54
    3.3 错漏碰缺类审查细则 / 59

第 4 章 建筑施工图设计审查要点 / 63

    4.1 建筑施工图政策性审查 / 63
    4.2 建筑施工图技术性审查 / 66

第 5 章 建筑施工图审查主要内容 / 93

    5.1 居住类建筑 / 93

5.2　老年人照料设施建筑 / 96

5.3　教育类建筑 / 97

5.4　体育馆建筑 / 101

5.5　办公建筑 / 103

5.6　餐饮、旅馆、商业类建筑 / 104

5.7　文化类建筑 / 107

5.8　医疗类建筑 / 115

5.9　交通客运站建筑 / 119

5.10　车库建筑 / 120

5.11　物流建筑 / 121

5.12　冷库建筑 / 124

第6章　总平面图设计常见问题 / 126

6.1　总平面设计深度问题 / 126

6.2　竖向平面图设计问题 / 133

6.3　消防总平面设计问题 / 138

6.4　总平面布置安全问题 / 144

第7章　建筑节能设计常见问题 / 149

7.1　居住建筑节能设计问题 / 149

7.2　公共建筑节能设计问题 / 155

7.3　工业建筑节能设计问题 / 158

第8章　建筑设计总说明中常见问题 / 160

8.1　与深度有关的一些问题 / 160

8.2　与安全有关的一些问题 / 163

8.3　与构造有关的一些问题 / 165

8.4　与强条有关的一些问题 / 166

第9章　建筑防火设计常见问题 / 169

9.1　建筑分类问题 / 169

9.2　防火分区问题 / 173

9.3 安全疏散问题 / 178

9.4 防火构造问题 / 184

第 10 章 公共建筑设计中常见问题 / 187

10.1 地下室设计问题 / 187

10.2 无障碍设计问题 / 189

10.3 门窗安全设计问题 / 191

10.4 栏杆安全设计问题 / 194

第 11 章 住宅建筑设计常见问题 / 198

11.1 室内外环境问题 / 198

11.2 无障碍设计问题 / 202

11.3 门窗安全设计问题 / 203

11.4 防护栏杆设计问题 / 210

附录 / 214

附录 A 常用标准规范简称索引 / 214

附录 B 政府文件及简称索引 / 218

附录 C 省市审查要点简称索引 / 220

参考文献 / 222

后记 / 224

第1章
建筑施工图审查总原则

1.1 现行设计标准体系与新标准体系

现行设计标准体系是一个由政府主导颁布标准和市场自主制定标准构成的二元结构体系，政府颁布标准包括国家标准（如 GB 系列）、行业标准和地方标准，市场自主制定标准则包括团体标准和企业标准，涵盖了建筑设计等多个领域，如图 1.1-1 所示。通过遵循这些标准，可以确保设计的质量、安全性和可靠性。同时，设计标准体系也需要不断更新和发展，为适应国际技术法规与技术标准通行规则，住房和城乡建设部陆续印发《深化工程建设标准化工作改革的意见》等文件，提出政府制定强制性标准、社会团体制定自愿采用性标准的长远目标，明确了逐步用全文强制性工程建设规范取代现行标准中分散的强制性条文的改革任务，最终形成由法律、行政法规、部门规章中的技术性规定与全文强制性工程建设规范构成的"技术法规"体系。

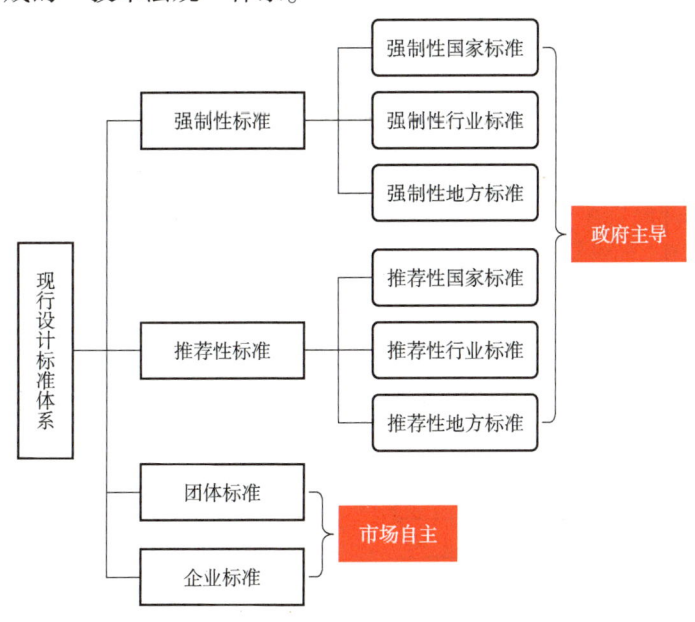

图 1.1-1 工程建设规范现行设计标准体系

强制性工程建设规范体系覆盖工程建设领域各类建设工程项目，分为工程项目类规范（简称项目规范）和通用技术类规范（简称通用规范）两种类型。在全文强制性工程建设规范体系中，项目规范为主干，通用规范是对各类项目共性、通用的专业性关键技术措施的规定，如图 1.1-2 所示。强制性工程建设规范具有强制约束力，是保障人民生命财产安全、人身健康、工程安全、生态环境安全、公众权益和公众利益，以及促进能源资源节约利用、满足经济社会管理等方面的控制性底线要求，在工程建设项目的勘察、设计、施工、验收等建设活动全过程中必须严格执行。按照《实施工程建设强制性标准监督规定》（建设部第 81 号令），施工单位违反强制性条文，除责令整改外，还要处以工程合同价款 2%以上 4%以下的罚款。勘察、设计单位违反工程建设强制性标准进行勘察、设计的，责令改正，并处以 10 万元以上 30 万元以下的罚款。而推荐性工程建设标准是经过实践检验、保障达到强制性规范要求的成熟技术措施，一般情况下也应当执行。在满足强制性工程建设规范规定的项目功能、性能要求和关键技术措施的前提下，可合理选用相关团体标准、企业标准，使项目功能、性能更加优化或达到更高水平。推荐性工程建设标准、团体标准、企业标准要与强制性工程建设规范协调配套，各项技术要求不得低于强制性工程建设规范的相关技术水平。

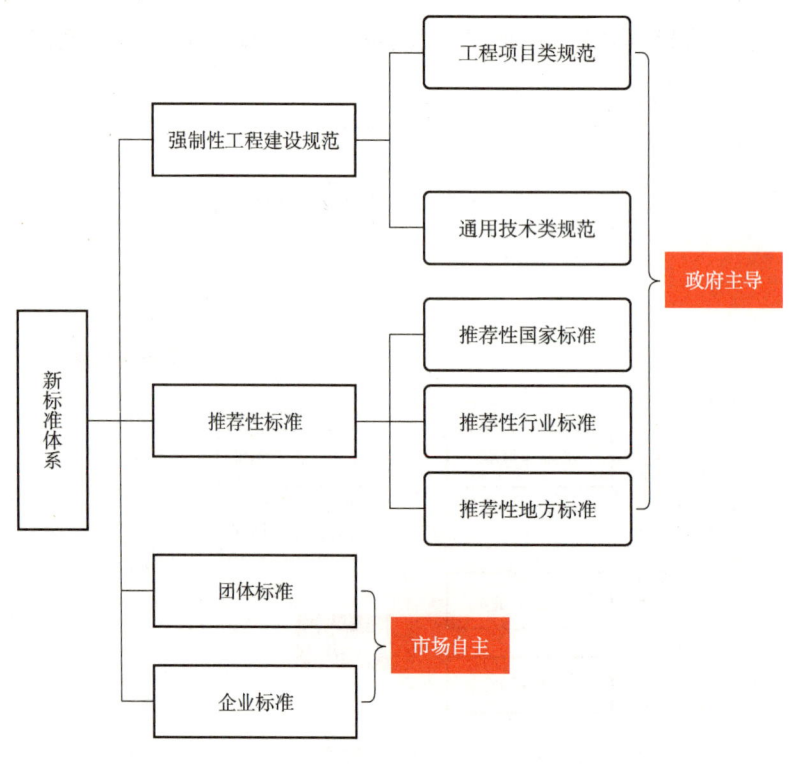

图 1.1-2　工程建设规范新标准体系

1.2 通用规范与现行设计标准的关系

强制性工程建设规范实施后，现行相关工程建设国家标准、行业标准中的强制性条文同时废止。现行工程建设地方标准中的强制性条文应及时修订，且不得低于强制性工程建设规范的规定。现行工程建设标准（包括强制性标准和推荐性标准）中有关规定与强制性工程建设规范的规定不一致的，以强制性工程建设规范的规定为准。

1.3 新旧规范标准衔接关系

1.3.1 新规范实施日期与项目执行的关系

建筑设计新旧规范执行时间一直是设计审查人员关注的焦点。随着技术的进步及市场需求，建筑设计的规范也在不断更新，故设计及审查人员应随时了解当地政策，掌握新规范的执行时间节点，密切关注相关规范的更新情况。需特别注意的是，对于新旧规范的差异，有些地区可能会采用"参照"的方式来进行过渡。设计人员应该谨慎使用这种方式，以免因理解不当而导致设计出现问题。另外，不同地区的新旧规范细则可能存在差异。设计人员应该留意这些细则，以确保施工图设计符合当地要求；提前与当地审图机构做好沟通，以确保施工图设计能够顺利通过审查和实施。

为进一步规范房屋建筑和市政基础设施工程施工图设计文件编制与审查工作，做好新旧工程建设规范标准实施的衔接，《施工图审查管理办法》[一]第六条中规定："审查机构应按照工程项目勘察设计合同签订时有效的工程建设强制性标准进行施工图设计文件审查。"对此问题，住房和城乡建设部网站的"政务咨询"栏目也统一进行了回复如下："根据我部有关规定和做法，在新规范实施日期之后签订建设工程设计合同的项目，应按照新规范进行设计；在新规范实施日期之前已经签订建设工程设计合同的项目，鼓励按照新规范执行。对有条件的项目，也鼓励按照新规范执行。"根据以上文件及答复内容可知，住房和城乡建设部统一的执行精神皆为强制要求以设计合同签订日期为判定执行规范的日期，鼓励尽可能采用新规范。但是需要注意，执行规范时一旦开始执行新版标准，则不应同时再

[一] 为了力求本书的行文简洁，突出核心内容，本书所提到的标准、规范、政府文件、地方规定、规范指南和图示多用了简称，全称及编号可参见书后附录A~附录C。不一一赘述。

执行老标准，更不能只执行新标准中对自己有利的条款，同时保留老标准中较低的要求。各省市一般在具体标准执行时也会有自己的要求。

（1）福建省住建厅规定

1）在新的工程建设规范标准（以下简称"新标准"）实施之日后签订建设工程勘察设计合同的工程项目，勘察设计单位应当按照新标准编制施工图设计文件；施工图审查机构应当按照新标准进行审查。

2）在新标准实施之日前已签订建设工程勘察设计合同的工程项目，鼓励勘察设计单位按照新标准编制施工图设计文件。对于尚未取得施工图审查合格书的项目，建设单位应当支持勘察设计单位按照新标准进行调整修改。对于已开工建设但有条件整改的项目，鼓励按照新标准执行。施工图审查机构按照编制施工图设计文件所依据的有效标准进行审查。

3）工程建设标准设计是关于工程建设构配件与制品、建筑物、构筑物、工程设施和装置等的通用设计文件。新标准实施后，工程建设标准设计与新标准不符的内容，视为无效，不得在勘察设计文件中采用，不作为施工图审查的参考性依据，详见《福建通知》。

（2）陕西省住建厅规定

1）从新版规范实施之日起，全省尚未取得《建设工程规划许可证》（在有效期内）的新建项目初步设计文件，施工图设计（含消防设计）文件的编制和审查应按照新版规范执行。

2）从新版规范实施之日起，已开工建设，后续取得《建设工程规划许可证》的项目，按照《陕西标准衔接》执行。

3）从新版规范实施之日起，工程建设标准设计中与新版规范不符的内容，视为无效，不得在勘察设计文件中采用，不得作为施工图审查的参考依据，地方标准规范中低于新版规范要求的应按新版规范要求执行。

1.3.2 新规范执行后，出变更时与新规范之间的关系

不少设计人员认为，只要自己签了合同，过了施工图审查，在项目竣工前就可高枕无忧，有一些小变更也不再考虑规范修订前后要求不一致的情况。参照住房和城乡建设部网站的"政务咨询"栏目对此类相似问题的统一回复可以看出，在规范修订后出的变更需要按新规范执行。但需要注意变更的可行性。以《建规》为例，修订后的《建规》对防火性能提高了要求，那么变更时，无法修改的墙体宽度等不可变因素不应在变更范围内，但

变更范围内如可更改的电缆的规格、应急照明照度等内容应按新修订规范修改。如果修改内容较大，属于重大变更，需要经过施工图审查的，变更内容也应按新规范进行审查。这一点往往容易被忽略。

1.4 政府文件及要求

施工图审查制度从建立之初至今，已 20 多年，中间历经多次变革，形成了以《建设工程质量管理条例》和《建设工程勘察设计管理条例》为基石，以《房屋建筑和市政基础设施施工图设计文件审查管理办法》为实施依据的一套相对完整的法律制度框架。对于施工图审查是否属于行政审批，经历多个阶段，目前普遍认为，施工图审查属于办理施工许可前的一个技术审查环节。2019 年 3 月国务院发布《项目审改意见》，在"精简审批环节"中提出"将供水、供电、燃气、热力、排水、通信等市政公用基础设施报装提前到开工前办理，在工程施工阶段完成相关设施建设，竣工验收后直接办理接入事宜。试点地区要进一步精简审批环节，在加快探索取消施工图审查（或缩小审查范围）、实行告知承诺制和设计人员终身负责制等方面，尽快形成可复制可推广的经验"。2019 年 9 月住房和城乡建设部《关于完善质量保障体系提升建筑工程品质的指导意见》中把工程建设中的责任划分为四个责任主体，即建设单位首要责任、施工单位主体责任、使用安全主体责任和政府质量监管责任，鼓励采取政府购买服务的方式，委托具备条件的社会力量进行工程质量监督检查和抽测。施工图审查的主要职责是政府对勘察设计文件的质量安全监管。对施工图审查工作的定位并不清晰，这直接导致部分省市在上位法未做调整的基础上，取消或者部分取消了施工图审查。2019 年 4 月修订的《消防法》第十一条规定："国务院住房和城乡建设主管部门规定的特殊建设工程，建设单位应当将消防设计文件报送住房和城乡建设主管部门审查，住房和城乡建设主管部门依法对审查的结果负责。"施工图审查又具有了"行政许可"的性质。2020 年 1 月国务院发布的《优化营商环境条例》（国务院令第 722 号）第四十二条规定："设区的市级以上地方人民政府应当按照国家有关规定，优化工程建设项目（不包括特殊工程和交通、水利、能源等领域的重大工程）审批流程，推行并联审批、多图联审、联合竣工验收等方式，简化审批手续，提高审批效能。"施工图审查要求进行"数字化多图联审"。数字化审查实现了全过程留痕，成为政府对勘察设计单位及建设项目实施监管的重要依据。为贯彻落实《建筑工业化发展意见》，大力推广建筑信息模型（BIM）技术，加快推进 BIM 技术在新型建筑工业化全生命期的一体化集成应用，充分利用社会资源，共同建立、维护基于 BIM 技术的标准化部品部件库，实现设计、采购、生产、建造、交付、运行维护等阶段的信息互联互通和交互共享，试点推进 BIM 报建审批和施工图 BIM 审图模式，推进与城市信息模型（CIM）平台的融通联动，提高信息化监管能力，提高建筑行业全产业链资源配置效率，施工图审查又开始强调"BIM 审图模式"。建立完善 BIM 成果交付和技术审查标准，逐步实现计算机智能辅助审查。推进工程建设图纸设计、施工、变更、验收、档案移交全过程数字化管理，实现工程建设项目全程"一张图"的管理和协同应用。

1.5 施工图审查的总原则

施工图审查应遵循国家相关的法律法规和技术标准，特别是关于公共利益、公众安全和工程建设强制性标准的内容。审查过程中，如果发现施工图存在不符合要求的地方，应及时提出修改意见，确保最终通过审查的施工图能够作为施工的依据，保障工程质量和安全。施工图审查总原则可概括为"**以人为本、功能优先、防火疏散、构造重点**"，如图 1.5-1 所示。

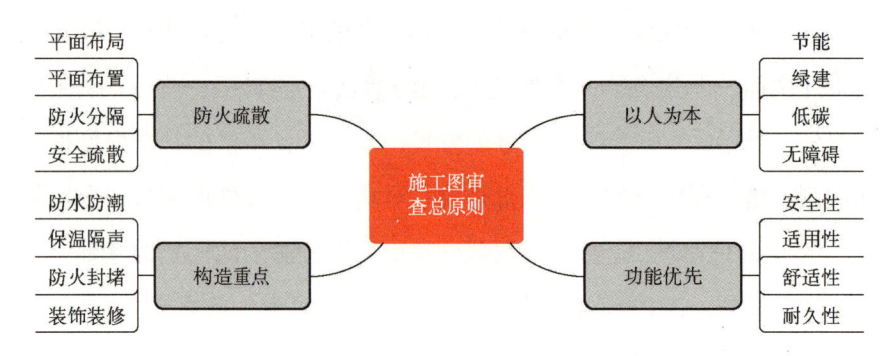

图 1.5-1 建筑专业施工图审查总原则

（1）以人为本

建筑设计除应执行国家有关法律、法规外，尚应按可持续发展的原则，正确处理人、建筑和环境的相互关系，体现以人为本原则。审查内容主要包括建筑节能、绿色建筑、碳排放强度和无障碍设施等。需重点掌握的规范有《建筑节能与可再生能源利用通用规范》（GB 55015—2021），《建筑与市政工程无障碍通用规范》（GB 55019—2021）。

（2）功能优先

建筑设计应遵循安全、适用、舒适、耐久的原则，为人们的生活、工作、交流等社会活动提供合理的使用空间，使用空间应满足人体工程学的基本尺度要求。居住建筑应保障居住者生活安全及私密性，并应满足采光、通风和隔声等方面的要求。教育、办公科研、商业服务、公众活动、交通、医疗及社会民生服务等公共建筑除应满足各类活动所需空间及使用需求外，还应满足交通、人员集散的要求。需重点掌握的规范有《民用建筑设计统一标准》（GB 50352—2019）、《民用建筑通用规范》（GB 55031—2022）、《宿舍、旅馆建筑项目规范》（GB 55025—2022）。

（3）防火疏散

在建筑防火中，采用必要的技术措施和方法预防建筑火灾和减少建筑火灾危害、保护人身和财产的安全是建筑防火的基本目标。建筑防火要根据建筑物的使用功能、空间与平面特征和使用人员的特点，采取提高本质安全的防火措施和控制火源的措施，预防火灾的发生；通过合理确定建筑物的平面布局、耐火等级和构件的耐火极限及必要的防火分隔、有效的灭火与火灾报警等设施，控制和扑灭火灾，保障人员疏散的安全性；落实相关消防安全管理制度，实现建筑防火的目标。需重点掌握的规范有《建筑防火通用规范》（GB 55037—2022）、《建筑设计防火规范》（GB 50016—2014）（2018 年版）。

（4）构造重点

屋面应合理采取保温、隔热、防水等措施。外墙应根据气候条件和建筑使用要求，采取保温、隔热、隔声、防火、防水、防潮和防结露等措施。楼面、地面应根据建筑使用功能，满足隔声、保温、防水、防火等要求。建筑顶棚应满足防坠落、防火、抗震等安全要求，并应采取保障其安全使用的可靠技术措施。门窗应满足抗风、水密、气密等性能要求，并应综合考虑安全、采光、节能、通风、防火、隔声等要求。管道井与楼板的缝隙应采取防火封堵措施。建筑内部装修设计应采用不燃性材料和难燃性材料，避免采用燃烧时产生大量浓烟或有毒气体的材料，做到安全适用、技术先进、经济合理。需重点掌握的规范有《建筑防火通用规范》（GB 55037—2022）、《民用建筑通用规范》（GB 55031—2022）。

1.6 施工图审查方法

正确的施工图审查方法不仅能提高审查人员的工作效率，更重要的是保证了审查图纸的质量，避免漏审强条。它能够弥补我们对规范掌握的片面性和表面性。审查人员可在实际应用中根据具体工程项目特点，增补其中内容，避免各类遗漏及错误。对于一般的建筑工程（特殊复杂工程除外），可按照以下步骤进行施工图审查：

(1) 参照要点找问题

参照本书中给出的施工图审查要点有针对性地查找问题，避免漫无目标，无的放矢。每个人对规范的理解和掌握各有差别，侧重点和关注点也有不同，所以要把握的重点会有所不同。这是因为规范本身包含多个方面和细节，而理解和应用这些规范时，需要特别关注其中的关键点和核心原则。

(2) 依据规范查原因

审查人员提出的意见应有理有据，违反了规范哪一条应写得清清楚楚，不能模棱两可、主观臆断，导致设计人员出现理解偏差，不能正确地修改提出的问题。

(3) 整改措施要全面

许多问题是相互关联的，特别是专业之间的配合，例如，原施工图建筑高度计算有误，修改后由多层变为高层，相应的设备专业也应及时调整；屋面保温做法的调整，导致屋面荷载加大，应反馈给结构专业设计人员；地下车库排烟管道的调整导致车位净空高度不满足 2.20m，建筑专业应相应调整车位的位置等；《建通规》第 7.1.5 条规定，疏散走道净高不应小于 2.10m，即火灾时疏散通道上 2.10m 净高范围内不应有任何障碍物。但如果建筑内走道采用实吊顶，比如酒店、办公楼等公共建筑，一般层高不高，此时挡烟垂壁需要做在吊顶下方，按规范要求，挡烟垂壁高度不小于 0.50m，同时挡烟垂壁底距地面不小于 2.10m，即要求吊顶下净高应不小于 2.60m。

(4) 基本数据应牢记

规范中一些常用数据应牢记在心，特别是一些与强制性条款有关的数据，例如公共疏散楼梯：楼梯休息平台的最小宽度不应小于梯段净宽，并不应小于 1.20m；公共楼梯正对（向上、向下）梯段设置的楼梯间门距踏步边缘的距离不应小于 0.60m；公共楼梯休息平台上部及下部过道处的净高不应小于 2.00m，梯段净高不应小于 2.20m；相邻梯段踏步高度差不应大于 0.01m；住宅建筑公共楼梯踏步最小宽度 260mm、最大高度 175mm。详细分析和说明见本书各章节中的原因分析。

(5) 地方规定严执行

目前，各地市出台了许多相关的文件，审查机构作为政府勘察设计质量监管的重要抓手，必须确保这些文件严格执行。例如节能、绿建、防火、装配式、无障碍、充电桩等。

第 2 章 建筑施工图专篇内容

施工图报审时需提供多种专篇内容，且各个专篇都具有重要的意义，它们从不同方面保障了建筑工程的节能环保、绿色低碳、防水抗裂、安全可靠等要求。在设计过程中，应严格依据相关规范进行设计，并在专篇中详细阐述设计内容和依据，以确保施工图能够顺利通过审查。

2.1 建筑消防设计专篇内容

特殊建设工程的建设单位应当向消防设计审查验收主管部门申请消防设计审查，建设单位申请消防设计审查，应当提交消防设计文件，而建筑专业消防设计专篇是消防设计文件的重要组成部分。建筑专业消防设计专篇包括了工程概况、设计依据以及被动防火等内容，如图 2.1-1 所示。

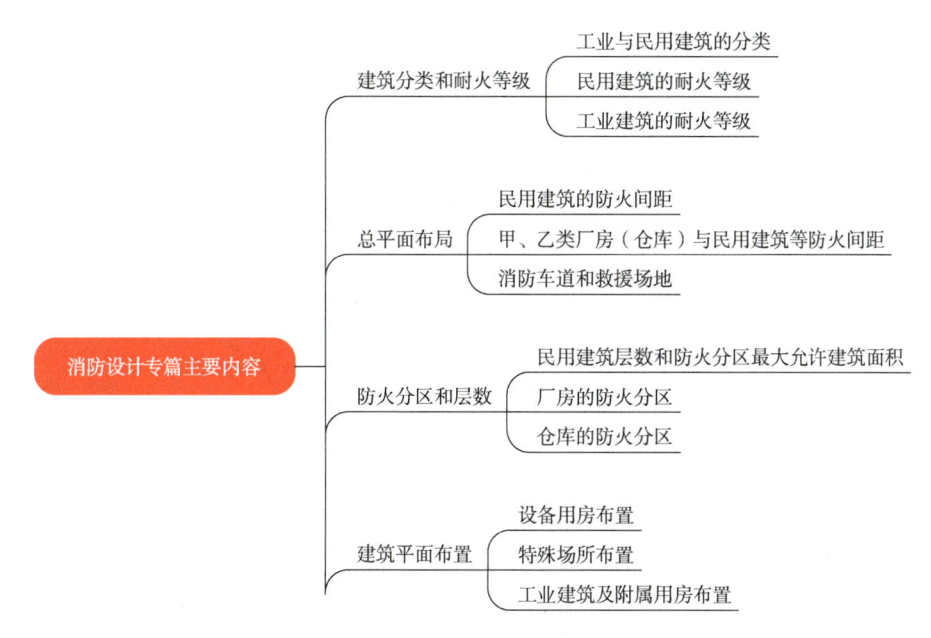

图 2.1-1 建筑专业消防设计专篇主要内容

```
                                              ┌─ 封闭楼梯间设置要求
                                              ├─ 防烟楼梯间设置要求
                         ┌─ 疏散楼梯、疏散门和消防电梯设置 ─┼─ 公共建筑疏散门设置
                         │                    ├─ 公共建筑安全出口设置
                         │                    └─ 消防电梯的设置
                         │                    ┌─ 疏散宽度要求
                         │                    ├─ 厂房的安全疏散距离
                         ├─ 安全疏散、疏散距离和疏散走道 ─┼─ 公共建筑安全疏散距离
                         │                    └─ 高层公共建筑疏散宽度
                         │                    ┌─ 构件的燃烧性能和耐火极限
                         │                    ├─ 防火门、窗、防火卷帘设置要求
消防设计专篇主要内容 ────────┼─ 建筑构造 ──────────┼─ 电梯井、管道井和防火封堵
                         │                    └─ 防火墙、防火隔墙与幕墙
                         │                    ┌─ 建筑的内部装修
                         ├─ 建筑的内部和外部装修 ───┴─ 建筑的外部装修
                         │                    ┌─ 建筑外保温系统
                         ├─ 建筑保温防火 ─────────┴─ 建筑内保温系统
                         ├─ 避难层（间）
                         ├─ 建筑防爆
                         └─ 消防安全管理
```

图 2.1-1　建筑专业消防设计专篇主要内容（续）

2.1.1　建筑分类和耐火等级

明确建筑的使用性质和相应的耐火等级要求。

（1）工业与民用建筑的分类

工业与民用建筑的分类见表 2.1-1 的规定。

表 2.1-1　工业与民用建筑的分类

名称	高层		单（多）层	备注
	一类	二类		
住宅建筑	$H>54m$	$27m<H\leq54m$	$H\leq27m$	包括设置商业服务网点的住宅
公共建筑	1）建筑高度大于 50m 的公共建筑 2）建筑高度 24m 以上部分任一楼层建筑面积大于 1000m² 的商店、展览、电信、邮政、财贸金融建筑和其他多种功能组合的建筑 3）医疗建筑、重要公共建筑、独立建造的老年人照料设施 4）省级及以上的广播电视和防灾指挥调度建筑、网局级和省级电力调度建筑 5）藏书超过 100 万册的图书馆、书库	除一类外的高层公共建筑	1）$H\leq24m$ 2）$H>24m$（仅适用于单层）	1）宿舍、公寓的防火要求应符合公共建筑的规定 2）裙房的防火要求应符合高层民用建筑的规定

（续）

名称	高层		单（多）层	备注
	一类	二类		
厂房 仓库	$H>24$m		1) $H \leqslant 24$m 2) $H>24$m（仅适用于单层）	

（2）民用建筑的耐火等级

民用建筑的最低耐火等级要求如图 2.1-2 所示。

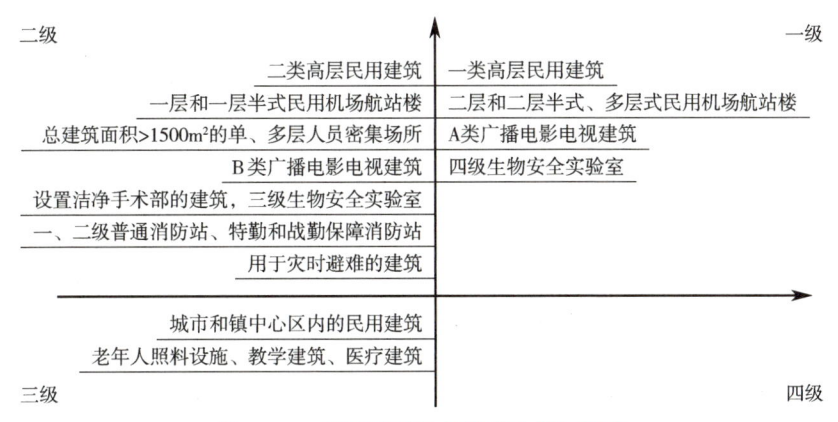

```
二级                                                    一级
 ↑
 │  二类高层民用建筑         │ 一类高层民用建筑
 │  一层和一层半式民用机场航站楼 │ 二层和二层半式、多层式民用机场航站楼
 │  总建筑面积>1500m²的单、多层人员密集场所 │ A类广播电影电视建筑
 │  B类广播电影电视建筑       │ 四级生物安全实验室
 │  设置洁净手术部的建筑，三级生物安全实验室
 │  一、二级普通消防站、特勤和战勤保障消防站
 │  用于灾时避难的建筑
 │
 ├──────────────────────────────────────────→
 │  城市和镇中心区内的民用建筑
 │  老年人照料设施、教学建筑、医疗建筑
 │
三级                                                    四级
```

图 2.1-2　民用建筑的最低耐火等级要求

（3）工业建筑的耐火等级

工业建筑的最低耐火等级要求如图 2.1-3 所示。

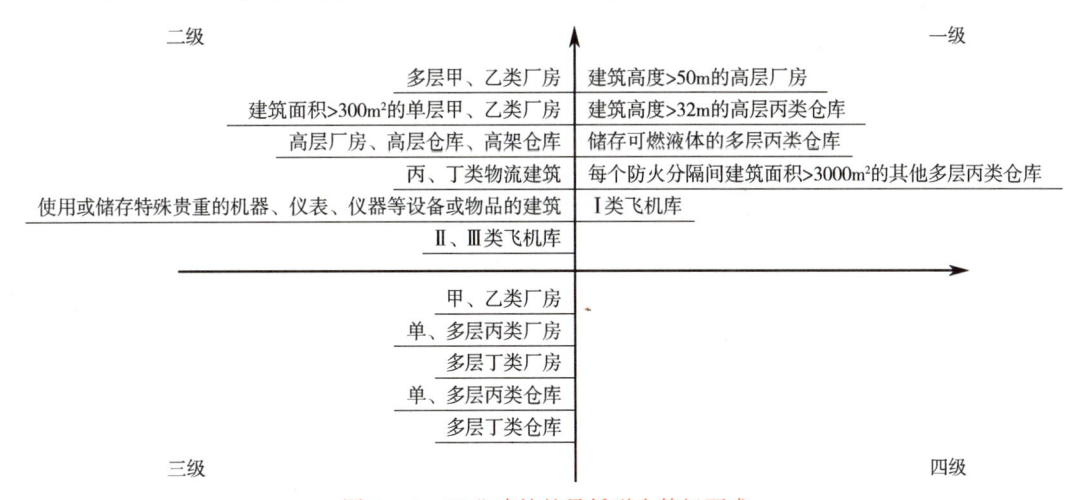

```
二级                                                    一级
 ↑
 │  多层甲、乙类厂房                │ 建筑高度>50m的高层厂房
 │  建筑面积>300m²的单层甲、乙类厂房  │ 建筑高度>32m的高层丙类仓库
 │  高层厂房、高层仓库、高架仓库       │ 储存可燃液体的多层丙类仓库
 │  丙、丁类物流建筑                │ 每个防火分隔间建筑面积>3000m²的其他多层丙类仓库
 │  使用或储存特殊贵重的机器、仪表、仪器等设备或物品的建筑 │ I类飞机库
 │                               │ II、III类飞机库
 ├──────────────────────────────────────────→
 │         甲、乙类厂房
 │         单、多层丙类厂房
 │         多层丁类厂房
 │         单、多层丙类仓库
 │         多层丁类仓库
三级                                                    四级
```

图 2.1-3　工业建筑的最低耐火等级要求

2.1.2　总平面布局（防火间距、消防车道和救援场地）

在总平面布局中，应合理确定建筑的位置、防火间距、消防车道和消防水源等，不宜

将民用建筑布置在甲、乙类厂（库）房，甲、乙、丙类液体储罐，可燃气体储罐和可燃材料堆场的附近。

（1）民用建筑的防火间距

民用建筑之间的防火间距不应小于表 2.1-2 的规定。

表 2.1-2　民用建筑之间的防火间距　　　　　　　　（单位：m）

类别		高层民用建筑	单、多层民用建筑		
		一、二级	一、二级	三级	四级
民用建筑（$H>100m$）	一级	13	9	11	14
高层民用建筑	一、二级	13	9	11	14
单、多层民用建筑	一、二级	9	6	7	9
	三级	11	7	8	10
	四级	14	9	10	12

（2）甲、乙类厂房（仓库）与民用建筑等防火间距

甲、乙类厂房（仓库）与高层民用建筑、人员密集场所、明火或散发火花地点之间防火间距如图 2.1-4 所示。

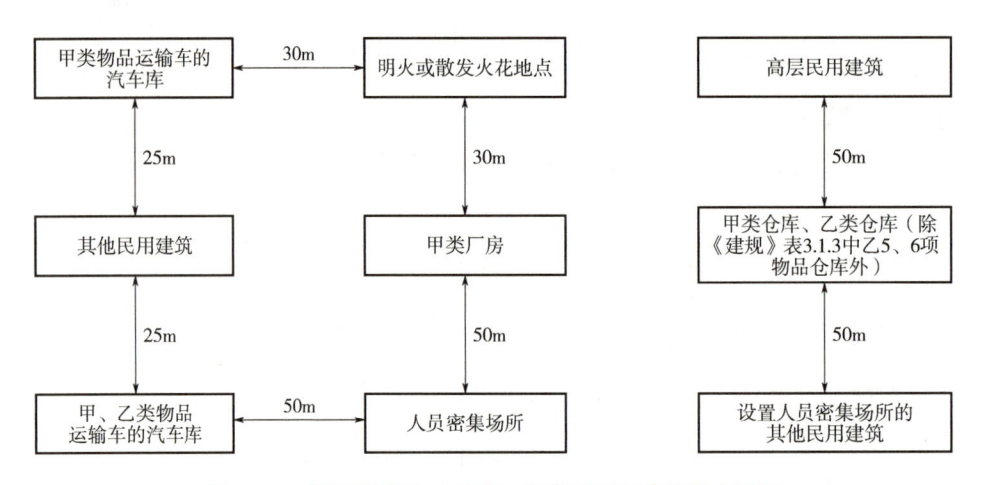

图 2.1-4　甲乙类厂房（仓库）与高层民用建筑防火间距

（3）消防车道和救援场地

工业与民用建筑周围、工厂厂区内、仓库库区内、其他地下工程的地面出入口附近，均应设置可通行消防车及与外部连通的道路。高层建筑应至少沿其一条长边设置消防车登高操作场地。未连续布置的消防车登高操作场地，应保证消防车的救援作业范围能覆盖该建筑的全部消防扑救面。

2.1.3 防火分区和层数

（1）民用建筑层数和防火分区最大允许建筑面积

民用建筑层数和防火分区最大允许建筑面积见表 2.1-3。

表 2.1-3 民用建筑层数和防火分区最大允许建筑面积

名称	耐火等级	高度或层数	防火分区面积/m²
高层建筑	一、二级	《建规》第 5.1.1 条	1500
单、多层建筑	一、二级	《建规》第 5.1.1 条	2500
	三级	5 层	1200
	四级	2 层	600
地下建筑	一级	—	500（设备用房≤1000）

（2）厂房的防火分区

甲、乙、丙类厂房的层数和每个防火分区的最大允许建筑面积应符合表 2.1-4 的规定。

表 2.1-4 厂房的层数和防火分区面积

生产的火灾危险性类别	耐火等级	最多允许层数	每个防火分区最大允许建筑面积/m²		
			单层厂房	多层厂房	高层厂房
甲	一级	宜采用单层	4000	3000	—
	二级		3000	2000	—
乙	一级	不限	5000	4000	2000
	二级	6	4000	3000	1500
丙	一级	不限	不限	6000	3000
	二级		8000	4000	2000
	三级	2	3000	2000	—

（3）仓库的防火分区

仓库的层数和每个防火分区的最大允许建筑面积应符合表 2.1-5 的规定。

表 2.1-5 仓库的层数和防火分区面积

储存物火灾危险性类别		耐火等级	允许层数	每座仓库的最大允许占地面积和每个防火分区的最大允许建筑面积/m²			
				单层仓库		多层仓库	
				每座仓库	防火分区	每座仓库	防火分区
甲	3、4 项	一级	1	180	60	—	—
	1、2、5、6 项	一、二级	1	750	250	—	—

(续)

储存物火灾危险性类别		耐火等级	允许层数	每座仓库的最大允许占地面积和每个防火分区的最大允许建筑面积/m²			
				单层仓库		多层仓库	
				每座仓库	防火分区	每座仓库	防火分区
乙	1、3、4项	一、二级	3	2000	500	900	300
		三级	1	500	250	—	—
	2、5、6项	一、二级	5	2800	700	1500	500
		三级	1	900	300	—	—
丙	1项	一、二级	5	4000	1000	2800	700
		三级	1	1200	400	—	—
	2项	一、二级	不限	6000	1500	4800	1200
		三级	3	2100	700	1200	400

2.1.4 建筑平面布置

民用建筑的平面布置应结合建筑的耐火等级、火灾危险性、使用功能和安全疏散等因素合理布置。除为满足民用建筑使用功能所设置的附属库房外，民用建筑内不应设置生产车间和其他库房。经营、存放和使用甲、乙类火灾危险性物品的商店、作坊和储藏间，严禁附设在民用建筑内。

（1）设备用房布置

设备用房布置详见表 2.1-6。

表 2.1-6 设备用房布置

名称	布置位置	耐火极限/h			其他要求
		隔墙	楼板	门、窗	
燃油（燃气）锅炉房、柴油发电机房、可燃油浸变压器室	建筑首层或地下一层靠外墙部位	2.00	1.50	甲级	1）常（负）压燃油或燃气锅炉房不应位于地下二层及以下。位于屋顶的常（负）压燃气锅炉房与通向屋面的安全出口的最小水平距离≥6m 2）当位于人员密集的场所的上一层、下一层或贴邻时，应采取防止设备用房的爆炸作用危及上一层、下一层或相邻场所的措施 3）可燃油浸变压器室不应设置在地下二层及以下楼层 4）疏散门应直通室外或安全出口

（续）

名称	布置位置	耐火极限/h 隔墙	耐火极限/h 楼板	耐火极限/h 门、窗	其他要求
消防控制室、消防水泵房	建筑的首层或地下一层	2.00	1.50	防火门、防火窗	1）消防控制室的环境条件不应干扰或影响消防控制室内火灾报警与控制设备的正常运行 2）消防水泵房不应设置在建筑的地下三层及以下楼层 3）疏散门应直通室外或安全出口

（2）特殊场所布置

商店营业厅和公共展览厅等人员聚集的场所、儿童活动场所、老年人照料设施、医疗建筑中住院病房和歌舞娱乐放映游艺场所布置在除木结构建筑外的其他结构类型建筑内的楼层位置时，要求详见表2.1-7。

表 2.1-7　特殊场所布置

名称	布置位置
商店营业厅、公共展览厅	1）对于一、二级耐火等级建筑，应布置在地下二层及以上的楼层 2）对于三级耐火等级建筑，应布置在首层或二层 3）对于四级耐火等级建筑，应布置在首层
儿童活动场所	1）不应布置在地下或半地下 2）对于一、二级耐火等级建筑，应布置在首层、二层或三层 3）对于三级耐火等级建筑，应布置在首层或二层 4）对于四级耐火等级建筑，应布置在首层
老年人照料设施	1）对于一、二级耐火等级建筑，不应布置在楼地面设计标高大于54m的楼层上 2）对于三级耐火等级建筑，应布置在首层或二层 3）居室和休息室不应布置在地下或半地下 4）老年人公共活动用房、康复与医疗用房，应布置在地下一层及以上楼层，当布置在半地下或地下一层、地上四层及以上楼层时，每个房间的建筑面积不应大于200m² 且使用人数不应大于30人
医疗建筑中住院病房	1）不应布置在地下或半地下 2）对于三级耐火等级建筑，应布置在首层或二层 3）建筑内相邻护理单元之间应采用耐火极限不低于2.00h的防火隔墙和甲级防火门分隔
歌舞娱乐放映游艺场所	1）应布置在地下一层及以上且埋深不大于10m的楼层 2）当布置在地下一层或地上四层及以上楼层时，每个房间的建筑面积不应大于200m² 3）房间之间应采用耐火极限不低于2.00h的防火隔墙分隔 4）与建筑的其他部位之间应采用防火门、耐火极限不低于2.00h的防火隔墙和耐火极限不低于1.00h的不燃性楼板分隔

（3）工业建筑及附属用房布置

工业建筑及附属用房布置详见表2.1-8。

表2.1-8 工业建筑及附属用房布置

名称	布置位置
甲、乙类厂房（仓库）	不应设置在地下或半地下
宿舍	厂房和仓库内不应设置员工宿舍
办公室、休息室等辅助用房	1）不应设置在甲、乙类厂房内 2）与甲、乙类厂房贴邻的辅助用房的耐火等级不应低于二级，并应采用耐火极限不低于3.00h的抗爆墙与厂房中有爆炸危险的区域分隔，安全出口应独立设置 3）设置在丙类厂房内的辅助用房应采用防火门、防火窗、耐火极限不低于2.00h的防火隔墙和耐火极限不低于1.00h的楼板与厂房内的其他部位分隔，并应设置至少1个独立的安全出口 4）甲、乙类仓库内不应设置办公室、休息室等辅助用房，不应与办公室、休息室等辅助用房及其他场所贴邻 5）丙、丁类仓库内的办公室、休息室等辅助用房，应采用防火门、防火窗、耐火极限不低于2.00h的防火隔墙和耐火极限不低于1.00h的楼板与其他部位分隔，并应设置独立的安全出口
中间仓库	设置在厂房内的甲、乙、丙类中间仓库，应采用防火墙和耐火极限不低于1.50h的不燃性楼板与其他部位分隔
变（配）电站	1）与甲、乙类厂房贴邻并供该甲、乙类厂房专用的10kV及以下的变（配）电站，应采用无开口的防火墙或抗爆墙一面贴邻，与乙类厂房贴邻的防火墙上的开口应为甲级防火窗 2）其他变（配）电站应设置在甲、乙类厂房以及爆炸危险性区域外，不应与甲、乙类厂房贴邻

2.1.5 疏散楼梯、疏散门和消防电梯设置

（1）封闭楼梯间设置要求

封闭楼梯间的适用范围见表2.1-9。

表2.1-9 封闭楼梯间的适用范围

建筑分类	适用范围
住宅建筑	1）建筑高度≤21m（户门的耐火完整性低于1.00h，且与电梯井相邻布置的疏散楼梯） 2）21m<建筑高度≤33m（户门的耐火完整性低于1.00h）
公共建筑	下列公共建筑中与敞开式外廊不直接连通的室内疏散楼梯： 1）建筑高度≤32m的二类高层公共建筑 2）多层医疗建筑、旅馆建筑、老年人照料设施及类似使用功能的建筑 3）设置歌舞娱乐放映游艺场所的多层建筑 4）多层商店建筑、图书馆、展览建筑、会议中心及类似使用功能的建筑 5）建筑层数≥6层的其他多层公共建筑

(续)

建筑分类	适用范围
厂房（仓库）	1）高层厂房和甲、乙、丙类多层厂房 2）高层仓库
地下（半地下）室	埋深≤10m 或层数≤2 层

（2）防烟楼梯间设置要求

防烟楼梯间的适用范围见表 2.1-10。

表 2.1-10 防烟楼梯间的适用范围

建筑分类	适用范围
住宅建筑	建筑高度>33m（户门为乙级防火门）
公共建筑	1）一类高层公共建筑 2）建筑高度>32m 的二类高层公共建筑
厂房	建筑高度>32m，且任一层人数>10 人的厂房
地下（半地下）室	埋深>10m 或层数≥3 层

（3）公共建筑疏散门设置

公共建筑内房间设置 1 个疏散门的规定见表 2.1-11。

表 2.1-11 可设 1 个疏散门的条件汇总

特殊及其他用途的场所	两个安全出口之间	袋形走道		房间最大面积/m²	其他条件
		两侧	尽端		
儿童活动场所、老年人照料设施中的老年人活动场所	√	√	×	50	—
医疗建筑中的治疗室和病房、教学建筑中的教学用房	√	√	×	75	—
歌舞娱乐放映游艺场所	√	√	√	50	经常停留人数≤15 人
其他公共建筑	√	√	×	120	
	×	×	√	50	—
	×	×	√	200	房间内任一点至疏散门的直线距离≤15m、疏散门的净宽度≤1.40m

（4）公共建筑安全出口设置

除医疗建筑、老年人照料设施、儿童活动场所、歌舞娱乐放映游艺场所外，符合表 2.1-12 规定的公共建筑，可设置 1 个安全出口。

表 2.1-12　可设置 1 个安全出口的公共建筑

耐火等级	最多层数	每层最大建筑面积/m²	人数
一、二级	3 层	200	第二、三层的人数之和≤50 人
三级	3 层	200	第二、三层的人数之和≤25 人
四级	2 层	200	第二层人数≤15 人

（5）消防电梯的设置

除城市综合管廊、交通隧道和室内无车道且无人员停留的机械式汽车库可不设置消防电梯外，需设置消防电梯的建筑详见表 2.1-13，且每个防火分区可供使用的消防电梯不应少于 1 部。

表 2.1-13　消防电梯适用范围

建筑分类	适用范围
住宅建筑	建筑高度>33m
老年人照料设施	建筑层数≥5 层且建筑面积>3000m²（包括设置在其他建筑内第五层及以上楼层）
公共建筑	1）一类高层公共建筑 2）建筑高度>32m 的二类高层公共建筑
厂房	建筑高度>32m 的丙类高层厂房
汽车库	建筑高度>32m 的封闭（半封闭）汽车库
地下（半地下）室	埋深大于 10m 且总建筑面积>3000m²

2.1.6　安全疏散、疏散距离和疏散走道

（1）疏散宽度要求

除剧场、电影院、礼堂、体育馆外的其他公共建筑，疏散出口、疏散走道和疏散楼梯各自的总净宽度，应根据疏散人数和每 100 人所需最小疏散净宽度计算确定，并应符合表 2.1-14 的规定值。

表 2.1-14　疏散出口、疏散走道和疏散楼梯所需最小疏散净宽度（单位：m/100 人）

建筑层数或埋深		建筑的耐火等级		
		一、二级	三级	四级
地上楼层	1~2 层	0.65	0.75	1.00
	3 层	0.75	1.00	—
	不小于 4 层	1.00	1.25	—

（续）

建筑层数或埋深		建筑的耐火等级		
		一、二级	三级	四级
地下（半地下楼）楼层	埋深不大于10m	0.75	—	—
	埋深大于10m	1.00	—	—
	歌舞娱乐放映游艺场所及其他人员密集的房间	1.00	—	—

（2）厂房的安全疏散距离

厂房内任一点至最近安全出口的直线距离不应大于表2.1-15中的规定。

表2.1-15 厂房内任一点至最近安全出口的直线距离 （单位：m）

生产的火灾危险性类别	耐火等级	单层厂房	多层厂房	高层厂房
甲	一、二级	30	25	—
乙	一、二级	75	50	30
丙	一、二级	80	60	40
	三级	60	40	—

（3）公共建筑安全疏散距离

直通疏散走道的房间疏散门至最近安全出口的直线距离不应大于表2.1-16的规定。

表2.1-16 直通疏散走道的房间疏散门至最近安全出口的直线距离 （单位：m）

名称			位于两个安全出口之间的疏散门		位于袋形走道两侧或尽端的疏散门		备注
			一、二级	三级	一、二级	三级	
托儿所、幼儿园、老年人照料设施			25	20	20	15	1）建筑内开向敞开式外廊的房间疏散门至最近安全出口的直线距离可按本表的规定增加5m 2）直通疏散走道的房间疏散门至最近敞开楼梯间的直线距离，当房间位于两个楼梯间之间时，应按本表的规定减少5m，当房间位于袋形走道两侧或尽端时，应按本表的规定减少2m 3）建筑物内全部设置自动喷水灭火系统时，其安全疏散距离可按本表的规定增加25%
歌舞娱乐放映游艺场所			25	20	9	—	
医疗建筑	单、多层		35	30	20	15	
	高层	病房部分	24	—	12	—	
		其他部分	30	—	15	—	
教学建筑	单、多层		35	30	22	20	
	高层		30	—	15	—	
高层旅馆、展览建筑			30	—	15	—	
其他建筑	单、多层		40	35	22	20	
	高层		40	—	20	—	

（4）高层公共建筑疏散宽度

高层公共建筑内楼梯间的首层疏散门、首层疏散外门、疏散走道和疏散楼梯的最小净宽度应符合表2.1-17的规定。

表 2.1-17　高层公共建筑楼梯间的疏散最小净宽度　　　　（单位：m）

建筑类别	楼梯间的首层疏散门、首层疏散外门	走道		疏散楼梯
		单面布房	双面布房	
高层医疗建筑	1.30	1.40	1.50	1.30
其他高层建筑	1.20	1.30	1.40	1.20

2.1.7　建筑构造

（1）构件的燃烧性能和耐火极限

不同耐火等级建筑相应构件的燃烧性能和耐火极限不应低于表 2.1-18 的规定。

表 2.1-18　建筑构件的燃烧性能和耐火极限　　　　（单位：h）

构件名称	耐火等级		
	一级	二级	三级
防火墙	3.00	3.00	3.00
承重墙	3.00	2.50	2.00
非承重外墙	1.00	1.00	0.50
楼梯间和前室墙、电梯井的墙、住宅建筑单元之间的墙和分户墙	2.00	2.00	1.50
疏散走道两侧隔墙	1.00	1.00	0.50
房间隔墙	0.75	0.50	0.50（难燃）
柱	3.00	2.50	2.00
梁	2.00	1.50	1.00
楼板	1.50	1.00	0.50
屋顶承重构件	1.50	1.00	0.50（可燃）
疏散楼梯	1.50	1.00	0.50
吊顶（吊顶搁栅）	0.25	0.25（难燃）	0.15（难燃）

（2）防火门、窗、防火卷帘设置要求

防火门、窗按耐火性能的分类见表 2.1-19 和表 2.1-20。防火卷帘的耐火极限不应低于所设置部位墙体的耐火极限要求。

表 2.1-19　防火门按耐火性能分类

耐火性能分类	耐火性能	耐火等级代号
隔热防火门（A 类）	耐火隔热性≥0.50h；耐火完整性≥0.50h	A0.50（丙级）
	耐火隔热性≥1.00h；耐火完整性≥1.00h	A1.00（乙级）

(续)

耐火性能分类	耐火性能	耐火等级代号
隔热防火门 （A类）	耐火隔热性≥1.50h；耐火完整性≥1.50h	A1.50（甲级）
	耐火隔热性≥2.00h；耐火完整性≥2.00h	A2.00
	耐火隔热性≥3.00h；耐火完整性≥3.00h	A3.00
部分隔热防火门 （B类）	耐火隔热性≥0.50h，耐火完整性≥1.00h	B1.00
	耐火隔热性≥0.50h，耐火完整性≥1.50h	B1.50
	耐火隔热性≥0.50h，耐火完整性≥2.00h	B2.00
	耐火隔热性≥0.50h，耐火完整性≥3.00h	B3.00
非隔热防火门 （C类）	耐火完整性≥1.00h	C1.00
	耐火完整性≥1.50h	C1.50
	耐火完整性≥2.00h	C2.00
	耐火完整性≥3.00h	C3.00

表 2.1-20 防火窗按耐火性能分类

耐火性能分类	耐火性能	耐火等级代号
隔热防火窗 （A类）	耐火隔热性≥0.50h，且耐火完整性≥0.50h	A0.50（丙级）
	耐火隔热性≥1.00h，且耐火完整性≥1.00h	A1.00（乙级）
	耐火隔热性≥1.50h，且耐火完整性≥1.50h	A1.50（甲级）
	耐火隔热性≥2.00h，且耐火完整性≥2.00h	A2.00
	耐火隔热性≥3.00h，且耐火完整性≥3.00h	A3.00
非隔热防火窗 （C类）	耐火完整性≥0.50h	C0.50
	耐火完整性≥1.00h	C1.00
	耐火完整性≥1.50h	C1.50
	耐火完整性≥2.00h	C2.00
	耐火完整性≥3.00h	C3.00

（3）电梯井、管道井和防火封堵

电气竖井、管道井、排烟管井道、通风管井道、垃圾井等竖井井壁的燃烧性能应根据所在建筑的耐火等级和建筑结构类型确定，一般应采用不燃性材料构造。竖井的层间防火分隔应根据竖井的大小和管线情况确定，需采取开口防火分隔与缝隙防火封堵相结合的方式，先用不低于所在楼层楼板耐火极限的不燃材料分隔，再用适用的防火封堵材料或组件封堵。

（4）防火墙、防火隔墙与幕墙

防火墙的耐火极限不应低于3.00h。甲、乙类厂房和甲、乙、丙类仓库内的防火墙，耐火极限不应低于4.00h。防火隔墙主要用于同一防火分区内不同用途或火灾危险性的房间之间的分隔，耐火极限一般低于防火墙的耐火极限要求。防火隔墙要尽量采用不燃性材料且不宜在墙体上设置开口，一、二级耐火等级建筑中的防火隔墙应为不燃性实体结构，三、四级耐火等级建筑中的防火隔墙允许采用难燃性墙体。建筑幕墙应在每层楼板外沿处采取防止火灾通过幕墙空腔等构造竖向蔓延的措施。

2.1.8 建筑的内部和外部装修

（1）建筑的内部装修

歌舞娱乐、楼梯间、设备用房等特殊场所及部位装修防火要求见表2.1-21。

表 2.1-21 特殊场所及部位装修防火要求

部位		位置		
		顶棚	墙面	地面
歌舞娱乐放映游艺场所	地上	A	B1	B1
	地下	A	A	B1
疏散楼梯间及其前室、避难走道、避难层、避难间、消防电梯前室或合用前室		A	A	A
消防水泵房、机械加压送风机房、排烟机房、固定灭火系统钢瓶间、配电室、油浸变压器室、发电机房、储油间、通风和空气调节机房、锅炉房		A	A	A
消防控制室		A	A	B1
汽车客运站、港口客运站、铁路车站的进出站通道、进出站厅、候乘厅、地铁车站、民用机场航站楼、城市民航值机厅的公共区、交通换乘厅、换乘通道	地下	A	A	A
有明火或高温作业的生产场所，甲、乙类生产场所，甲、乙类仓库，丙类高架仓库、丙类高层仓库，地下或半地下丙类仓库		A	A	A

（2）建筑的外部装修

建筑的外部装修和户外广告牌的设置，应满足防止火灾通过建筑外立面蔓延的要求，不应妨碍建筑的消防救援或火灾时建筑的排烟与排热，不应遮挡或减小消防救援口。

2.1.9 建筑保温防火

（1）建筑外保温系统

住宅和公共建筑外墙外保温系统燃烧性能等级不应低于表2.1-22规定。

表 2.1-22　住宅和公共建筑外墙外保温系统燃烧性能等级要求

建筑场所	建筑高度 H/m		A级	B1级	B2级	备注
	住宅建筑	公共建筑				
无空腔	$H>100$	$H>50$	应采用	不允许	不允许	
	$27<H\leq100$	$24<H\leq50$	宜采用	可采用	不允许	1) 采用B1级时，每层设置防火隔离带（300mm） 2) 建筑外墙上门、窗的耐火完整性 $\geq 0.50h$
	$H\leq27$	$H\leq24$	宜采用	可采用	可采用	1) 采用B1级时，每层设置防火隔离带（300mm） 2) 采用B2级时，每层设置防火隔离带（300mm），建筑外墙上门、窗的耐火完整性 $\geq 0.50h$
有空腔	$H>24$		应采用	不允许	不允许	
	$H\leq24$		宜采用	可采用	不允许	采用B1级时，每层设置防火隔离带（300mm）
人员密集场所，设置人员密集场所的建筑			应采用	不允许	不允许	
独立建造的老年人照料设施，与其他功能的建筑组合建造且老年人照料设施部分的总建筑面积大于500m² 的老年人照料设施			应采用	不允许	不允许	

（2）建筑内保温系统

建筑内保温系统燃烧性能等级不应低于表 2.1-23 规定。

表 2.1-23　建筑内保温系统燃烧性能等级要求

建筑场所	A级	B1级	B2级	备注
人员密集场所，使用明火、燃油、燃气等有火灾危险的场所，疏散楼梯间及其前室、避难走道、避难层、避难间，消防电梯前室或合用前室	应采用	不允许	不允许	当采用B1级燃烧性能的保温材料时，保温系统的外表面应采取使用不燃材料设置防护层等防火措施
其他场所或部位	宜采用	可采用	不允许	

2.1.10　避难层（间）

建筑高度大于100m的工业与民用建筑应设置避难层，且第一个避难层的楼面至消防车登高操作场地地面的高度不应大于50m。避难间应采用耐火极限不低于2.00h的防火隔墙和甲级防火门与其他部位分隔。

2.1.11　建筑防爆

厂房内的生产工艺布置和生产过程控制，工艺装置、设备与仪器仪表、材料等的设计和设置，应根据生产部位的火灾危险性采取相应的防火措施，建筑中有可燃气体、蒸气、粉尘、纤维爆炸危险性的场所或部位，应采取防止形成爆炸条件的措施；当采用泄压、减压、结构抗爆或防爆措施时，应保证建筑的主要承重结构在燃烧爆炸产生的压强作用下仍能发挥其承载功能。

2.1.12　消防安全管理

根据《高层民用建筑消防安全管理规定》（应急管理部令 第 5 号），高层民用建筑的消防车通道、消防车登高操作场地、灭火救援窗、灭火救援破拆口、消防车取水口、室外消火栓、消防水泵接合器、常闭式防火门等应当设置明显的提示性、警示性标识。消防车通道、消防车登高操作场地、防火卷帘下方还应当在地面标识出禁止占用的区域范围。消火栓箱、灭火器箱上应当张贴使用方法的标识。

2.2　建筑节能设计专篇内容

新建、改建和扩建建筑以及既有建筑节能改造均应进行建筑节能设计。设计文件应包含建筑能耗、可再生能源利用及建筑碳排放分析报告。施工图设计文件应明确建筑节能措施及可再生能源利用系统运营管理的技术要求。建筑设计阶段是决定建筑全生命期能耗和碳排放表现的重要阶段，其合理性主导了后续建筑活动对环境的影响和资源的消耗。建筑能耗、可再生能源利用及碳排放量是表征建筑对环境影响和资源消耗的关键指标，设计阶段计算和分析建筑能耗和碳排放量可以评估建筑朝向、体型系数、围护结构参数、能源系统配置及参数等节能措施的合理性。设计单位应严格执行国家及地方现行节能设计标准规范，按照《建筑工程设计文件编制深度规定（2016 年版）》明确节能设计深度要求，确保新建、改建、扩建建筑达到建筑节能设计要求。施工图审查机构应按照国家和各省市现行建筑节能标准规范及相关规定，对建筑节能内容进行审查、抽查。节能设计专篇主要内容包括建筑的体型系数、窗墙比等节能设计参数；外墙、屋顶、门窗等围护结构的传热系数和热惰性指标；空调、供暖系统的节能措施，包括设备选型、系统形式、控制方式等；照明系统的节能设计，如灯具的选择、照明功率密度的控制等；可再生能源的利用情况，如太阳能热水器、光伏发电等，如图 2.2-1 所示。

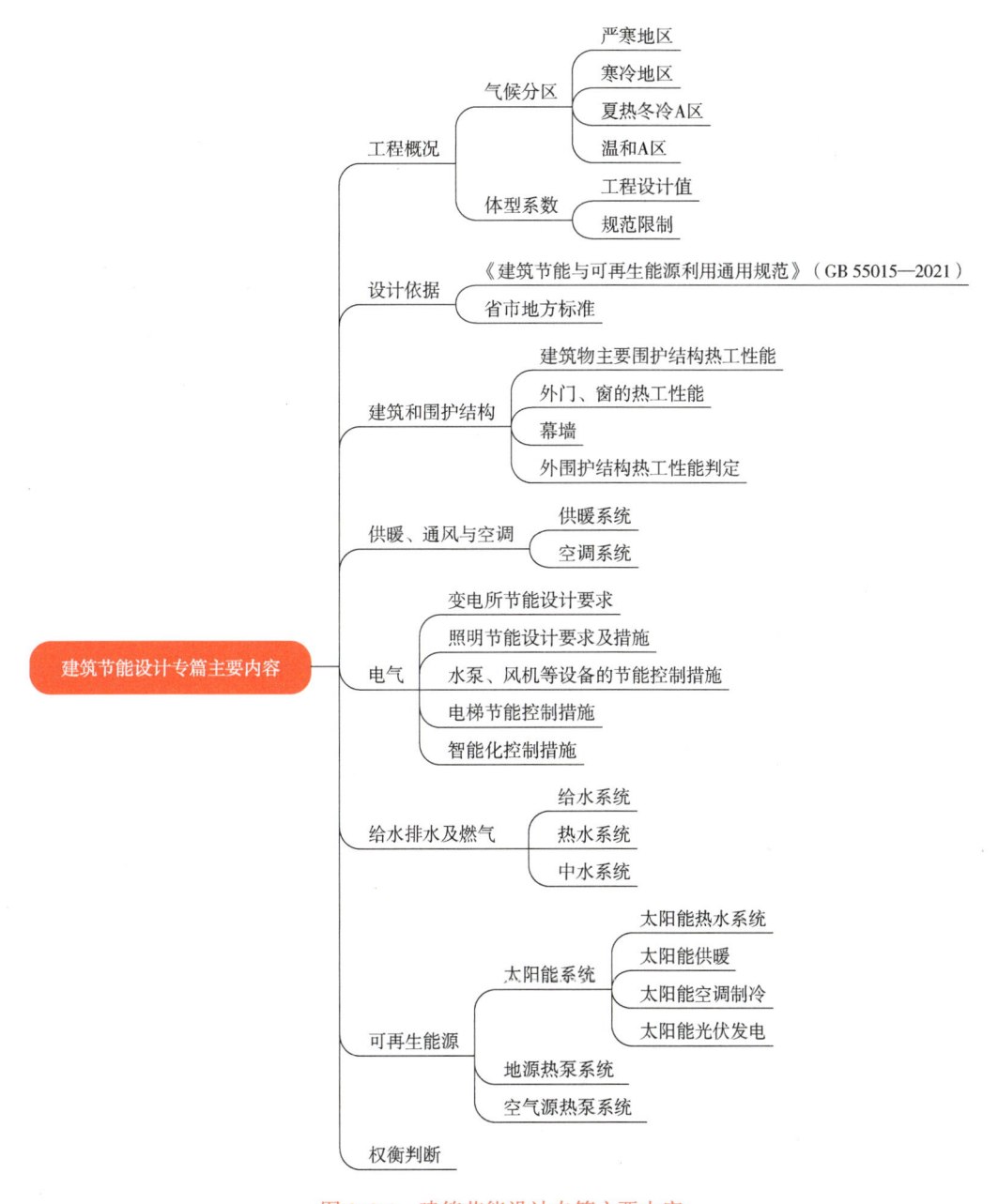

图 2.2-1　建筑节能设计专篇主要内容

2.2.1　建筑概况

（1）气候分区

全国划分成 5 个区，即严寒地区、寒冷地区、夏热冬冷地区、夏热冬暖地区和温和地区，并提出相应的设计要求。建筑热工设计分区中的严寒地区，包含建筑气候区划图中的全部Ⅰ区，以及Ⅵ区中的ⅥA、ⅥB、Ⅶ区中的ⅦA、ⅦB、ⅦC；寒冷地区包含建筑气候区划图中的全部Ⅱ区，以及Ⅵ区中的ⅥC，Ⅶ区中的ⅦD。

（2）体型系数

建筑体型系数是指建筑物与室外大气接触的外表面面积与其所包围的体积的比值。体型系数对建筑能耗的影响非常显著。建筑体型系数越大，单位建筑面积对应的外表面面积越大，传热损失就越大。公共建筑和居住建筑体型系数限值应符合表2.2-1的规定。

表2.2-1 公共建筑和居住建筑体型系数限值

热工区划	居住建筑		公共建筑（严寒和寒冷地区）	
	建筑层数		单栋建筑面积 A/m^2	
	≤3层	≥4层	300<A≤800	A>800
严寒地区	≤0.55	≤0.30	≤0.50	≤0.40
寒冷地区	≤0.57	≤0.33		
夏热冬冷A区	≤0.60	≤0.40		
温和A区	≤0.60	≤0.45		

2.2.2 建筑和围护结构

建筑围护结构热工性能直接影响居住建筑的供暖和空调的负荷与能耗，由于我国各地气候差异很大，为了使建筑物适应各地不同的气候条件，满足节能要求，应根据建筑物所处的建筑气候分区，确定建筑围护结构合理的热工性能参数。

（1）居住建筑围护结构传热系数（K）

传热系数是在稳态条件下，围护结构两侧空气为单位温差时，单位时间内通过单位面积传递的热量。严寒地区居住建筑围护结构热工性能参数限值见表2.2-2的规定；寒冷地区居住建筑围护结构热工性能参数限值见表2.2-3的规定；夏热冬冷地区居住建筑围护结构热工性能参数限值见表2.2-4的规定。

表2.2-2 严寒地区居住建筑围护结构热工性能参数限值

围护结构部位	传热系数 $K/[W/(m^2·K)]$					
	≤3层			≥4层		
	严寒A区	严寒B区	严寒C区	严寒A区	严寒B区	严寒C区
屋面	≤0.15	≤0.20	≤0.20	≤0.15	≤0.20	≤0.20
外墙	≤0.25	≤0.25	≤0.30	≤0.35	≤0.35	≤0.40

（续）

围护结构部位	传热系数 $K/[W/(m^2 \cdot K)]$					
	≤3层			≥4层		
	严寒A区	严寒B区	严寒C区	严寒A区	严寒B区	严寒C区
架空或外挑楼板	≤0.25	≤0.25	≤0.30	≤0.35	≤0.35	≤0.40
阳台门下部芯板	≤1.20	≤1.20	≤1.20	≤1.20	≤1.20	≤1.20
非供暖地下室顶板（上部供暖）	≤0.35	≤0.40	≤0.45	≤0.35	≤0.40	≤0.45
分隔供暖与非供暖空间的隔墙、楼板	≤1.20	≤1.20	≤1.50	≤1.20	≤1.20	≤1.50
分隔供暖与非供暖空间的户门	≤1.50	≤1.50	≤1.50	≤1.50	≤1.50	≤1.50
分隔供暖设计温度温差大于5K的隔墙、楼板	≤1.50	≤1.50	≤1.50	≤1.50	≤1.50	≤1.50
围护结构部位	保温材料层热阻 $R/(m^2 \cdot K/W)$					
周边地面	≥2.00	≥1.80	≥1.80	≥2.00	≥1.80	≥1.80
地下室外墙（与土壤接触的外墙）	≥2.00	≥2.00	≥2.00	≥2.00	≥2.00	≥2.00

表 2.2-3　寒冷地区居住建筑围护结构热工性能参数限值

围护结构部位	传热系数 $K/[W/(m^2 \cdot K)]$			
	≤3层		≥4层	
	寒冷A区	寒冷B区	寒冷A区	寒冷B区
屋面	≤0.25	≤0.30	≤0.25	≤0.30
外墙	≤0.35	≤0.35	≤0.45	≤0.45
架空或外挑楼板	≤0.35	≤0.35	≤0.45	≤0.45
阳台门下部芯板	≤1.70	≤1.70	≤1.70	≤1.70
非供暖地下室顶板（上部供暖）	≤0.50	≤0.50	≤0.50	≤0.50
分隔供暖与非供暖空间的隔墙、楼板	≤1.50	≤1.50	≤1.50	≤1.50
分隔供暖与非供暖空间的户门	≤2.00	≤2.00	≤2.00	≤2.00
分隔供暖设计温度温差大于5K的隔墙、楼板	≤1.50	≤1.50	≤1.50	≤1.50
围护结构部位	保温材料层热阻 $R/(m^2 \cdot K/W)$			
周边地面	≥1.60	≥1.50	≥1.60	≥1.50
地下室外墙（与土壤接触的外墙）	≥1.80	≥1.60	≥1.80	≥1.60

表 2.2-4　夏热冬冷地区居住建筑围护结构热工性能参数限值

围护结构部位	传热系数 $K/[W/(m^2 \cdot K)]$			
	夏热冬冷A区		夏热冬冷B区	
	热惰性指标 D ≤2.50	热惰性指标 D >2.50	热惰性指标 D ≤2.50	热惰性指标 D >2.50
屋面	≤0.40	≤0.40	≤0.40	≤0.40
外墙	≤0.60	≤1.00	≤0.80	≤1.20

(续)

围护结构部位	传热系数 K/[W/(m²·K)]			
	夏热冬冷 A 区		夏热冬冷 B 区	
	热惰性指标 D ≤2.50	热惰性指标 D >2.50	热惰性指标 D ≤2.50	热惰性指标 D >2.50
底面接触室外空气的架空或外挑楼板	≤1.00		≤1.20	
分户墙、楼梯间隔墙、外走廊隔墙	≤1.50		≤1.50	
楼板	≤1.80		≤1.80	
户门	≤2.00		≤2.00	

（2）居住建筑窗墙面积比

窗墙面积比是影响建筑能耗的重要因素，同时它也受建筑日照、采光、自然通风等满足室内环境要求的制约。普通窗户的保温性能比外墙差，窗越大，温差传热量也越大。因此，必须合理地限制窗墙面积比。<mark>居住建筑的窗墙面积比按开间计算，建筑节能施工图审查只需要审查最可能超标的开间即可。</mark>居住建筑窗墙面积比限值应符合表 2.2-5 的规定。其中每套住宅应允许一个房间在一个朝向上的窗墙面积比不大于 0.6。

表 2.2-5　居住建筑窗墙面积比限值

热工区划	朝向		
	东、西	南	北
严寒地区	≤0.33	≤0.45	≤0.25
寒冷地区	≤0.35	≤0.50	≤0.30
夏热冬冷区	≤0.35	≤0.45	≤0.40
夏热冬暖区	≤0.30	≤0.40	≤0.40
温和 A 区	≤0.35	≤0.50	≤0.40

2.2.3　幕墙

近年来越来越多的公共建筑采用轻质幕墙结构，其热工性能与普通砌块墙体差异较大。规范以围护结构热惰性指标 $D=2.5$ 为界，分别给出传热系数限值，通过热惰性指标和传热系数同时约束。另外幕墙的抗风压性、水密性、气密性等也应满足规范要求。

2.2.4　其他节能措施和要求

1）夏热冬暖、夏热冬冷地区，甲类公共建筑南、东、西向外窗和透光幕墙应采取遮阳措施。

2) 外窗（门）框（或附框）与墙体之间的缝隙，应采用高效保温材料填堵密实，不得采用普通水泥砂浆补缝。

3) 变形缝应采取保温措施，并应保证变形缝两侧墙的内表面温度在室内空气设计温、湿度条件下不低于露点温度。

2.2.5 外围护结构热工性能判定

建筑围护结构热工性能的权衡判断应采用对比评定法。当设计建筑的供暖能耗不大于参照建筑时，应判定围护结构的热工性能符合标准的要求。当设计建筑的供暖能耗大于参照建筑时，应调整围护结构热工性能重新计算，直至设计建筑的供暖能耗不大于参照建筑。需要说明的是权衡判断计算仅允许建筑设计、不同部位围护结构热工性能的权衡，不允许新风热回收、供暖系统补偿围护结构，因此设计建筑采用新风热回收、提高供暖系统能效等技术措施不允许参与权衡判断。

2.3 绿色建筑设计专篇内容

我国各地区在气候、环境、资源、经济发展水平与民俗文化等方面都存在较大差异，而因地制宜又是绿色建筑建设的基本原则，因此对绿色建筑的评价，应以符合国家和各地区法律法规和有关标准作为参与绿色建筑评价的前提条件。绿色建筑评价指标体系应由安全耐久、健康舒适、生活便利、资源节约、环境宜居五类指标组成，且每类指标均包括控制项和评分项。为了鼓励绿色建筑采用提高、创新的建筑技术和产品建造更高性能的绿色建筑，评价指标体系还统一设置"提高与创新"加分项。绿色建筑设计专篇主要内容如图2.3-1所示（以山东省《绿色建筑设计评价标准》为例）。

2.3.1 绿色建筑星级

（1）绿色建筑评价总得分计算

绿色建筑评价的总得分应按下式进行计算：

$$Q = (Q_0 + Q_1 + Q_2 + Q_3 + Q_4 + Q_5 + Q_A)/10 \tag{2.3-1}$$

式中 Q——总得分；

Q_0——控制项基础分值，当满足所有控制项的要求时取400分；

$Q_1 \sim Q_5$——评价指标体系五类指标（安全耐久、健康舒适、生活便利、资源节约、环境宜居）的评分项得分；

Q_A——提高与创新加分项得分。

```
绿色建筑设计专篇主要内容
├── 设计依据
│   ├── 《绿色建筑评价标准》（GB/T 50378—2019）
│   └── 省市地方标准
├── 工程概况
├── 绿色建筑星级划分
│   ├── 基本级、一星级、二星级、三星级四个等级
│   ├── 当满足全部控制项要求时，为基本级
│   ├── 一、二、三星级的绿色建筑均应进行全装修
│   ├── 一、二、三星级的绿色建筑均应满足全部控制项的要求，且各类指标的评分项得分不应小于其评分项满分值的30%
│   └── 当总得分分别达到60分、70分、85分且满足一定要求时，分别为一、二、三星级
└── 星级自评分汇总表
    ├── 自评总分值Q
    │   ├── Q=（Q₀+Q₁+Q₂+Q₃+Q₄+Q₅+Q_A）/10
    │   ├── 控制项Q₀必须全部达标
    │   └── 五类指标的评分项得分不应小于其评分项满分值的30%，自评总分值最大值107分
    ├── 控制项基础得分——控制项必须全部达标：Q₀=400
    ├── 前置条件
    │   ├── 全装修
    │   ├── 围护结构热工性能的提高比例（一星级5%；二星级10%；三星级20%）
    │   ├── 住宅建筑外窗传热系数降低比例（一星级5%；二星级10%；三星级20%）
    │   ├── 外窗气密性能
    │   ├── 住宅建筑室外与卧室之间、分户墙（楼板）两侧卧室之间的空气声隔声性能以及卧室楼板的撞击声隔声性能
    │   ├── 室内主要空气污染物浓度降低比例（一星级10%；二星级20%；三星级25%）
    │   └── 节水器具用水效率等级（一星级3级；二星级2级；三星级2级）
    ├── 安全耐久    Q₁=100
    ├── 健康舒适    Q₂=100
    ├── 生活便利    Q₃=70
    ├── 资源节约    Q₄=200
    ├── 环境宜居    Q₅=100
    └── 提高与创新  Q_A=100
```

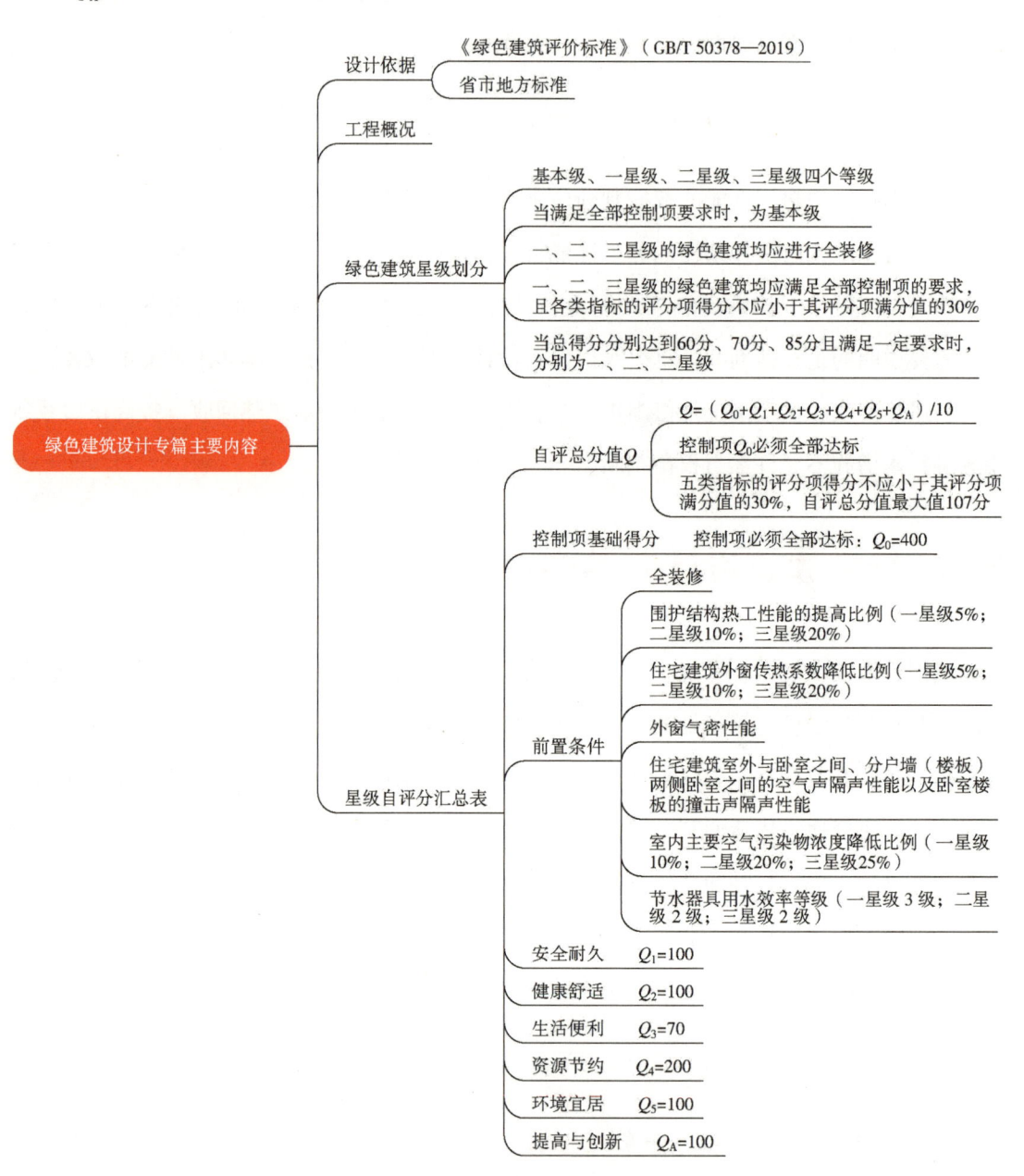

图 2.3-1 绿色建筑设计专篇主要内容

（2）绿色建筑星级的划分

绿色建筑划分为基本级、一星级、二星级、三星级四个等级。控制项是绿色建筑的必要条件，当建筑项目满足全部控制项的要求时，绿色建筑的等级即达到基本级。一星级、

二星级、三星级三个等级的绿色建筑均应满足标准规定的全部控制项的要求,且每类指标的评分项得分不应小于其评分项满分值的30%。一星级、二星级、三星级三个等级的绿色建筑均应进行全装修。按上述式(2.3-1)计算得到绿色建筑总得分,当总得分分别达到60分、70分、85分且满足相应前置条件的要求时,绿色建筑等级可分别评定为一星级、二星级、三星级。

2.3.2 建筑专业星级设计审查自评表

(1)基本规定

一、二、三星级绿色建筑技术要求应满足表2.3-1的基本要求。

表 2.3-1　一、二、三星级绿色建筑技术要求

指标	技术要求			自评分值
	一星级	二星级	三星级	
全装修的选用材料及产品质量要求	全装修	全装修	全装修	是□否□
围护结构热工性能的提高比例或建筑供暖空调负荷降低比例	围护结构提高5%或负荷降低5%	围护结构提高10%或负荷降低10%	围护结构提高20%或负荷降低15%	是□否□
住宅建筑外窗传热系数降低比例	降低5%	降低10%	降低20%	是□否□
外窗气密性	符合节能规定	符合节能规定	符合节能规定	是□否□
住宅室外与卧室之间、分户墙(楼板)两侧卧室之间的空气声隔声性能以及卧室楼板的撞击声隔声性能	无要求	达到低限标准限值和高要求标准限值的平均值	达到高要求标准限值	是□否□
室内主要空气污染物浓度降低比例	降低10%	降低20%	降低25%	是□否□

(2)安全耐久(Q_1)

安全耐久包括建筑的安全性和耐久性。控制项必须满足,评分项共计5小项,总分 $Q_1=100$,其中建筑专业70分,详见表2.3-2。

表 2.3-2　安全耐久评分项得分表

评分项	技术要求	自评分值
安全防护措施 (15分)	采取措施提高阳台、外窗、窗台、防护栏杆等安全防护水平	5分
	建筑物出入口均设外墙饰面、门窗玻璃意外脱落的防护措施,并与人员通行区域的遮阳、遮风或挡雨措施结合	5分
	利用场地或景观形成可降低坠物风险的缓冲区、隔离带	5分

(续)

评分项	技术要求	自评分值
安全防护功能的产品或配件（10分）	采用具有安全防护功能的玻璃	5分
	采用具备防夹功能的门窗	5分
地面或路面设置防滑措施（10分）	建筑出入口及平台、公共走廊、电梯门厅、厨房、浴室、卫生间等设置防滑措施，防滑等级不低于《建筑地面工程防滑技术规程》（JGJ/T 331）规定的 B_d、B_w 级	3分
	建筑室内外活动场所采用防滑地面，防滑等级达到《建筑地面工程防滑技术规程》（JGJ/T 331）规定的 A_d、A_w 级	4分
	建筑坡道、楼梯踏步防滑等级达到《建筑地面工程防滑技术规程》（JGJ/T 331）规定的 A_d、A_w 级或按水平地面等级提高一级，并采用防滑条等防滑构造技术措施	3分
人车分流措施及照明（8分）	采取人车分流措施，且步行和自行车交通系统有充足照明	8分
提升建筑适变性的措施（18分）	采取通用开放、灵活可变的使用空间设计，或采取建筑使用功能可变措施	7分
	建筑结构与建筑设备管线分离	7分
	采用与建筑功能和空间变化相适应的设备设施布置方式或控制方式	4分
装饰装修建筑材料（9分）	采用耐久性好的外饰面材料	3分
	采用耐久性好的防水和密封材料	3分
	采用耐久性好、易维护的室内装饰装修材料	3分

（3）健康舒适（Q_2）

健康舒适包括室内空气品质、水质、声环境与光环境和室内热湿环境。控制项必须满足，评分项共计7小项，总分 $Q_2=100$，其中建筑专业共计75分，详见表2.3-3。

表2.3-3 健康舒适评分项得分表

评分项	技术要求	自评分值
室内空气污染物的浓度（12分）	氨、甲醛、苯、甲苯、二甲苯、总挥发性有机物、氡等污染物浓度比现行国家标准《室内空气质量标准》（GB/T 18883）规定限值的降低幅度达到10%，得3分；达到20%，得5分；达到25%，得6分	3分 5分 6分
	室内PM2.5年均浓度不高于 $25\mu g/m^2$，且室内PM10年均浓度不高于 $50\mu g/m^2$	6分
装饰装修材料（8分）	选用有害物质限量满足国家现行绿色产品评价标准要求的装饰装修材料达到3种及以上，得3分；达到5种及以上，得5分	3分 5分
	选用满足《绿色建筑设计评价标准》（DB37/T 5097）表5.2.2中规定的室内装饰装修材料达到3种及以上，得2分；达到4种及以上，得3分	2分 3分
室内声环境与隔声性能（18分）	噪声级达到《民用建筑隔声设计规范》（GB 50118）中的低限标准限值和高要求标准限值的平均值，得4分；达到高要求标准限值，得8分	4分 8分
	构件及相邻房间之间的空气声隔声性能达到《民用建筑隔声设计规范》（GB 50118）中的低限标准限值和高要求标准限值的平均值，得3分；达到高要求标准限值，得5分	3分 5分

（续）

评分项	技术要求	自评分值
室内声环境与隔声性能（18分）	楼板的撞击声隔声性能达到《民用建筑隔声设计规范》（GB 50118）中的低限标准限值和高要求标准限值的平均值，得3分；达到高要求标准限值，得5分	3分 5分
充分利用天然光（12分）	住宅建筑室内主要功能空间至少60%面积比例区域，其采光照度值不低于300lx的小时数平均不少于8h/d	9分
	公共建筑按下列规则分别评分并累计：①内区采光系数满足采光要求的面积比例达到60%得3分；②地下空间平均采光系数不小于0.5%的面积与地下室首层面积的比例达到10%以上得3分；③室内主要功能空间至少60%面积比例区域的采光照度值不低于采光要求的小时数平均不少于4h/d得3分	3分 3分 3分
	主要功能房间有眩光控制措施	3分
室内热湿环境（8分）	采用自然通风或复合通风的建筑：主要功能房间室内热环境参数在适应性热舒适区域的时间比例达到30%得2分；每再增加10%再得1分，最高得8分	8分
	采用人工冷热源的建筑：主要功能房间达到《民用建筑室内热湿环境评价标准》（GB/T 50785）规定的室内人工冷热源热湿环境整体评价Ⅱ级的面积比例，达到60%得5分；每再增加10%再得1分，最高得8分	8分
空间和平面布局（8分）	住宅建筑：通风开口面积≥房间地板面积的1/15得5分；≥1/14得6分；≥1/13得7分；≥1/12得8分	8分
	公共建筑：过渡季典型工况下主要功能房间平均自然通风换气次数≥2次/h的面积比例达到70%得5分；每再增加10%再得1分，最高得8分	8分
遮阳设施（9分）	设置可调节遮阳设施，改善室内热舒适。根据可调节遮阳设施的面积占外窗透明部分的比例按《绿色建筑设计评价标准》（DB37/T 5097）表5.2.11的规则评分	9分

（4）生活便利（Q_3）

生活便利包括出行与无障碍、服务设施、智慧运行和物业管理。控制项必须满足，评分项共计5小项，总分$Q_3=70$，其中建筑专业共计41分，详见表2.3-4。

表2.3-4 生活便利评分项得分表

评分项	技术要求	自评分值
公交站点与无障碍（8分）	场地出入口到达公共交通站点的步行距离不超过500m，或到达轨道交通站的步行距离不大于800m得2分；场地出入口到达公共交通站点的步行距离不超过300m，或到达轨道交通站的步行距离不大于500m得4分	2分 4分
	场地出入口步行距离800m范围内设有不少于2条线路的公共交通站点	4分
全龄化设计（8分）	建筑室内公共区域的墙、柱等处的阳角均为圆角，并设有安全抓杆或扶手	4分
	设有可容纳担架的无障碍电梯	4分

(续)

评分项	技术要求	自评分值
公共服务 （10分）	住宅建筑：满足下列要求中的四项得5分，满足六项及以上得10分： 1）场地出入口到达幼儿园的步行距离不大于300m 2）场地出入口到达小学的步行距离不大于500m 3）场地出入口到达中学的步行距离不大于1000m 4）场地出入口到达医院的步行距离不大于1000m 5）场地出入口到达群众文化活动设施的步行距离不大于800m 6）场地出入口到达老年人日间照料设施（托老所）的步行距离不大于500m 7）场地周边500m范围内具有不少于3种商业服务设施	5分 10分
	公共建筑：满足下列要求中的三项得5分，满足五项得10分： 1）建筑内至少兼容两种面向社会的公共服务功能 2）建筑向社会公众提供开放的公共活动空间 3）电动汽车充电桩的车位数占总车位数的比例不低于15% 4）周边500m范围内设有社会公共停车场（库） 5）场地不封闭或场地内步行公共通道向社会开放	5分 10分
步行可达绿地、广场 （5分）	场地出入口到达居住区公园或城市公园绿地、广场的步行距离≤300m	3分
	到达中型多功能运动场地的步行距离≤500m	2分
健身场地和空间 （10分）	室外健身场地面积不小于总用地面积的0.5%	3分
	设置宽度≤1.25m的专用健身慢行道，健身慢行道长度不小于用地红线周长的1/4且≤100m	2分
	室内健身空间的面积不小于地上建筑面积的0.3%且≤60m²	3分
	楼梯间具有天然采光和良好的视野，且距离主入口的距离≤15m	2分

（5）资源节约（Q_4）

资源节约包括节地与土地利用、节能与能源利用、节水与水资源利用和节材与绿色建材。控制项必须满足，评分项共计7小项，总分$Q_4=100$，其中建筑专业共计95分，详见表2.3-5。

表2.3-5　资源节约评分项得分表

评分项	技术要求	自评分值
节约集约土地 （20分）	1）住宅建筑：根据其所在居住街坊人均住宅用地指标按《绿色建筑设计评价标准》（DB37/T 5097）表7.2.1-1的规则评分 2）公共建筑：根据不同功能建筑的容积率（R）按《绿色建筑设计评价标准》（DB37/T 5097）表7.2.1-2的规则评分	20分
地下空间开发 （12分）	合理开发利用地下空间，根据地下空间开发利用指标，按《绿色建筑设计评价标准》（DB37/T 5097）表7.2.2的规则评分	12分

（续）

评分项	技术要求	自评分值
机械式停车设施、地下停车库或地面停车楼（8分）	（1）采用机械式停车设施、地下停车库方式： 1）住宅建筑地面停车位数量与住宅总套数的比率小于10%得4分；小于6%得8分 2）公共建筑地面停车占地面积与其总建设用地面积的比率小于8%得4分；小于5%得8分 （2）采用地面停车楼方式：建筑地面停车楼停车数量与其总停车数量比率不小于40%得4分，不小于80%得8分 （3）采用混合停车方式，分别按第1款、第2款进行评价，两款得分累计，总分最高得8分	4分 8分
建筑围护结构的热工性能（15分）	围护结构热工性能比国家和省现行相关建筑节能设计标准的规定提高幅度达到5%得5分，达到10%得10分，达到15%得15分	5分 10分 15分
一体化和工业化（16分）	建筑所有区域实施土建工程与装修工程一体化设计及施工	8分
	建筑装修选用工业化内装部品占同类部品用量比例达到50%以上的部品种类，达到一种得3分，达到三种得5分，达到三种以上得8分	3分 5分 8分
材料循环利用（12分）	可再循环材料和可再利用材料用量比例： 1）住宅建筑达到6%或公共建筑达到10%，得3分 2）住宅建筑达到10%或公共建筑达到15%，得6分	3分 6分
	利废建材选用及其用量比例： 1）采用一种利废建材，其占同类建材的用量比例不低于50%得3分 2）选用两种及以上的利废建材，每一种占同类建材的用量比例不低于30%得6分	3分 6分
绿色建材（12分）	绿色建材应用比例不低于30%得4分，不低于50%得8分，不低于70%得12分	4分 8分 12分

（6）环境宜居（Q_5）

环境宜居包括场地生态与景观和室外物理环境。控制项必须满足，评分项共计9小项，总分 $Q_5=100$，其中建筑专业共计95分，详见表2.3-6。

表2.3-6 环境宜居评分项得分表

评分项	技术要求	自评分值
生态环境（10分）	充分利用原有地形地貌进行场地设计以及建筑、生态景观的布局	3分
	保护场地内原有的自然水域、湿地、植被等，保持场地内的生态系统与场地外生态系统的连贯性	2分
	采取净地表层土回收利用等生态补偿措施	3分
	根据场地实际状况，采取其他生态恢复或补偿措施	2分

（续）

评分项	技术要求	自评分值
场地和屋面雨水径流（10分）	场地年径流总量控制率达到60%得3分，达到70%得7分，达到75%得10分	10分
绿化用地（16分）	（1）住宅建筑： 1）绿地率比规划指标的提高幅度达到5%得8分，达到10%得10分 2）住宅建筑所在居住街坊内人均集中绿地面积按《绿色建筑设计评价标准》（DB37/T 5097）表8.2.3的规则评分，最高得6分 （2）公共建筑： 1）绿地率比规划指标的提高幅度达到5%得8分，达到10%得10分 2）绿地向公众开放得6分	16分
室外吸烟区位置（9分）	室外吸烟区布置在建筑主出入口的主导风的下风向，与所有建筑出入口、新风进气口和可开启窗扇的距离不小于8m，且距离儿童和老人活动场地不小于8m	5分
	室外吸烟区与绿植结合布置，并合理配置座椅和带烟头收集的垃圾筒，从建筑主出入口至室外吸烟区的导向标识完整、定位标识醒目，吸烟区设置吸烟有害健康的警示标识	4分
绿色雨水基础设施（15分）	下凹式绿地、雨水花园等有调蓄雨水功能的绿地和水体的面积之和占绿地面积的比例达到40%得3分，达到60%得5分	3分 5分
	衔接和引导不少于80%的屋面雨水进入地面生态设施	3分
	衔接和引导不少于80%的道路雨水进入地面生态设施	4分
	硬质铺装地面中透水铺装面积的比例达到50%	3分
环境噪声（10分）	1）环境噪声值>2类声环境功能区标准限值，且≤3类声环境功能区标准限值得5分 2）环境噪声值≤2类声环境功能区标准限值得10分	5分 10分
光污染（5分）	玻璃幕墙的可见光反射比及反射光对周边环境的影响符合《玻璃幕墙光热性能》（GB/T 18091）的规定	5分
场地内风环境（10分）	冬季典型风速和风向条件： 1）建筑物周围人行区距地高1.5m处风速小于5m/s，户外休息区、儿童娱乐区风速小于2m/s，且室外风速放大系数小于2，得3分 2）除迎风第一排建筑外，建筑迎风面与背风面表面风压差不大于5Pa，得2分	5分
	过渡季、夏季典型风速和风向条件： 1）场地内人活动区不出现涡旋或无风区得3分 2）50%以上可开启外窗室内外表面的风压差大于0.5Pa得2分	5分
降低热岛强度（10分）	场地中处于建筑阴影区外的步道、游憩场、庭院、广场等室外活动场地设有乔木、花架等遮阴措施的面积比例，住宅建筑达到30%，公共建筑达到10%，得2分，住宅建筑达到50%，公共建筑达到20%得3分	2分 3分
	场地中处于建筑阴影区外的机动车道，路面太阳辐射反射系数不小于0.4或设有遮阴面积较大的行道树的路段长度超过70%	2分
	屋顶的绿化面积、太阳能板水平投影面积以及太阳辐射反射系数不小于0.4的屋面面积合计达到75%	3分
	夏季空调系统直接排热较常规情况降低50%以上	2分

(7) 提高与创新（Q_A）

当总分大于 100 分时，应取为 100 分，其中建筑专业共计 78 分，详见表 2.3-7。

表 2.3-7 提高与创新评分项得分表

评分项	技术要求	自评分值
传承历史文化 （20 分）	采用适宜地区特色的建筑风貌设计，因地制宜传承地域建筑文化	20 分
废旧利用 （8 分）	合理选用废弃场地进行建设，或充分利用尚可使用的旧建筑	8 分
场地绿容率 （5 分）	1) 场地绿容率计算值不低于 3.0 得 3 分 2) 场地绿容率实测值不低于 3.0 得 5 分	3 分 5 分
BIM 技术 （5 分）	在建筑的规划设计阶段应用建筑信息模型（BIM）技术	5 分
特色技术 （40 分）	采取节约资源、保护生态环境、保障安全健康、智慧友好运行、传承历史文化等其他创新、性能提升以及适合省地方特色的技术，并有明显效益，每采取一项得 10 分，最高 40 分	40 分

2.4 建筑防水设计专篇内容

施工图设计文件应编制防水设计专篇。设计专篇应包含地下、屋面、外墙、室内防水的材料要求及详细构造，包括各类接缝防水构造和节点防水构造。基本内容可包含工程防水设计工作年限、防水等级和防水做法；细部节点防水构造设计；防水材料性能和技术措施；排水、截水设计及维护措施。主要内容如图 2.4-1 所示。

2.4.1 建筑工程防水等级和工作年限

（1）建筑工程的防水类别

工业与民用建筑的地下、屋面、外墙、室内等按其防水功能重要程度分为甲类、乙类和丙类。公共建筑和居住建筑的屋面、外墙和室内工程，有人员活动的民用建筑地下室为甲类。

（2）建筑工程防水使用环境类别

建筑工程的地下、屋面、外墙和室内防水使用环境类别分为Ⅰ类、Ⅱ类和Ⅲ类。

（3）建筑工程防水等级

建筑工程防水等级依据建筑工程类别和建筑工程防水使用环境类别划分为一级、二级和三级，见表 2.4-1。

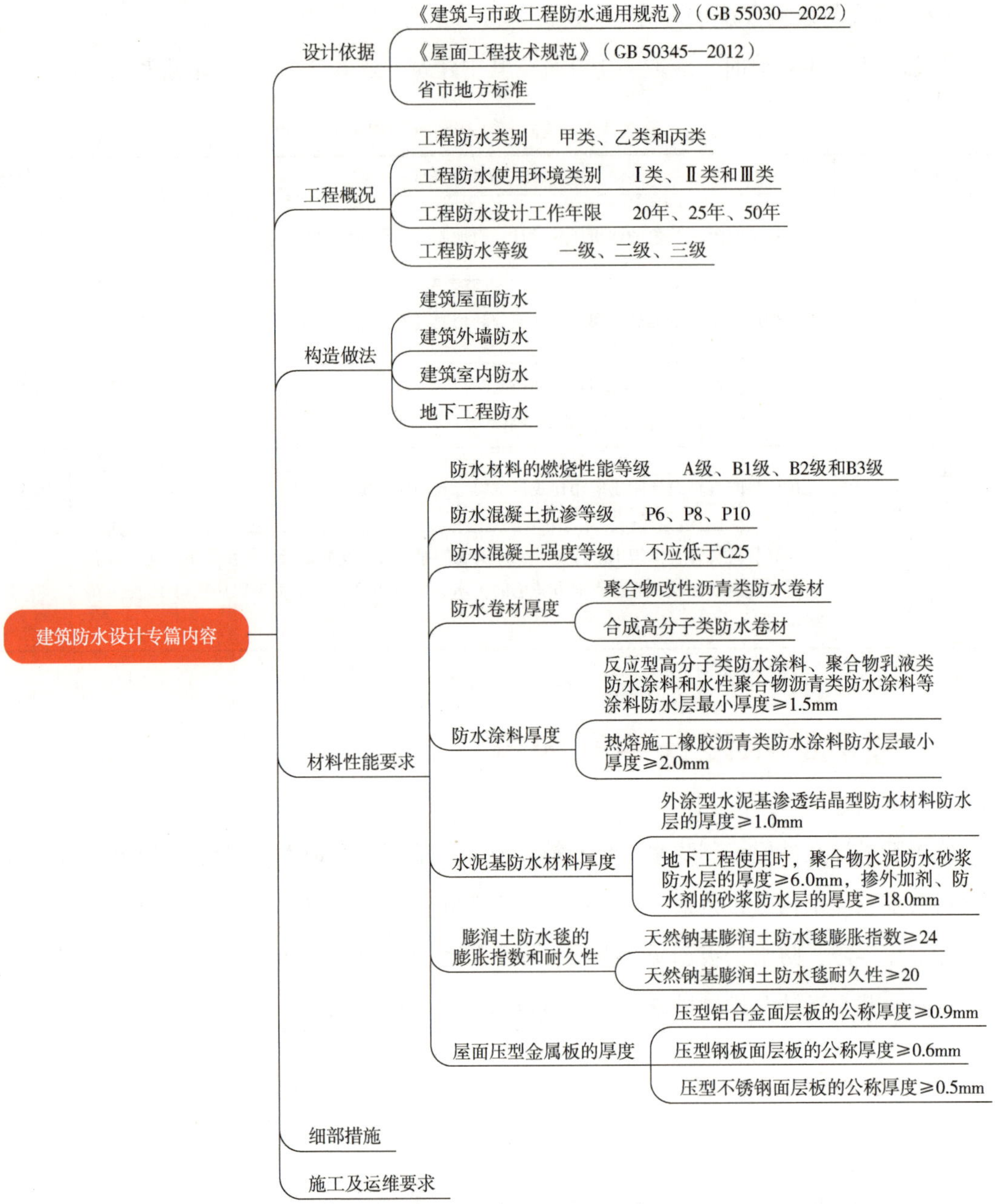

```
建筑防水设计专篇内容
├── 设计依据
│   ├── 《建筑与市政工程防水通用规范》（GB 55030—2022）
│   ├── 《屋面工程技术规范》（GB 50345—2012）
│   └── 省市地方标准
├── 工程概况
│   ├── 工程防水类别　甲类、乙类和丙类
│   ├── 工程防水使用环境类别　Ⅰ类、Ⅱ类和Ⅲ类
│   ├── 工程防水设计工作年限　20年、25年、50年
│   └── 工程防水等级　一级、二级、三级
├── 构造做法
│   ├── 建筑屋面防水
│   ├── 建筑外墙防水
│   ├── 建筑室内防水
│   └── 地下工程防水
├── 材料性能要求
│   ├── 防水材料的燃烧性能等级　A级、B1级、B2级和B3级
│   ├── 防水混凝土抗渗等级　P6、P8、P10
│   ├── 防水混凝土强度等级　不应低于C25
│   ├── 防水卷材厚度
│   │   ├── 聚合物改性沥青类防水卷材
│   │   └── 合成高分子类防水卷材
│   ├── 防水涂料厚度
│   │   ├── 反应型高分子类防水涂料、聚合物乳液类防水涂料和水性聚合物沥青类防水涂料等涂料防水层最小厚度≥1.5mm
│   │   └── 热熔施工橡胶沥青类防水涂料防水层最小厚度≥2.0mm
│   ├── 水泥基防水材料厚度
│   │   ├── 外涂型水泥基渗透结晶型防水材料防水层的厚度≥1.0mm
│   │   └── 地下工程使用时，聚合物水泥防水砂浆防水层的厚度≥6.0mm，掺外加剂、防水剂的砂浆防水层的厚度≥18.0mm
│   ├── 膨润土防水毯的膨胀指数和耐久性
│   │   ├── 天然钠基膨润土防水毯膨胀指数≥24
│   │   └── 天然钠基膨润土防水毯耐久性≥20
│   └── 屋面压型金属板的厚度
│       ├── 压型铝合金面层板的公称厚度≥0.9mm
│       ├── 压型钢板面层板的公称厚度≥0.6mm
│       └── 压型不锈钢面层板的公称厚度≥0.5mm
├── 细部措施
└── 施工及运维要求
```

图 2.4-1　建筑防水设计专篇内容

表 2.4-1　建筑工程防水等级划分

防水类别	环境类别		
	Ⅰ类	Ⅱ类	Ⅲ类
甲类	一级	一级	二级
乙类	一级	二级	三级
丙类	二级	三级	三级

2.4.2 建筑工程的防水设计工作年限

1）地下工程防水设计工作年限不应低于工程结构设计工作年限。

2）屋面工程防水设计工作年限不应低于 20 年。

3）室内工程防水设计工作年限不应低于 25 年。

2.4.3 建筑屋面工程

（1）屋面工程防水做法

建筑屋面工程的防水做法应符合表 2.4-2 的规定。

表 2.4-2 建筑屋面工程的防水做法

防水等级	防水做法	防水层					
^	^	平屋面	瓦屋面		金属屋面	
^	^	防水卷材 防水涂料	瓦屋面	防水卷材 防水涂料	金属板	防水卷材
一级	不应少于 3 道	卷材防水层 不应少于 1 道	为 1 道，应选	卷材防水层不应少于 1 道	为 1 道，应选	不应少于 1 道；厚度不应小于 1.5mm
二级	不应少于 2 道	卷材防水层 不应少于 1 道	为 1 道，应选	不应少于 1 道，任选	为 1 道，应选	不应少于 1 道
三级	不应少于 1 道	任选	为 1 道，应选	—	为 1 道，应选	—

（2）屋面排水坡度

1）当屋面采用结构找坡时，其坡度≥3%。

2）混凝土屋面檐沟、天沟的纵向坡度≥1%。

（3）屋面工程防水构造

屋面天沟和封闭阳台外露顶板等处的工程防水等级应与建筑屋面防水等级一致。

2.4.4 建筑外墙工程

（1）墙面防水层做法

1）防水等级为一级（二级）的框架填充或砌体结构外墙，应设置 2 道（1 道）及以上防水层，当采用 2 道防水时，应设置 1 道防水砂浆及 1 道防水涂料或其他防水材料。

2）防水等级为一级的现浇混凝土外墙、装配式混凝土外墙板应设置 1 道及以上防水层。

3）封闭式幕墙应达到一级防水要求。

（2）门窗洞口、雨篷、阳台、室外挑板构造防水

1）窗台处应设置排水板和滴水线等排水构造措施，排水坡度不应小于5%。

2）雨篷应设置外排水，坡度不应小于1%，且外口下沿应做滴水线。

3）开敞式外廊和阳台的楼面应设防水层，阳台坡向水落口的排水坡度不应小于1%，并应通过雨水立管接入排水系统。

2.4.5　建筑室内工程

（1）室内楼地面和墙面防水做法

1）防水等级为一级（二级）的室内楼地面，应设置2道（1道）及以上防水层，当采用2道防水时，防水涂料或防水卷材不应少于1道。

2）有防水要求的楼地面应设排水坡，并应坡向地漏或排水设施，排水坡度≥1.0%。

3）室内墙面防水层不应少于1道。

4）淋浴区墙面防水层翻起高度≥2.0m，且不低于淋浴喷淋口高度。盥洗池盆等用水处墙面防水层翻起高度≥1.2m。墙面其他部位泛水翻起高度≥0.25m。

（2）室内工程防水构造

穿过楼板的防水套管应高出装饰层完成面，且高度≥20mm。

2.4.6　材料性能要求

1）地下工程迎水面主体结构防水混凝土结构厚度不应小于250mm。

2）受中等及以上腐蚀性介质作用的地下工程强度等级不应低于C35，抗渗等级不应低于P8。

3）反应型高分子类防水涂料、聚合物乳液类防水涂料和水性聚合物沥青类防水涂料等涂料防水层最小厚度不应小于1.5mm，热熔施工橡胶沥青类防水涂料防水层最小厚度不应小于2.0mm。当热熔施工橡胶沥青类防水涂料与防水卷材配套使用作为一道防水层时，其厚度不应小于1.5mm。

4）地下工程使用时，聚合物水泥防水砂浆防水层的厚度不应小于6.0mm，掺外加剂、防水剂的砂浆防水层的厚度不应小于18.0mm。

5）屋面压型金属板的厚度应符合：①压型铝合金面层板的公称厚度不应小于0.9mm。

②压型钢板面层板的公称厚度不应小于0.6mm。③压型不锈钢面层板的公称厚度不应小于0.5mm。

2.4.7　细部构造措施

1）下列构造层不应作为一道防水层：①混凝土屋面板。②塑料排水板。③不具备防水功能的装饰瓦和不搭接瓦。

2）种植屋面和地下建筑物种植顶板工程防水等级应为一级，并应至少设置一道具有耐根穿刺性能的防水层，其上应设置保护层。

3）地下工程集水坑和排水沟应做防水处理，排水沟的纵向坡度不应小于0.2%。

4）穿墙管设置防水套管时，防水套管与穿墙管之间应密封。

5）外露使用防水材料的燃烧性能等级不应低于B2级。

2.4.8　施工及运维要求

1）施工应严格按《建筑与市政工程防水通用规范》（GB 55030—2022）第5章要求。

2）运行维护要求应严格按《建筑与市政工程防水通用规范》（GB 55030—2022）第7章要求。

3）防水混凝土、防水卷材、防水涂料、止水带的施工严格按规范相关要求。

4）防水卷材最小搭接宽度不小于《建筑与市政工程防水通用规范》（GB 55030—2022）第5.1.7条要求。

5）防水层施工完成后要做好成品保护措施。

6）屋面坡度大于30%时，施工过程中应采取防滑措施。

2.4.9　建筑防水工程专篇范例

某医院治疗康复中心办公楼，建筑面积28119.7m²，建筑高度56.5m，地上13层，地下1层。项目所在地区年降水量为1500mm，防水范围包括地下车库、屋面、外墙和室内工程。其中地下车库防水设计工作年限同工程结构设计工作年限，屋面工程防水设计工作年限为20年，室内工程防水设计工作年限为25年。

（1）防水工程概况及防水等级

综合分析该建筑工程防水类别和防水使用环境，最后确定该建筑地下车库、屋面、外墙和室内工程防水等级为一级，如图2.4-2所示。

二、工程概况

1. 项目名称：_____ 中心工程设计，建筑类别：☑民用建筑 □工业建筑
2. 建筑地点：_____ 该项目所在地年降水量P=1500mm
3. 建设单位：_____
4. 设计范围：包括地下、屋面、外墙和室内工程
5. 工程防水设计原则：遵循因地制宜，以防为主，防排结合，综合治理的原则
6. 工程防水设计工作年限：
   6.1、室内工程防水设计工作年限为25年

7. 防水工程概况及防水等级

防水工程概况表

工程防水类别		概况	防水使用环境类别		概况
地下工程	☑甲类	有人员活动的民用建筑地下室、对渗漏敏感的建筑地下工程	地下工程	☑Ⅰ类	抗浮设防水位标高与地下结构板底标高高差(H≥0m)
	□乙类	除甲类和丙类以外的建筑地下工程		□Ⅱ类	抗浮设防水位标高与地下结构板底标高高差(H<0m)
	□丙类	对渗漏不敏感的物品、设备使用或储存场所，不影响正常使用的建筑地下工程	屋面工程	□Ⅰ类	年降水量P≥1300mm
				□Ⅱ类	400mm≤年降水量P<1300mm
屋面工程	☑甲类	民用建筑和对渗漏敏感的工业建筑屋面		□Ⅲ类	年降水量P<400mm
	□乙类	除甲类和丙类以外的建筑屋面	外墙工程	☑Ⅰ类	年降水量P≥1300mm
	□丙类	对渗漏不敏感的工业建筑屋面		□Ⅱ类	400mm≤年降水量P<1300mm
外墙工程	☑甲类	民用建筑和对渗漏敏感的工业建筑外墙		□Ⅲ类	年降水量P<400mm
	□乙类	渗漏不影响正常使用的工业建筑外墙	室内工程	☑Ⅰ类	频繁遇水场合，或长期相对湿度RH≥90%
室内工程	☑甲类	民用建筑和对渗漏敏感的工业建筑室内楼地面和墙面		□Ⅱ类	同输水环境
蓄水工程	□甲类	建筑室内水池、对渗漏水敏感的室外游泳池和蓄水池、市政给水池和污水池、侵蚀性介质储液池等工程		□Ⅲ类	偶发渗漏水可能造成明显损失的场合
	□乙类	除甲类和丙类以外的蓄水类工程	蓄水工程	□Ⅰ类	冻融环境、海洋、除冰盐等氯化物环境、化学腐蚀环境
	□丙类	对渗漏无严格要求的蓄水类工程		□Ⅱ类	除Ⅰ类环境外、干湿交替环境
				□Ⅲ类	除Ⅰ类环境外、长期浸水、湿润环境，非干湿交替的环境

注：工程防水使用环境类别为Ⅲ类的明挖法地下工程，当该工程所在地年降水量大于400mm，应按Ⅰ类防水使用环境选用。

防水等级表

工程防水等级		概况	工程防水等级		概况
地下工程	☑一级	Ⅰ类、Ⅱ类环境下的甲类工程；Ⅰ类环境下的乙类工程	室内工程	☑一级	Ⅰ类、Ⅱ类环境下的甲类工程
	□二级	Ⅲ类环境下的甲类工程；Ⅱ类环境下的乙类工程；Ⅰ类环境下的丙类工程		□二级	Ⅲ类环境下的甲类工程；Ⅰ类环境下的乙类工程
	□三级	Ⅲ类环境下的丙类工程	蓄水工程	□一级	Ⅰ类、Ⅱ类环境下的甲类工程
屋面工程	☑一级	Ⅰ类、Ⅱ类环境下的甲类工程；Ⅰ类环境下的乙类工程		□二级	Ⅲ类环境下的甲类工程；Ⅱ类、Ⅲ类环境下的乙类工程；Ⅰ类环境下的丙类工程
	□二级	Ⅲ类环境下的甲类工程；Ⅱ类环境下的乙类工程；Ⅰ类环境下的丙类工程		□三级	Ⅲ类环境下的乙类工程；Ⅱ类、Ⅲ类环境下的丙类工程
	□三级	Ⅲ类环境下的乙类工程；Ⅱ类、Ⅲ类环境下的丙类工程			
外墙工程	☑一级	Ⅰ类、Ⅱ类环境下的甲类工程；Ⅰ类环境下的乙类工程			
	□二级	Ⅲ类环境下的甲类工程；Ⅱ类环境下的乙类工程			
	□三级	Ⅲ类环境下的乙类工程			

注：该表中的"环境"是指"防水使用环境"

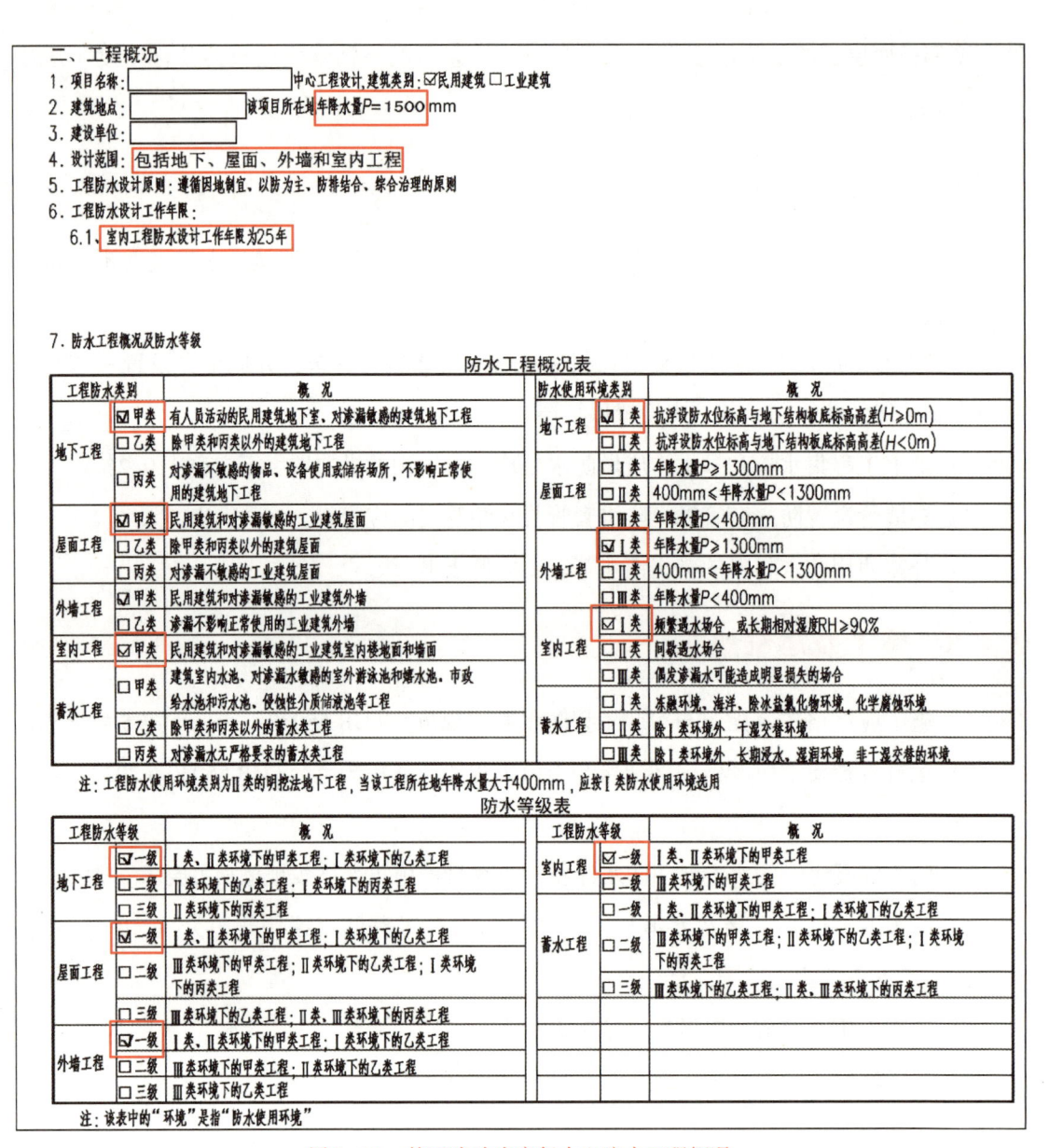

图 2.4-2 某医院治疗康复中心防水工程概况

（2）地下车库防水做法

该地下车库防水等级一级，防水混凝土抗渗等级 P8，地下室采用 300mm 厚防水底板，侧墙防水混凝土厚度 300mm，车库顶板防水混凝土厚度 250mm，外设 2 道防水卷材，满足防水等级一级要求，如图 2.4-3 所示。

（3）屋面防水做法

该工程平屋面防水等级一级，外设防水层选用 1 道防水卷材，2 道防水涂料，满足一级防水等级要求，如图 2.4-4 所示。

四、地下工程防水（明挖法）

1. 该地下工程防水等级为 ☑一级 ☐二级 ☐三级，主体结构工程防水做法见下表

主体结构	防水等级	防水混凝土	外设防水层	主体结构	防水等级	防水混凝土	外设防水层
地下工程底板	☑一级	应选/P8	☐防水卷材 ☐防水涂料 ☐水泥基防水材料	地下工程顶板	☑一级	应选/P8	☐防水卷材 ☐防水涂料 ☐水泥基防水材料
	☐二级	应选/P8	☐防水卷材 ☐防水涂料 ☐水泥基防水材料		☐二级	应选/P8	☐防水卷材 ☐防水涂料 ☐水泥基防水材料
	☐三级	应选/P6			☐三级	应选/P6	
地下工程侧墙	☑一级	应选/P8	☐防水卷材 ☐防水涂料 ☐水泥基防水材料				
	☐二级	应选/P8	☐防水卷材 ☐防水涂料 ☐水泥基防水材料				
	☐三级	应选/P6					

注：1. 水泥基防水材料是指防水砂浆、外涂型水泥基渗透结晶防水材料
2. 一、二级防水等级的装配式衬砌防水混凝土抗渗等级为P10，三级防水等级的装配式衬砌防水混凝土抗渗等级为P8
3. 寒冷地区抗冻设防段防水混凝土抗渗等级不应低于P10，受中等及以上腐蚀性介质作用的地下工程防水混凝土抗渗等级不应低于P8
4. 装配式地下结构构件的连接接头应满足防水及耐水性要求
5. 二级防水等级的地下工程，其种植顶板、固定电站（控制室、发电机房）、公专变电间等重要设备用房的底板、立墙应按一级防水，该类部位或用房增设2.0mm厚水泥基渗透结晶型防水层

2. 地下工程结构接缝的防水设防措施见下表

接缝类型	防水设防措施		接缝类型	防水设防措施	
施工缝	☑混凝土界面处理剂或外涂型水泥基渗透结晶型防水材料 ☐预埋注浆管 ☐遇水膨胀止水条或止水胶 ☑中埋式止水带 ☐外贴式止水带	不少于2种	后浇带	☑补偿收缩混凝土 ☐预埋注浆管 ☑遇水膨胀止水条或止水胶 ☐外贴式止水带	不少于1种
变形缝	☑中埋式中孔型橡胶止水带 ☐外贴式中孔型止水带 ☐可卸式止水带 ☑密封嵌缝材料 ☐外贴式防水卷材或外涂型防水涂料	应选 不少于2种	诱导缝	☑中埋式中孔型橡胶止水带 ☑密封嵌缝材料 ☐外贴式止水带 ☐外贴式防水卷材或外涂型防水涂料	应选 不少于1种

3. 盖挖逆作法工程支护结构与主体结构顶板采用刚接时，连接面防水应采用外涂型水泥基渗透结晶型防水材料，其他外设防水做法同本章第1条
4. 基底至结构板以上500mm范围及结构顶板以下不小于500mm范围的回填压实系数不小于0.94
5. 附建式全地下或半地下工程的防水设防范围应高出室外地坪，其超出的高度不小于300mm
6. 民用建筑地下室顶板覆土中积水应排至周边土体或建筑排水系统，地下室顶板与城上建筑相邻的部位应设置泛水且高出覆土或场地不应小于500mm

图2.4-3 某医院治疗康复中心地下车库防水做法

五、屋面工程防水

1. 该屋面防水等级为 ☑一级 ☐二级 ☐三级，屋面工程防水做法见下表

屋面类型	防水等级	外设防水层	防水层数	屋面类型	防水等级	外设防水层	防水层数	
平屋面	☑一级	☑防水卷材 ☑防水涂料	3道	卷材防水层	金属屋面	☐一级	☐金属板 ☐防水卷材	2道	卷材不少于1道 卷材厚度≥1.5mm
	☐二级	☐防水卷材 ☐防水涂料	2道	不少于1道		☐二级	☐金属板 ☐防水卷材	2道	少于1道 —
	☐三级	☐防水卷材 ☐防水涂料	1道	任选		☐三级	☐金属板	1道	— —
瓦屋面	☐一级	☐瓦屋面 ☐防水卷材 ☐防水涂料	3道	瓦材不少于1道					
	☐二级	☐瓦屋面 ☐防水卷材 ☐防水涂料	2道	卷材/涂料任选					
	☐三级	☐瓦屋面	1道						

注：1. 当在屋面金属基层上采用聚氯乙烯防水卷材（PVC）、热塑性聚烯烃防水卷材（TPO）、三元乙丙防水卷材（EPDM）等外露型防水卷材单层使用时，防水卷材的厚度，一级防水不应小于1.8mm，二级防水不应小于1.5mm，三级防水不应小于1.2mm
2. 屋面天沟和封闭阳台外露顶板等处的工程防水应与建筑屋面防水等级一致；屋面应设置独立的雨水收集与排水系统
3. 全焊接金属屋面可视为一级防水等级的防水做法

2. 屋面排水坡度：屋面水坡度应根据屋顶结构形式、屋面基层类别、防水构造形式、材料性能及使用环境条件等确定。平屋面、种植屋面采用建筑找坡时，其排水坡度应≥2%，当屋面采用结构找坡时，其排水坡度应≥3%；块瓦屋面排水坡度≥30%；波形瓦、沥青瓦、金属瓦屋面排水坡度均应≥20%；压型金属板、金属夹芯板金属屋面排水坡度应≥5%；单层防水卷材金属屋面排水坡度≥2%；玻璃采光顶屋面排水坡度≥5%；混凝土屋面檐沟、天沟的纵向坡度均应≥1%
3. 种植屋面工程的排（蓄）水层不应作为耐根穿刺防水层使用，并应设置将雨水排向屋面排水系统的有组织排水通道
4. 瓦屋面、金属屋面和种植屋面等应根据工程所在地的基本风压、地震烈度和屋面坡度等条件，采取抗风揭和抗滑落的加强固定措施
5. 混凝土结构屋面防水卷材采用水泥基材料粘结时，防水层长边不应大于45m；非外露防水材料暴露使用时应设保护层

图2.4-4 某医院治疗康复中心平屋面防水做法

(4) 外墙工程防水做法

该工程外墙采用砌块填充墙和现浇混凝土墙,防水等级一级,外设防水层,满足一级防水等级要求,如图 2.4-5 所示。

六、外墙工程防水
1. 该外墙工程防水等级为 ☑一级 □二级 □三级,外墙工程防水做法见下表

外墙类型	防水等级	外设防水层	防水层数	外墙类型	防水等级	外设防水层	防水层数
框架填充或砌体结构墙	☑一级	☑防水砂浆 □防水涂料 □其他材料	2道	现浇混凝土或装配式混凝土	☑一级	☑防水砂浆 □防水涂料 □其他材料	1道	任选
	□二级	□防水砂浆 □防水涂料 □其他材料	1道	2道防水层时,应设1道防水砂浆	□二级	无要求	—
	□三级	无要求	—		□三级	无要求	—

注:1. 封闭式幕墙应达到一级防水要求
2. 建筑外墙防水应根据工程所在地区的工程防水使用环境类别进行整体防水设计。建筑外墙门窗洞口、雨篷、阳台、女儿墙、室外挑板、变形缝、穿墙套管和预埋件等节点应采取防水构造措施,并应根据工程防水等级设置墙面防水层
2. 门窗洞口节点构造防水和门窗密封性要求
   2.1 门窗框与墙体间连接的缝隙应采用防水密封材料嵌填和密封
   2.2 门窗性能和安装质量应满足水密性要求;窗台处应设置滴水板和滴水线等防水构造措施,滴水坡度不应小于5%,窗洞口上部应设滴水线
3. 雨篷、阳台、室外挑板等防水做法要求
   3.1 雨篷应设置排水滴水,坡度不小于1%,且外口下沿应做滴水线。雨篷与外墙交接处的防水层应连续,且防水层应沿外口下翻至滴水线
   3.2 开敞式外廊和阳台的楼面应设防水层,阳台向地漏的排水坡度不应小于1%,并通过雨水立管接入排水系统,水幕门周边应留槽填嵌密封材料。阳台外口下沿应做滴水线
   3.3 室外挑板与墙体连接处应采取防水倒灌措施和节点构造措施
4. 外墙变形缝、穿墙管道、预埋件等节点防水做法要求
   4.1 变形缝部位应采取防水加强措施,当采用增设卷材附加层措施时,卷材两端应粘结于墙体,卷材的宽度不应小于150mm,并应钉压固定,卷材收头应采用密封材料封严
   4.2 穿墙管道采取避免雨水流入措施和内外防水构造措施。采用套管,内高外低,做好5%并做防水密封处理,穿墙防火墙的管道应用防火密封堵实
   4.3 外墙预埋件和预制构件四周应采用防水密封材料连续密封,屋面钢构件与结构层相连接处的防水层应包裹至基座上部,并在地脚螺栓周围做密封处理
5. 使用环境为Ⅰ类以上强风频发地区的建筑外墙门窗口、雨篷、阳台、穿墙管道、变形缝等处的节点构造应采取加强措施
6. 装配式混凝土结构外墙接缝处以及门窗框与墙体连接处应采用密封材料、止水材料和专用防水配件等进行密封

图 2.4-5 某医院治疗康复中心外墙防水做法

(5) 室内工程防水做法

该工程有防水要求的楼地面防水层采用防水涂料和水泥基材料,室内墙面采用水泥基材料,满足一级防水要求,如图 2.4-6 所示。

七、室内工程防水
1. 该室内工程防水等级为 ☑一级 □二级,室内工程防水做法见下表

室内部位	防水等级	防水层	防水层数	室内部位	防水等级	防水层	防水层数
楼地面	☑一级	□防水卷材 ☑防水涂料 ☑水泥基材料	2道 卷材/涂料	室内墙面	☑一级	□防水卷材 ☑防水涂料 ☑水泥基材料	1道 任选
	□二级	□防水卷材 □防水涂料 □水泥基材料	1道 任选		□二级	□防水卷材 □防水涂料 □水泥基材料	1道 任选

2. 有防水要求的楼地面应设置地漏,并应按地面或楼面设施,排水坡度不应小于1.0%,采用整体装配式卫浴间的结构楼地面应采取排水措施
3. 用水空间与非用水空间楼面交接处应有防止水流入非用水房间的措施,淋浴区墙面防水层翻起高度不应小于2000mm,且不低于淋浴喷淋口高度,盥洗池盆等用水处墙面防水层翻起高度不小于1200mm,墙面其他部位泛水高度不应小于250mm
4. 潮湿空间的顶棚应设置滴水或采用防潮材料
5. 室内工程的防水设计构造要求:地面的管道根部应采取密封措施;穿过楼板或墙体的管道套管与管道间应采用防水密封材料嵌缝填实,穿楼板的防水套管应高出装饰完成面高度不小于20mm
6. 室内需进行防水设防的区域不应跨越变形缝等可能出现较大变形的部位

图 2.4-6 某医院治疗康复中心室内防水做法

（6）地下消防水池防水做法

该康复中心在地下一层设有供灭火使用的消防水池，防水等级一级，防水混凝土抗渗等级 P8，顶板厚 250mm，侧墙和底板厚 300mm，池内壁防水层采用 1 道防水涂料，满足一级防水要求，如图 2.4-7 所示。

八、蓄水工程防水

1. 该蓄水工程为室内消防水池与集水池，防水等级为☑一级□二级□ 三级，蓄水工程防水做法见下表

防水等级	防水混凝土	顶板最小厚度	底板及侧墙最小厚度	最大允许裂缝宽度	钢筋最小保护层厚度	内壁防水层	防水层数	
☑一级	抗渗P8	250mm	300mm	0.2mm	35mm	□防水卷材 ☑防水涂料 □水泥基材料	1道	任选
□二级	抗渗P6	200mm	250mm	0.2mm	30mm	□防水卷材 □防水涂料 □水泥基材料	1道	任选
□三级	抗渗P6	200mm	250mm	0.2mm	30mm	无要求	—	—

注：1. 处于非侵蚀性介质环境的混凝土结构蓄水类工程，防水混凝土的强度等级不应低于C25，当蓄水类工程为地下结构时，其顶板厚度不应小于250mm

2. 对蓄水水质有卫生要求的混凝土结构蓄水类工程，应增加外壁防水层，至少应设置1道防水卷材、防水涂料或水泥基防水材料防水层

2. 混凝土结构蓄水类工程的防水节点构造设计应包括变形缝、诱导缝、施工缝、后浇带、穿墙管道、孔口等部位，并应符合下列规定

2.1 混凝土结构的变形缝、诱导缝、施工缝、后浇带的防水构造应符合本说明第四章相关要求

2.2 管件穿墙部位应设置防水套管，套管直径应大于管道直径50mm，套管与管道之间的空隙应密封，端口周边应填塞密封胶

2.3 地下水池通向地面的各种孔口应采取防倒灌措施，孔口高出室外地坪高程不应小于300mm

3. 蓄水类工程不应采用遇水浸蚀材料制成的砌块或空心砌块砌筑。最冷月平均气温低于−3℃的地区，外露蓄水类工程不应采用砌体结构

4. 需设置防渗层的景观水体，防渗层应采用黏土、柔性防水材料或天然钠基膨润土防水毯等材料铺设，且不应少于1道

5. 需同时防范有害物质的防渗衬层，当采用黏土作为1道防渗衬层时，其饱和渗透系数不应大于1.0×10^{-7}cm/s；当单独采用黏土作为防渗衬层时，黏土厚度不应小于2m；当采用黏土与人工合成材料的复合防渗衬层时，黏土厚度不应小于0.75m

6. 蓄水工程防水施工要求

6.1 蓄水类工程的混凝土底板、顶板均应连续浇筑，混凝土壁板应分层交圈、连续浇筑

6.2 混凝土结构蓄水类工程在浇筑预留孔洞、预埋管、预埋件及止水带周边混凝土时，应采取保证混凝土密实的措施

6.3 混凝土结构蓄水类工程应在结构施工完成后按照设计要求进行功能性满水试验，满水试验合格后方可进行外设防水层施工

图 2.4-7　某医院治疗康复中心地下消防水池防水做法

2.5 装配式建筑设计专篇内容

装配式建筑是一个系统工程，是将预制部品部件通过系统集成的方法在工地装配，实现建筑主体结构构件预制，非承重围护墙和内隔墙非砌筑并全装修的建筑。装配式建筑包括装配式混凝土建筑、装配式钢结构建筑、装配式木结构建筑及装配式混合结构建筑等。主要内容如图 2.5-1 所示。

2.5.1 设计依据

（1）装配式建筑评价标准

为了推进各省市装配式建筑健康发展，构建一套适合地方发展实际的装配式建筑评价体系，各省市在充分考虑了目前各省装配式建筑整体发展水平，在遵守国家现行标准《装配式建筑评价标准》（GB/T 51129—2017）的编制原则和评价方法基础上，相应编制了具

装配式建筑设计专篇内容

- **设计依据**
  - 《装配式建筑评价标准》（GB/T 51129—2017）
  - 《装配式混凝土建筑技术标准》（GB/T 51231—2016）
  - 《装配式钢结构建筑技术标准》（GB/T 51232—2016）
  - 省市地方评价标准
- **工程概况**
  - 结构体系
    - 混凝土结构
    - 钢结构
    - 木结构
    - 混合结构
  - 单体建筑装配率（P）
    - 装配率不低于50%
  - 单体工程PC构件类型
    - 预制梁、柱、剪力墙
    - 预制叠合板、楼梯
    - 预制空调板、飘窗、预制阳台
  - 建筑部品、部件类型
    - 成品内隔墙板
    - 成品外围护墙板
    - 干式铺装
    - 集成式厨房、集成式卫生间
- **装配式建筑设计**
  - 标准化设计——模数化和模块化
  - 集成设计
  - 主体结构构件设计
    - 柱、支撑、承重墙、延性墙板
    - 梁、板、楼梯、阳台、空调板
  - 围护墙和内隔墙设计
    - 非承重围护墙中非砌筑墙体
    - 围护墙与保温、隔热、装饰一体化
    - 内隔墙中非砌筑墙
    - 内隔墙与管线、装修一体化
  - 装修和设备管线
    - 全装修
    - 干式工法楼面、地面
    - 集成厨房、集成卫生间
    - 管线分离
  - 部品部件材料要求
    - 成品墙板耐火极限、隔声性能
    - 蒸压加气混凝土板
    - 陶粒混凝土板
    - 预制空心轻质水泥条板
    - 预制混凝土（PC）构件
- **单体工程装配指标计算**
  - 主体结构（Q_1）
  - 围护墙和内隔墙（Q_2）
  - 装修和设备管线（Q_3）
  - 省市地方评价标准新增项
- **装配率计算**
- **节点、构造、做法详图**

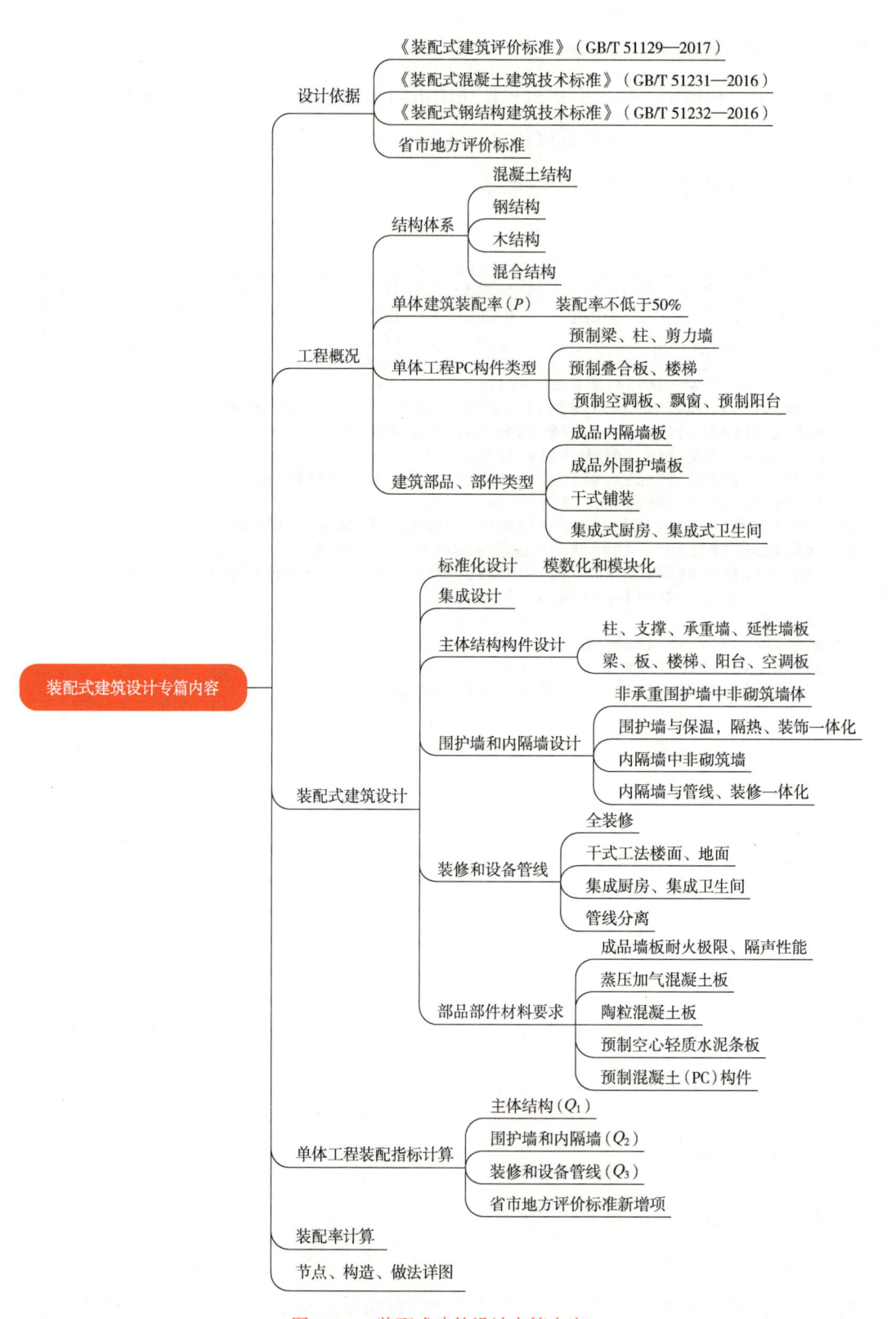

图 2.5-1　装配式建筑设计专篇内容

有地方特色的装配式建筑评价标准。在评价指标体系中突出了地方发展特点和需求，其中主体结构、围护墙和内隔墙、装修和设备管线系统中各评价项的分值及评价都进行了调整，而且为了鼓励发展新技术、绿色材料的应用和新型管理模式增加了鼓励项。例如山东省在装配式评分表中增加了"标准化设计"和"信息化技术"两项内容。北京市在装配式评分表中增加了"绿色建筑评价星级等级"。设计人员在编制装配式建筑专篇内容时，应结合当地对装配式建筑要求，依据地方评价标准进行装配率计算。

（2）装配式建筑设计标准

装配式建筑设计国家标准主要有《装配式混凝土建筑技术标准》（GB/T 51231—2016）《装配式钢结构建筑技术标准》（GB/T 51232—2016）和《装配式木结构建筑技术标准》（GB/T 51233—2016），对应三种主要装配式结构体系。另外为规范我国装配式住宅的建设，全面提高装配式住宅建设的环境效益、社会效益和经济效益，制定了行业标准《装配式住宅建筑设计标准》（JGJ/T 398—2017）。

2.5.2 工程概况

某26层住宅楼，剪力墙结构，建于山东省某市，按照山东省《装配式建筑评价标准》（DB37/T 5127—2018）认定为装配式建筑，装配率为51.0%。采用预制叠合板、预制楼梯，成品预制内外墙板，干式铺装，集成式厨房和卫生间，全装修。其工程概况如图2.5-2所示。

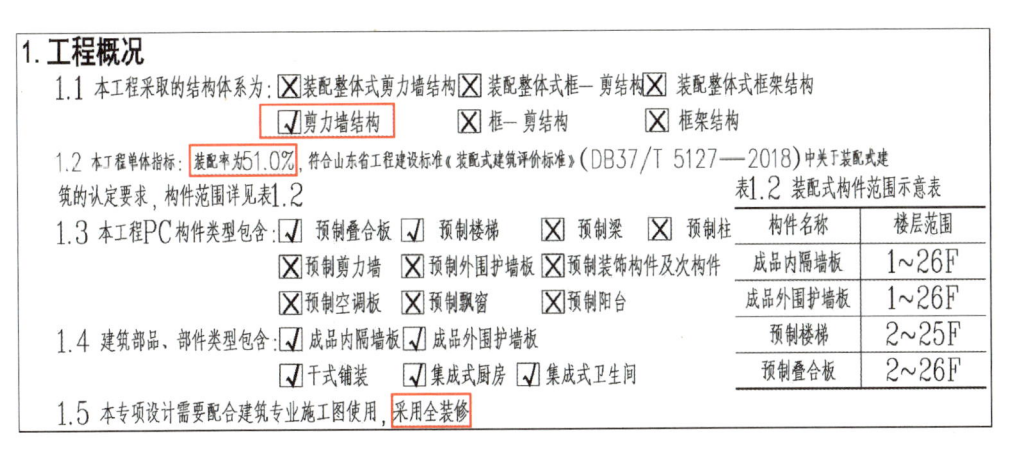

图 2.5-2 某高层装配式住宅工程概况

2.5.3 装配式建筑设计

（1）主体结构、围护墙和内隔墙、装修和设备管线设计

1）主体结构包括柱、支撑、承重墙、延性墙板等竖向构件和梁、板、楼梯、阳台、

空调板等水平构件。

2）围护墙和内隔墙包括非承重围护墙中非砌筑墙体，围护墙与保温、隔热、装饰一体化，内隔墙中非砌筑墙体，内隔墙与管线、装修一体化。

3）装修和设备管线包括全装修，干式工法楼（地）面，集成厨房和卫生间，管线分离。预制品部件的应用比例达到一定要求可获得相应的评分值。具体内容如图 2.5-3 所示。

```
4.3 主体结构构件设计
4.3.1 预制叠合板（用于2~26F）
    1）本项目预制叠合楼板使用部位：
        ☑客厅  ☑餐厅  ☑卧室、书房  ☑厨房  ☑阳台  ☑公区  ☐屋面
    2）叠合板叠合层预留预埋线盒、立管留洞、预埋止水节（或套管）、预埋吊点螺栓、布料机孔、泵管孔、放线孔、模板传料孔等，通过管线综合设计，保证管线布置合理、经济、安全
4.3.2 预制楼梯（用于2~25F）
    1）预制楼梯踏面防滑条（槽）、栏杆杯口或防锈预埋件与预制楼梯在工厂一次浇筑成型，并采用易于脱模的构造形式
    2）预制楼梯采用清水混凝土饰面，加工、运输、安装、施工过程中应采取措施加强成品保护
4.4 围护墙和内隔墙设计
4.4.1 非承重围护墙非砌筑（用于1~26F）
        ☐全现浇混凝土外墙  ☐预制钢筋混凝土外墙板  ☑蒸压轻质加气混凝土墙板(ALC)  ☐其他（请说明）
4.4.2 预制轻质内隔墙（用于1~26F）
        ☐轻钢龙骨石膏板隔墙  ☐蒸压陶粒混凝土墙板  ☑蒸压轻质加气混凝土墙板(ALC)  ☐其他（请说明）
4.4.3 围护墙和内隔墙图例仅表示应用范围，具体墙板排布应以内隔墙厂家深化设计图为准
4.5 装修和设备管线
4.5.1 全装修
        公区及室内全部装修完成
4.5.2 干式工法楼面、地面应用（用于1~26F）
        卧室、书房、功能空间采用干式工法楼地面，具体应用工艺详见二次深化设计
4.5.3 集成厨房应用，示意图详见附图，虚线位置设备设施精装修自理（用于1~26F）
    1）厨房干式工法应用部位：☑顶棚  ☑墙面  ☑楼地面
    2）厨房干式工法应用工艺详见二次深化设计
4.5.4 集成卫生间应用示意图详见附图，虚线位置设备设施精装修自理（用于1~26F）
    1）卫生间干式工法应用部位：☑顶棚  ☑墙面  ☑楼地面
    2）卫生间干式工法应用工艺详见二次深化设计
```

图 2.5-3　某高层装配式住宅预制品部件设计内容

（2）装配式部品部件设计说明

1）隔墙与墙面系统部品的选型应符合防火、防水、防潮、隔声、抗冲击等国家现行

有关标准的规定。

2）地面系统部品选型应满足承载力、刚度、防水、防滑、耐磨、抗冲击、隔声、防虫防鼠等相关性能的要求。

3）吊顶系统宜选用与顶面设备及管线结合度高的通用部品，其性能应符合《建筑用集成吊顶》（JG/T 413）的有关规定。

4）装配式住宅外墙材料应满足住宅建筑规定的耐久性能和结构性能的要求。

5）装配式住宅门窗应与外墙可靠连接，满足抗风压、气密性及水密性要求。

2.5.4 装配率计算

（1）装配率计算规定

装配率计算应以单体建筑作为计算和评价单元，并应符合：

1）单体建筑应按项目规划批准文件的建筑编号确认。

2）建筑由主楼和裙房组成时，主楼和裙房可按不同的单体建筑进行计算和评价。

3）单体建筑的层数≤3层，且地上建筑面积≤500m²时，可由多个单体建筑组成建筑组团作为计算和评价单元。

（2）装配式建筑评分表（以山东省为例）

山东省装配式建筑评分表共计五项内容，包括：

1）主体结构 Q_1（50分）。

2）围护墙和内隔墙 Q_2（20分）。

3）装修和设备管线 Q_3（25分）。

4）标准化设计 Q_4（3分）。

5）信息化技术 Q_5（2分）。具体评分内容如图2.5-4所示。

（3）装配率计算

装配率应根据装配式建筑评分表中评价项分值按下式计算：

$$P = \frac{Q_1 + Q_2 + Q_3 + Q_4 + Q_5}{100 - Q'} \times 100\% \tag{2.5-1}$$

式中 P——装配率；

Q_1——主体结构指标实际得分值；

Q_2——围护墙和内隔墙指标实际得分值；

Q_3——装修和设备管线指标实际得分值；

Q_4——标准化设计指标实际得分值；

Q_5——信息化技术指标实际得分值；

Q'——评价项目中建筑功能缺少的评价项分值总和，Q_4、Q_5评价项不包含在内。

6. 本工程单体装配指标计算

6.1 参照山东省工程建设标准《装配式建筑评价标准》（DB37/T 5127—2018）

表6.1　7#楼装配式建筑评分表

7#楼	评价项	评价要求	评价分值	最低分值	实际比例	自评得分	得分依据
主体结构Q_1（50分）	柱、支撑、承重墙、延性墙板等竖向构件	20%≤应用比例≤80%	15~30	20	—	—	—
	梁、板、楼梯、阳台、空调板等构件	70%≤应用比例≤80%	10~20		80.43%	20	预制叠合楼板、预制楼梯
围护墙和内隔墙Q_2（20分）	非承重围护墙非砌筑	应用比例≥80%	5	10	82.53%	5	ALC轻质围护墙板
	围护墙与保温、隔热、装饰一体化	50%≤应用比例≤80%	2~5				
	内隔墙非砌筑	应用比例≥50%	5		50.10%	5	ALC轻质内墙板
	内隔墙与管线、装修一体化	50%≤应用比例≤80%	2~5				
装修和设备管线Q_3（25分）	全装修	—	5	5	—	5	公区及套内全装修
	干式工法楼面、地面	应用比例≥60%	5		60.21%	5	干式工法铺贴
	集成厨房	70%≤应用比例≤90%	3~5		100%	5	干式工法铺贴
	集成卫生间	70%≤应用比例≤90%	3~5		100%	5	干式工法铺贴
	管线分离	50%≤应用比例≤70%	3~5				
标准化设计Q_4（3分）	平面布置标准化	—	1				
	预制构件及部品标准化	—	1				
	节点标准化	—	1			1	预制叠合板同连接构造重复应用数量占同类连接部位总数量的比例不低于50%
信息化技术Q_5（2分）	—	—	2				
装配率P							51.0%

图 2.5-4　某高层住宅楼装配式建筑评分表

（4）装配式建筑判定要求

1）主体结构部分的评价分值不低于20分。

2）围护墙和内隔墙部分的评价分值不低于10分。

3）采用全装修。

4）装配率不应低于50%。

第 3 章

建筑施工图审查细则

施工图审查的痛点就是漏审强条，而难点就是建筑设计依据规范众多，种类繁杂。为适应国际技术法规与技术标准通行规则，住房和城乡建设部从 2021 年又陆续发布了 37 本强制性工程建设规范，其中与建筑专业相关的部分条款变化较大。随着建筑行业大调整，在此背景下，设计周期短、设计院任务重，随之产生的专业间沟通不足、跨专业校对缺失等问题比比皆是，同时一些年轻的设计人员经验不足，对本专业设计规范掌握不全面也日益凸显。上述难点和痛点为后期项目开发过程中，出现大量的变更、安全质量等埋下了隐患，也给开发企业带来许多的投诉问题。本章按照设计缺陷类、专业配合类和错漏碰缺类三个方面的施工图审查细则进行了分类汇总梳理，供设计审查人员参考。

3.1 设计缺陷类审查细则

3.1.1 住宅建筑地下车库

在施工图审查过程中发现，地下车库设计无论是建筑还是结构专业，均存在设计失误或设计不当等问题，主要有车库平面设计不合理（出入口、车道宽度、转弯半径、车库排水）、车库层高设置不当、机动车坡道坡度超标、车库顶板防水做法失误等。这些问题往往是在施工图出图后才发现，且有些项目基础已施工，变更难度均加大。因此，有必要对此类问题进行系统总结，明确一些基本要求及设计审查细则，避免同类问题重复发生。地下汽车库建筑设计要点主要有出入口设计；坡道宽度，曲线坡道内径与宽度；车库净高确定因素；地下车库覆土厚度确定；地下车库顶板防水构造做法等，详细分析归类详见表 3.1-1。

表 3.1-1 住宅地下车库设计缺陷类审查细则

审查条目	规范条文	常见设计缺陷	说明
车库出入口数量	设置双车道汽车疏散出口、停车数量 ≤100 辆且建筑面积 <4000m² 的地下车库，可设置 1 个汽车出口	车库出入口设计不当。对于地下汽车库，100 辆以下双车道的地下汽车库也可设 1 个出口	《车库规》第 4.2.6 条，《汽修规》第 6.0.10 条

(续)

审查条目	规范条文	常见设计缺陷	说明
车库出入口宽度	车辆出入口宽度，双向行驶时≥7.0m，单向行驶时≥4.0m	车辆出入口宽度不满足要求	《车库规》第4.2.4条
疏散坡道净宽度	汽车疏散坡道的净宽度，单车道≥3.0m，双车道≥5.5m（微型、小型车）	曲线单行和双行时，坡道的净宽度应不小于3.8m和7.0m	《汽修规》第6.0.13条
机动车道宽度	单向行驶的机动车道宽度≥4.0m，双向行驶的小型（中型）车道≥6.0m（7.0m）	主车道宽度设置不合理，尺寸偏大，人为增加车库面积	《车库规》第3.2.5条
道路转弯半径	微型、小型车道路转弯半径≥3.5m；消防车道转弯半径应满足消防车辆最小转弯半径要求	将汽车最小转弯半径6m错误理解为车道最小内径，导致车道内径过大，相应增加车库面积	《车库规》第3.2.6条
车库排水	出入口地面的坡道外端应设置防水反坡，通往地下的坡道低端宜设置截水沟	车库排水设计失误，车库出入口和坡道处应充分考虑多种构造措施，防止雨水倒灌	《车库规》第4.4.1、4.4.2条
车库坡道坡度	当坡道纵向坡度大于10%时，坡道上、下端均应设缓坡段，其直线缓坡段的水平长度≥3.6m，缓坡坡度应为坡道坡度的1/2	当车道纵向坡度大于10%时，坡道上下端未设缓坡	《车库规》第4.2.10-4条
车位和车道	小型车垂直式停车的最小停车位2.4m×5.1（5.3）m，通（停）车道最小宽度，前进停车9.0m，后退停车5.5m	车位设计不合理，尽端靠墙车位无法停车	《车库规》第4.3.4条
停车位、出入口及坡道净高	微型（小型）车停车区域、出入口及坡道的最小净高2.2m	停车区域位于设备管道下方，净高未考虑设备及管道的空间，导致车位净高小于2.2m	《车库规》第4.2.5、4.3.6条
车库顶板防水	地下建筑顶板的耐根穿刺防水层、保护层、排（蓄）水层和过滤层的设计应按本规程第5.1节的规定执行	车库顶板的种植设计不合理，未设过滤层和排（蓄）水层，未采用耐根穿刺防水层，导致车库渗漏水	《种植屋面》（JGJ 155—2013）第5.4.4条

3.1.2 建筑公共疏散楼梯

公共楼梯是多层建筑竖向疏散的主要交通设施。对于高层建筑而言，虽然平时上下主要依赖电梯，但在火灾情况下，公共楼梯则是人员疏散的唯一通道。在审查施工图过程中，发现楼梯设计是问题最多的一项。主要有楼梯宽度不够或者楼梯净高不足，特别是疏散通道处楼梯梁碰头时有发生。这些问题，有些工程在图纸审查中发现，及时得到了改正，有的工程在施工中发现，现场修改，避免了以后验收不合格，减少了损失。还有一些工程在竣工验收后才发现，违规使用，导致住户大量投诉。造成上述问题的主要原因：一是设计人员对楼梯设计重视不够；二是设计人员对楼梯设计的知识及规范理解不全面。下面针对以上两个问题深入讨论，详见表3.1-2。

表 3.1-2 公共楼梯设计缺陷类审查细则

审查条目	规范条文	常见设计缺陷	说明
休息平台过道处及梯段净高	公共楼梯休息平台上部及下部过道处的净高≥2.00m，梯段净高≥2.20m	设计中未核实梯梁实际高度，导致楼梯平台下部的净高为1.90m左右，住户经过时容易碰头，很不安全	《民通规》第5.3.7条
梯段净宽和平台净宽	当梯段改变方向时，扶手转向端处的平台最小宽度不应小于梯段净宽，并不得小于1.20m	当有凸出物时，梯段净宽和楼梯平台宽度应从凸出部分外缘算起。设计时往往忽略了凸出物的影响	《民通规》第6.8.4条
梯段的踏步	每个梯段的踏步高度、宽度应一致，相邻梯段踏步高度差不应大于10mm	相邻梯段踏步有高差时，容易导致摔跤。当同一梯段首末两级踏步的楼面面层厚度不同时，应注意调整结构的级高尺寸，避免出现高低不等	《民通规》第5.3.10条
公共楼梯井净宽	当少年儿童专用活动场所的公共楼梯井净宽大于0.20m时，应采取防止少年儿童坠落的措施	幼儿园等活动场所的楼梯，其梯井净宽大于0.20m时，未设计防坠落措施，楼梯扶手上未加装防止儿童溜滑的设施	《民通规》第5.3.11条
楼梯间门距踏步边缘距离	公共楼梯正对（向上、向下）梯段设置的楼梯间门距踏步边缘的距离不应小于0.60m	正对楼梯梯段设门时，紧临踏步，存在着安全隐患	《民通规》第5.3.6条

3.1.3 建筑无障碍设计

根据《中华人民共和国无障碍环境建设法》第二条规定："国家采取措施推进无障碍环境建设，为残疾人、老年人自主安全地通行道路、出入建筑物以及使用其附属设施、搭乘公共交通运输工具，获取、使用和交流信息，获得社会服务等提供便利。"第十五条规定："工程设计单位应当按照无障碍设施工程建设标准进行设计。依法需要进行施工图设计文件审查的，施工图审查机构应当按照法律、法规和无障碍设施工程建设标准，对无障碍设施设计内容进行审查；不符合有关规定的，不予审查通过。"无障碍设计的基本原则是安全性和便利性。无障碍设施的安全性包括无障碍通道、轮椅坡道、无障碍出入口、无障碍楼梯和台阶；无障碍设施的便利性包括无障碍出入口门、无障碍电梯、无障碍扶手等。下面针对以上内容深入讨论，详见表 3.1-3。

表 3.1-3 无障碍设计缺陷类审查细则

审查条目	规范条文	常见设计缺陷	说明
无障碍出入口平台	除平坡出入口外，无障碍出入口的门前应设置平台，在门完全开启的状态下，平台的净深度≥1.50m	无障碍出入口平台净深度以1.50m直径的圆为控制线，而未以门完全开启状态下门扇外缘至台阶边不小于1.50m为控制线	《无障碍通规》第2.4.2条

(续)

审查条目	规范条文	常见设计缺陷	说明
无障碍通道净宽	无障碍通道的通行净宽≥1.20m，人员密集的公共场所的通行净宽≥1.80m	设计的通向无障碍卫生间等处通道的尺寸为轴线尺寸，未扣除内墙饰面层或固定障碍物厚度	《无障碍通规》第2.2.2条
无障碍厕所	无障碍厕所内部应设置无障碍坐便器、无障碍洗手盆、多功能台、低位挂衣钩和救助呼叫装置	设计人员在设计无障碍卫生间时仅关注设置无障碍坐便器及无障碍洗手盆、无障碍小便斗等常见卫生服务设施，而忽视了应同时设置诸如多功能台、低位挂衣钩和救助呼叫装置等不常见的卫生服务设施	《无障碍通规》第3.2.3条
轮椅坡道的坡度	轮椅坡道的纵向坡度≤1∶12，当条件受限且坡段起止点的高差≤150mm时，纵向坡度≤1∶10	某设计室内外高差0.30m，采用1/10的无障碍坡道，根据《无障碍通规》第2.3.1条，轮椅坡道的纵向坡度不应大于1∶12，当条件受限且坡段起止点的高差不大于150mm时，纵向坡度不应大于1∶10	《无障碍通规》第2.3.1条
楼梯和台阶、轮椅坡道扶手	行动障碍者和视觉障碍者主要使用的楼梯和台阶、轮椅坡道的扶手起点和终点处应水平延伸，延伸长度≥300mm；扶手末端应向墙面或向下延伸，延伸长度≥100mm	无障碍楼梯（行动障碍者和视觉障碍者主要使用的楼梯）的扶手未在起点和终点处水平延伸或虽延伸但延伸长度错误	《无障碍通规》第2.8.3条
无障碍居室	窗户可开启扇的执手或启闭开关距地面高度应为0.85~1.00m	无障碍居室或无障碍客房内窗可开启扇的执手或启闭开关距地面高度大于1.00m	《无障碍通规》第3.4.7条

3.2 专业配合类审查细则

建筑工程设计是按建筑、结构、设备等专业分配，各司其职，依据本专业的功能要求和规范要求设计。就各自专业而言，都能满足设计要求，没有太大问题。而整个工程设计图结合在一起时，往往就会出现"打架""碰撞"，相互影响等一些问题，需要各专业间反复修改，甚至多次进行设计变更，严重影响了设计质量，导致设计周期延长，内耗了设计人员大量的时间和精力。因此，设计过程中专业之间相互配合，互提条件，通过沟通、协调解决显得尤为重要。否则，各专业都不能违反自身的"强制性条文"，则这些矛盾就难以解决，需要动"大手术"，甚至对设计做根本性的修改。相对而言，建筑专业与结构专业之间矛盾会突出一些。

3.2.1 建筑与结构专业的配合

在建筑设计当中，充分了解建筑与结构之间的配合关系，往往可以帮助建筑设计人员正确地认知到其中的一些重要的安全概念，并且更好地理解建筑和结构的相互关系，既"你中有我、我中有你、融为一体"。下面列出施工图审查中发现的建筑与结构专业有着密切关系的一些常见问题，详见表 3.2-1。

表 3.2-1 建筑与结构专业配合缺陷类审查细则

审查条目	规范条文	常见设计缺陷	说明
防火墙下承重结构	防火墙的耐火极限≥3.00h。甲、乙类厂房（仓库）和丙类仓库内的防火墙，耐火极限≥4.00h。防火墙应直接设置在具有相应耐火性能的框架、梁等承重结构上	某耐火等级二级钢结构办公楼，防火墙下钢框架梁耐火极限 1.50h，柱 2.50h，不满足耐火极限≥3.00h（防火墙）的要求	《建通规》第 6.1.1、6.1.3 条
耐火验算	钢结构应按结构耐火承载力极限状态进行耐火验算与防火设计	防火设计不仅是建筑专业的内容，结构专业应按结构耐火承载力极限状态进行耐火验算，对不满足耐火极限要求的构件，应及时反馈给建筑专业进行调整	《建钢规》第 3.2.1 条
混凝土屋面坡度	坡度≥3%时，混凝土结构层宜采用结构找坡；当采用材料找坡时，坡度宜为 2%	结构找坡既节省材料、降低成本，又减轻了屋面荷载。有些设计，坡度大于 3%时，采用材料找坡，找坡层的坡度过大势必会增加屋面加荷载和造价	《屋面规》第 4.3.1 条
托幼疏散走道柱	幼儿经常通行和安全疏散走道的墙面距地面 2m 以下不应设有壁柱、管道、消火栓箱、灭火器、广告牌等凸出物	某幼儿园设计，框架柱居中布置，疏散走道柱凸出走道。建筑专业应告知结构专业，疏散走道处柱应与内墙面齐平，或采取其他措施	《托幼规》第 4.1.13 条
屋面压型金属板厚度	屋面压型金属板的厚度应由结构设计确定，且应符合下列规定：①压型铝合金面层板的公称厚度≥0.9mm；②压型钢板面层板的公称厚度≥0.6mm；③压型不锈钢面层板的公称厚度≥0.5mm	压型金属板主要采用机械固定安装，金属板厚度与其力学性能、抗风揭能力、耐腐蚀性有关。许多厂房屋面压型钢板面层板厚度为 0.5mm，不符合规范要求	《防水通规》第 3.6.2 条
防护栏杆荷载	中小学校的上人屋面、外廊、楼梯、平台、阳台等临空部位必须设防护栏杆，栏杆顶部的水平荷载应取 1.5kN/m，竖向荷载应取 1.2kN/m，水平荷载与竖向荷载应分别考虑	设计人员选用栏杆做法时套用了普通栏杆的做法。应注意，中小学校对临空处设置栏杆要求严于其他建筑	《结构通规》第 4.2.14 条
太阳能系统安装	太阳能系统安装应符合：①应满足结构、电气及防火安全的要求；②由太阳能集热器或光伏电池板构成的围护结构构件，应满足相应围护结构构件的安全性及功能性要求	结构设计时应为太阳能系统安装埋设预埋件或其他连接件，连接件与主体结构的锚固承载力设计值应大于连接件本身的承载力设计值。太阳能集热器的支撑结构应满足太阳能集热器运行状态的最大荷载和作用	《节能通规》第 5.2.5 条

3.2.2 建筑与设备专业的配合

建筑设备各工种之间与建筑本身，都存在着相互协调的关系，在使用功能和配置方面，彼此相互影响。建筑设备是为使用功能服务的，建筑设备对建筑也同时会提出许多要求。如机房配置、尺寸和结构的要求；对设置技术夹层的要求；对管道井的要求；对管道穿墙、穿越楼板、基础的要求；对通风及密封的要求；对排水及防漏的要求；对承重及隔振的要求；对防火、防烟及防爆的要求等。当建筑设备与建筑之间发生矛盾之时，相关各方均应从建筑物总体最佳的社会效益和经济效益出发反复协商，妥善解决。下面列出施工图审查中发现的建筑与设备专业配合中的一些常见问题，详见表3.2-2。

表3.2-2 建筑与设备专业设计缺陷类审查细则

审查条目	规范条文	常见设计缺陷	说明
室内消火栓设置位置	1）住宅的室内消火栓宜设置在楼梯间及其休息平台 2）汽车库内消火栓的设置不应影响汽车的通行和车位的设置	1）住宅的室内消火栓明装在楼梯休息平台上，导致平台疏散宽度不足 2）地下车库中，消火栓明装在柱上，导致车无法开门	《消水规》第7.4.7条
消防水泵房	1）消防水泵房的主要通道宽度≥1.2m 2）消防水泵房至少有一个可以搬运最大设备的门 3）消防水泵房应设置排水设施 4）消防水泵房不宜设在有防振或安静要求房间的上一层、下一层和毗邻位置，当必须时，应采取降噪减振措施	设计的通向消防水泵房通道的宽度小于1.2m；消防水泵房门净宽度偏小；未设置排水设施；设置在负一层，毗邻一层卧室，未采取降噪减振措施	《消水规》第5.5.2~5.5.9条
防烟楼梯间前室可开启外窗	采用自然通风方式防烟的防烟楼梯间前室、消防电梯前室应具有面积≥2.0m² 的可开启外窗或开口，共用前室和合用前室应具有面积≥3.0m² 的可开启外窗或开口	防烟楼梯间前室和合用前室开窗面积通常较小，往往达不到自然通风方式防烟的开窗面积要求	《防排烟》第11.2.3条
室外空调机位	1）卧室挂机按照1.5P考虑，室外空调板尺寸应不小于1100mm（长）×550mm（深）×800mm（高） 2）客厅按照2.0P考虑，室外空调板尺寸应不小于1200mm（长）×600mm（深）×1000mm（高） 3）为了保证空调室外机的安装方便及达到良好的通风、降温效果，空调安装时应保证两侧各有≥100mm的安装空间，背面离墙应有≥150mm的进风距离，前方离百叶窗应有≥100mm的出风距离	1）空调机位设计净宽仅450mm，安装及检修空间不足 2）空调机位空间过小，检修门过小，空调室外机安装及后期检修不便 3）相邻两户空调机位连通、两户间无分隔可互通 4）空调机位布置在卧室窗边，影响采光，并产生噪声影响 5）所有户型均未设置专用空调平台	参照不同品牌空调厂家说明书

（续）

审查条目	规范条文	常见设计缺陷	说明
安防监控中心	1）安防监控中心宜设于建筑物的首层或有多层地下室的地下一层 2）安防监控中心的使用面积应与安防系统的规模相适应，不宜小于20m²，与消防控制室或智能化总控室合用时，其专用工作区面积不宜小于12m²	设计的安防监控室面积偏小，不符合《民电标》的要求	《民电标》第14.9节、第23.2.7条
消防控制室	1）设备面盘前的操作距离，单列布置时≥1.5m，双列布置时≥2m 2）在值班人员经常工作的一面，设备面盘至墙的距离≥3m 3）设备面盘后的维修距离不宜小于1m 4）设备面盘的排列长度大于4m时，其两端应设置宽度不小于1m的通道	设计的消防控制室面积偏小，操作距离不符合《自报》的要求	《自报》第3.4.8条
配电室	1）配电室长度超过7m时，应设2个出口，并宜布置在配电室两端。当配电室双层布置时，楼上配电室的出口应至少设一个通向该层走廊或室外的安全出口 2）配电室的地面宜高出本层地面50mm或设置防水门槛 3）设在地下最底层配电室应采取防止水进入配电室内的措施	1）设计的配电室长度超过7m时，只设了1个出口 2）设在地下配电室未采取防止水进入配电室内的措施	《低配规》第4.3节

3.2.3 幕墙建筑设计

幕墙的施工图设计是依据建筑及结构、暖通、节能、消防、给水排水等专业的施工图设计文件，准确和完整表达建筑幕墙的立面造型和分格、系统结构构造、材料及工艺做法、性能要求，以及满足与相关建筑专业工程施工衔接要求的工程图设计。要做好幕墙设计，需要建筑师和幕墙设计人员密切配合。幕墙节能、防火构造、细部做法等是建筑效果的直接表达。下面针对以上内容深入讨论，详见表3.2-3。

表3.2-3 幕墙建筑设计专业配合类审查细则

审查条目	规范条文	违规程度	说明
幕墙材料	幕墙式建筑外墙保温材料宜采用岩棉、矿棉、玻璃棉、防火板等不燃或难燃材料。有保温要求的玻璃幕墙应采用中空玻璃和隔热铝合金型材	C	《玻璃幕墙规》第3.7.3、4.2.7条
节能构造措施	当公共建筑入口大堂采用全玻幕墙时，全玻幕墙中非中空玻璃的面积不应超过该建筑同一立面透光面积（门窗和玻璃幕墙）的15%	D	《节能通规》第3.1.13条

(续)

审查条目	规范条文	违规程度	说明
节能构造措施	严寒地区甲类公共建筑各单一立面窗墙面积比（包括透光幕墙）均不宜大于0.60，其他地区甲类公共建筑各单一立面窗墙面积比（包括透光幕墙）均不宜大于0.70	C	《公建节能标》第3.2.2条
	甲类公共建筑单一立面窗墙面积比小于0.40时，透光材料的可见光透射比不应小于0.60；甲类公共建筑单一立面窗墙面积比大于等于0.40时，透光材料的可见光透射比不应小于0.40	C	《公建节能标》第3.2.4条
	夏热冬暖、夏热冬冷地区，甲类公共建筑南、东、西向外窗和透光幕墙应采取遮阳措施	C	《公建节能标》第3.2.5条
	甲类公共建筑外窗（包括透光幕墙）应设可开启窗扇，其有效通风换气面积不小于所在房间外墙面积的10%；当透光幕墙受条件限制无法设置可开启窗扇时，应设置通风换气装置	D	《节能通规》第3.1.15条
幕墙防火构造	建筑幕墙应在每层楼板外沿处采取防止火灾通过幕墙空腔等构造竖向蔓延的措施。	D	《建通规》第6.2.4条
	1）幕墙与建筑窗槛墙之间的空腔应在建筑缝隙上、下沿处分别采用矿物棉等背衬材料填塞且填塞高度均不应小于200mm。在矿物棉等背衬材料的上面应覆盖具有弹性的防火封堵材料，在矿物棉下面应设置承托板 2）幕墙与防火墙或防火隔墙之间的空腔应采用矿物棉等背衬材料填塞，填塞厚度不应小于防火墙或防火隔墙的厚度，两侧的背衬材料的表面均应覆盖具有弹性的防火封堵材料 3）承托板应采用钢质承托板，且承托板的厚度不应小于1.5mm。承托板与幕墙、建筑外墙之间及承托板之间的缝隙，应采用具有弹性的防火封堵材料封堵	C	《防火封堵标》第4.0.3条
采光顶	建筑采光顶采用玻璃时，面向室内一侧应采用夹层玻璃，当采光顶玻璃最高点到地面或楼面距离大于3m时，夹层中空玻璃的夹层胶位于下侧	C	《民通规》第6.1.3条
	采光天窗应采用防破碎坠落的透光材料，当采用玻璃时，应使用夹层玻璃或夹层中空玻璃，其胶片最小厚度不小于0.76mm	A	《民通规》第6.5.7条
	甲类公共建筑的屋面透光部分面积不应大于屋面总面积的20%	E	《节能通规》第3.1.6条
幕墙防雷	幕墙的金属框架应与主体结构的防雷体系可靠连接，连接部位应清除非导电保护层	A	《玻璃幕墙规》第4.4.13条
	兼有防雷功能的幕墙压顶板宜采用厚度不小于3mm的铝合金板制造，压顶板截面不宜小于70mm^2（幕墙高度≥150m）或50mm^2（幕墙高度<150m）。幕墙压顶板体系与主体结构屋顶的防雷系统应有效的连通	E	《玻璃幕墙规》第4.4.13条条文说明
问题类别说明	A类问题：安全性问题；B类问题：影响使用功能易造成业主投诉的问题；C类问题：不符合规范的问题；D类问题：违反强制性条文的问题；E类问题：一般性问题		

3.3 错漏碰缺类审查细则

建筑施工图设计中出现的"错、漏、碰、缺",相互影响等一些问题,在住宅工程中占有较大的比例。由于设计疏忽,导致施工错误,虽然许多问题未违反强条,但如果忽略了这些方面,就会给业主和住户造成不必要的经济损失和使用不便,并导致业主和住户的大量投诉,影响企业声誉。下面将施工图审查过程中遇到的住宅设计"错、漏、碰、缺"常见问题进行了梳理,按照住宅通用空间、住宅部件与构造、住宅室内环境几个部分进行分类,从问题描述、解决方案及注意事项三个方面进行分析,作为设计质量控制点,供设计审查人员借鉴参考,避免类似问题的发生,以实现高品质住宅设计目标。

3.3.1 住宅通用空间

住宅通用空间包括出入口、疏散楼梯、电梯、地下室等。下面列出施工图审查中发现的与通用空间有着密切关系的一些常见问题,详见表3.3-1。

表 3.3-1 住宅通用空间审查细则

审查条目	规范条文	违规程度	说明
出入口、台阶和坡道	入口、门厅等人员通达部位采用落地玻璃时,应使用安全玻璃,并应设置防撞提示标识(说明中遗漏)	D	《民通规》第5.1.2条
	建筑出入口处应采取防止室外雨水侵入室内的措施(当室外地面标高大于室内地面时,未采取措施)	D	《民通规》第5.1.3条
	当台阶、人行坡道总高度达到或超过0.70m时,应在临空面采取防护措施(遗漏)	D	《民通规》第5.2.1条
楼梯、走廊	公共楼梯休息平台上部及下部过道处的净高不应小于2.00m,梯段净高不应小于2.20m(净高不满足要求,碰头)	D	《民通规》第5.3.7条
	位于阳台、外廊及开敞楼梯平台下部的公共出入口,应采取防止物体坠落伤人的安全措施(设在下部的公共出入口未采取安全措施)	A	《住设规》第6.5.2条
	无障碍通道的通行净宽不应小于1.20m(无障碍通道的净宽是指两侧墙面外表皮或固定障碍物之间的水平净距离,设计未扣除墙面贴砖等做法的厚度)	D	《无障碍通规》第2.2.2条
	住宅中作为主要通道的外廊宜作封闭外廊(许多住宅为敞开式外廊)	B	《住设规》第6.5.1条
电梯	住宅内设有电梯时,至少应设置1台无障碍电梯(未按照无障碍电梯设计)	D	《民通规》第5.4.2条

（续）

审查条目	规范条文	违规程度	说明
电梯	电梯不应紧邻卧室布置。当受条件限制，电梯不得不紧邻兼起居的卧室布置时，应采取隔声、减振的构造措施（设计中受条件限制，电梯不得不紧邻兼起居的卧室布置的情况很多，未采取双层分户墙或同等隔声效果的构造措施）	B	《住设规》第6.4.7条
地下室、地下车库	与住宅地下室相连通的地下汽车库，人员疏散可借用住宅部分的疏散楼梯。当不能直接进入住宅部分的疏散楼梯间时，应在汽车库与住宅部分的疏散楼梯之间设置连通走道，走道应采用防火隔墙分隔，汽车库开向该走道的门均应采用甲级防火门（汽车库与住宅地下室之间属于不同防火分区，连通门应采用甲级防火门，不能采用乙级防火门）	C	《汽修规》第6.0.7条
	车库内无障碍通道上有井盖、箅子时，井盖、箅子孔洞的宽度或直径不应大于13mm，条状孔洞应垂直于通行方向（井盖、箅子的孔洞会对轮椅的通行和盲杖的使用带来不便和安全隐患，所以应尽量避免在无障碍通道上设置有孔洞的井盖、箅子。无法避免时，应限定孔洞的宽度、直径和走向）	D	《无障碍通规》第2.2.4条
问题类别说明	A类问题：安全性问题；B类问题：影响使用功能能易造成业主投诉的问题；C类问题：不符合规范的问题；D类问题：违反强制性条文的问题；E类问题：一般性问题		

3.3.2 住宅部件与构件

住宅部件与构件包括屋面、楼地面、内外墙面、外门窗、临空栏杆和管道井等。下面列出施工图审查中发现的和住宅部件与构件有着密切关系的一些常见问题，详见表3.3-2。

表3.3-2 住宅部件与构件审查细则

审查条目	规范条文	违规程度	说明
屋面	严寒和寒冷地区的屋面应采取防止冰雪融坠的安全措施（未采取相应的安全措施，如在临近檐口的屋面上增设挡雪栅栏或加宽檐沟等）	D	《民通规》第6.1.2条
	上人屋面应满足人员活动荷载，临空处应设置安全防护设施（露台未设安全防护设施）	D	《民通规》第6.1.2条
楼面	设有地漏房间的楼地面在结构层和防水层施工完毕后，应分别进行24h蓄水试验，蓄水高度不得低于20mm（说明中遗漏）	B	《室内防水规程》第6.1.1条
	开敞式外廊、阳台的楼面应设防水层（做法中遗漏）	B	《民通规》第6.3.3条
	穿楼板的套管宜用防水涂料、密封材料或易粘贴的卷材进行加强防水处理。在管体的粘结高度≥20mm，平面宽度≥150mm（从实际投诉反映，卫生间等部位的渗漏水极大部分发生在管根、墙根和水落口这些细部节点处。这些部位的共同特点是构造复杂，故在选择防水材料做法时要注意可操作性和粘贴密实性）	E	《室内防水规程》第3.2.5条

(续)

审查条目	规范条文	违规程度	说明
墙面	1) 防水等级为一级的框架填充或砌体结构外墙,应设置2道及以上防水层。防水等级为二级的框架填充或砌体结构外墙,应设置1道及以上防水层。当采用2道防水时,应设置1道防水砂浆及1道防水涂料或其他防水材料 2) 防水等级为一级的现浇混凝土外墙、装配式混凝土外墙板应设置1道及以上防水层 3) 封闭式幕墙应达到一级防水要求(未按照要求进行防水层设计)	D	《防水通规》第4.5.2条
墙面	管线穿过有隔声要求的墙或楼板时,应采取密封隔声措施(建筑中有各种管线穿过楼板或墙体,但由于设计或施工的原因,常常会在通过孔处出现缝隙或封堵不严的情况,致使房间难以达到隔声要求)	D	《环境通规》第2.2.3条
墙面	对分户墙上施工洞口或剪力墙抗震设计所开洞口的封堵,应采用满足分户墙隔声设计要求的材料和构造(为防止楼板和墙体上孔洞、缝隙的漏声,对楼板和墙体上的各种孔、槽、洞均要求采取可靠的密封隔声措施)	B	《民建隔声规》第4.3.6条
门窗	户门应采用具备防盗、隔声功能的防护门。向外开启的户门不应妨碍公共交通及相邻户门开启(住宅户门向外开启的,既妨碍楼梯间的交通,又可能与相邻的户门开启时发生碰撞。一般可采用加大楼梯平台、控制相邻门的距离、设大小门扇、入口处设凹口等措施,以保证安全疏散)	B	《住设规》第5.8.5条
门窗	门窗与墙体应连接牢固,不同材料的门窗与墙体连接处应采取适宜的连接构造和密封措施。外开窗扇应采取防脱落措施(推拉门窗和外开启窗,时有开启扇脱落下坠的问题,未采用配置防坠落的装置)	D	《民通规》第6.5.2、6.5.4条
门窗	当设置凸窗时: 1) 窗台高度≤0.45m时,防护高度从窗台面起算≥0.90m 2) 可开启窗扇窗洞口底距窗台面的净高<0.90m时,窗洞口处应有防护措施。其防护高度从窗台面起算≥0.90m 3) 严寒和寒冷地区不宜设置凸窗(窗台净高≤0.45m的凸窗台面,容易造成无意识攀登,其有效防护高度应从凸窗台面起算,高度不应低于净高0.90m,设计容易犯错,栏杆高度从室内地面起算)	A	《住设规》第5.8.2条
栏杆	楼梯、阳台、平台、走道和中庭等临空部位的玻璃栏板应采用夹层玻璃(设有立柱和扶手的室内玻璃栏板,栏板玻璃应使用夹层玻璃。对于直接承受人体荷载的护栏系统,当栏板玻璃最低点离一侧楼地面高度≤5m时,应选用公称厚度≥16.76mm钢化夹层玻璃;当栏板玻璃最低点离一侧楼地面高度>5m时,不得采用此类护栏系统)	D	《民通规》第6.6.2条
管道井	伸出屋面的烟道或排风道,其伸出高度应根据屋面形式、排出口周围遮挡物的高度和距离、屋面积雪深度等因素合理确定,应有利于烟气扩散和防止烟气倒灌(烟道或排风道如果伸出高度过低,不仅难以保证必要的防水等构造要求,也容易使排出气体因受风压影响而向室内倒灌,特别是顶层住户,由于管道高度不足而产生倒灌引起投诉的现象比较普遍)	D	《民通规》第6.7.3条

(续)

审查条目	规范条文	违规程度	说明
管道井	竖向排气道屋顶风帽的安装高度不应低于相邻建筑砌筑体。排气道的出口设置在上人屋面、住户平台上时，应高出屋面或平台地面2m；当周围4m之内有门窗时，应高出门窗上皮0.60m（在可上人屋面或邻近门窗位置设置竖向通风道的出口，可能对周围环境产生影响，投诉较多）	C	《住设规》第6.8.5条
问题类别说明	A类问题：安全性问题；B类问题：影响使用功能易造成业主投诉的问题；C类问题：不符合规范的问题；D类问题：违反强制性条文的问题；E类问题：一般性问题		

3.3.3 住宅室内环境

住宅设计时，不仅针对室外环境噪声要采取有效的隔声和防噪声措施，而且卧室、起居室（厅）等也要有充足的天然采光和自然通风。下面列出施工图审查中发现的与住宅室内环境有关的一些常见问题，详见表3.3-3。

表3.3-3 住宅室内环境审查细则

审查条目	规范条文	违规程度	说明
日照、天然采光	住宅的卧室、书房、起居室等房间窗地面积比不应小于1/7（设计时，容易忽略书房窗地面积比要求）	D	《节能通规》第3.1.18条
	采光窗下沿离楼面或地面高度低于0.50m的窗洞口面积不应计入采光面积内，窗洞口上沿距地面高度不宜低于2.00m（设计落地窗时，计算窗地面积比应扣除0.50m以下部分）	C	《住设规》第7.1.7条
自然通风	卧室、起居室（厅）、厨房应有自然通风。厨房的直接自然通风开口面积不得小于0.60m²（严禁设计无窗厨房）	C	《住设规》第7.2.1、7.2.4条
隔声、降噪	昼间卧室内的噪声限值不应大于40dB，夜间卧室内的噪声限值不应大于30dB；起居室内的噪声限值不应大于40dB（目前，反映住宅室内受到噪声干扰的情况时有发生，容易造成矛盾纠纷和投诉）	D	《环境通规》第2.1.3条
	当内天井、凹天井中设置相邻户间窗口时，宜采取隔声降噪措施（漏设）	B	《住设规》第7.3.4条
	起居室（厅）紧邻电梯布置时，必须采取有效的隔声和减振措施（未采取有效的隔声、减振技术措施）	B	《住设规》第7.3.5条
室内空气质量	室内空气污染物浓度限量：甲醛（mg/m³）≤0.07；氨（mg/m³）≤0.15；苯（mg/m³）≤0.06；甲苯（mg/m³）≤0.15；TVOC（mg/m³）≤0.45（设计说明应明确相关指标要求，否则易造成投诉）	D	《环境通规》第5.1.2条
问题类别说明	A类问题：安全性问题；B类问题：影响使用功能易造成业主投诉的问题；C类问题：不符合规范的问题；D类问题：违反强制性条文的问题；E类问题：一般性问题		

第4章
建筑施工图设计审查要点

工程建设强制性标准是进行施工图设计文件审查的基本依据。根据住建部深化工程建设标准化工作改革方向，逐步用全文强制性工程建设规范取代现行标准中分散的强制性条文，形成由法律、行政法规、部门规章中的技术性规定与全文强制性工程建设规范构成的"技术法规"体系。强制性工程建设规范体系覆盖工程建设领域各类建设工程项目，分为工程项目类规范和通用技术类规范两种类型，具有强制约束力，工程建设项目的勘察、设计必须严格执行，因此强制性工程建设规范中所有与施工图设计相关的内容均为审查内容。本章要点未将全部的强制性条文列出，审查机构应依据工程建设标准中的强制性条文（包括全文强制性工程建设规范和现行工程建设标准中的有效强制性条文）进行施工图设计文件技术审查。现行工程建设标准（含国家标准、行业标准、地方标准）中涉及公共利益、公众安全的非强制性条文以及相关法规（包括法律、法规、部门规章及政府主管部门规范性文件等）规定需要审查的其他内容也应当列入审查要点。

4.1 建筑施工图政策性审查

施工图审查在保障工程质量安全和维护公共利益等方面应充分发挥政策性把关作用，严格执行国家规定建筑领域碳达峰碳中和目标，落实国家和各省市绿色建筑、装配式建筑、居住小区充电基础设施、新建居住区配建公共健身设施、海绵城市相关工程措施、多层住宅加装电梯、住宅工程质量常见问题防治、公共建筑设置第三卫生间等有关政策要求，以及法律、法规、规章规定审查的其他内容，无障碍设施（含公共建筑设置无障碍厕所）等有关规定。

4.1.1 绿色建筑要求

为加快推动绿色建筑的发展，国务院办公厅发布的《节能降碳方案》明确提出，到2025年，城镇新建建筑全面执行绿色建筑标准。住建部发布《绿色建筑评价标准》（GB/T 50378—2019）（2024年版），强调绿色建筑在建筑全生命周期内节约资源、保护环境。绿色建筑通过技术创新和政策支持，将成为主流趋势，提升居住体验，推动经济发展，并设定绿色建筑目标，如新建项目至少达到国家绿色建筑评价标准中的二星级标准，改造项目至少达到一星级标准，确立节能减排、环境保护、资源节约、健康舒适等原则。为响应国家政策，各省市也出台了相应的地方规定。如山东省为了落实建筑领域碳达峰碳中和目标及《山东省绿色建筑促进办法》（省政府令323号）《关于认真执行〈绿色建筑设计标准〉〈绿色建筑评价标准〉的通知》等文件要求，规定政府投资或以政府投资为主的公共建筑以及其他大型公共建筑，应达到山东省《绿建评标》规定的二星级及以上绿色建筑标准，其他民用建筑全面执行《绿建设标》。设计单位应编写绿色建筑设计专篇，按要求填报绿色建筑设计自评表，审查机构应依据《山东省绿色建筑施工图设计审查技术要点》等标准规范进行审查。

4.1.2　装配式建筑要求

装配式建筑是一个系统工程，是将预制部品部件通过系统集成的方法在工地装配，实现建筑主体结构构件预制，非承重围护墙和内隔墙非砌筑并全装修的建筑。装配式建筑包括装配式混凝土建筑、装配式钢结构建筑、装配式木结构等。发展装配式建筑是建造方式的重大变革，有利于节约资源能源、减少施工污染、提升劳动生产效率和质量安全水平。《国务院办公厅关于大力发展装配式建筑的指导意见》明确提出发展装配式建筑，"力争用10年左右的时间（2026年），使装配式建筑占新建建筑面积的比例达到30%"。为了更好地规范和引导装配式建筑发展，住房和城乡建设部批准发布了《装配式建筑评价标准》（GB/T 51129—2017），同时，各地结合实际制定发布了地方装配式建筑评价标准。如山东省为了落实省政府办公厅《关于贯彻国办发〔2016〕71号文件大力发展装配式建筑的实施意见》（鲁政办发〔2017〕28号）等相关规定，要求政府投资或国有资金投资建筑工程全面采用装配式建筑；学校、医院等公共建筑原则上采用装配式钢结构设计；城镇建设用地范围政府投资或者以政府投资为主，或者抗震设防烈度8度及以上地区的新建学校建筑，应当采用钢结构建筑。房地产开发项目根据建设条件意见书确定的装配式建筑建设比例进行严格把关。实施装配式建筑预评价的城市，审查机构可依据预评价意见对施工图设计文件进行审查。

4.1.3　居住小区充电基础设施要求

充电基础设施是电动汽车用户绿色出行的重要保障，是促进新能源汽车产业发展、推进新型电力系统建设、助力双碳目标实现的重要支撑。2022年1月10日，国家发展改革委、国家能源局等多部门联合印发了《国家发展改革委等部门关于进一步提升电动汽车充电基础设施服务保障能力的实施意见》（发改能源规〔2022〕53号），"要求物业等居住社区管理单位和业主委员会积极配合。既有居住社区要积极开展充电桩改造，新建居住社区要严格落实配建要求"。山东省为了落实省发改委等七部门《关于加强和规范我省居民小区电动汽车充电基础设施建设的通知》（鲁发改能源〔2020〕1254号）等相关规定，要求审查新建或改扩建住宅项目充电基础设施是否符合相关标准，落实新建居住小区停车位应100%建设充电基础设施或预留建设安装条件（建设电缆桥架、保护管、电缆通道至专用固定停车位，在停车场每个防火分区设置独立电表计量间，配电室至电表计量间敷设供电线路，并安装计量箱、表前开关、表后开关，预留用电容量、充电设备安装位置）等要求，满足直接装表接电需要。房地产开发项目根据建设条件意见书确定的建设条件进行严格把关。

4.1.4　新建居住区配建公共健身设施要求

落实中共中央办公厅、国务院办公厅印发《关于构建更高水平的全民健身公共服务体系的意见》，新建居住区要按室内人均建筑面积不低于 $0.1m^2$ 或室外人均用地不低于 $0.3m^2$ 的标准配建公共健身设施。房地产开发项目根据建设条件意见书确定的建设条件进行严格把关。

4.1.5　超高层建筑要求

落实住房和城乡建设部、应急管理部《关于加强超高层建筑规划建设管理的通知》（建科〔2021〕76号）等相关规定，超高层建筑不得超出高度控制要求，按规定完成征求同级消防救援机构意见、审查、备案程序，符合绿建标准。严格执行超限高层建筑工程抗震、消防等专题论证意见。房地产开发项目根据建设条件意见书确定的建设条件进行严格把关。

4.1.6　无障碍设施要求

落实《中华人民共和国无障碍环境建设法》《无障碍设计规范》（GB 50763—2012）和《建筑与市政工程无障碍通用规范》（GB 55019—2021）等标准规范和相关规定，将公共建筑设置无障碍厕所纳入审查范围。

4.1.7 海绵城市相关工程措施要求

落实国务院办公厅《关于推进海绵城市建设的指导意见》（国办发〔2015〕75号）《建筑给水排水与节水通用规范》（GB 55020—2021）等标准规范和相关规定，将海绵城市相关工程措施等要求纳入审查范围。

4.1.8 其他要求

项目落地时应及时了解当地政府的一些规定，如山东省《山东审查指导意见》要求：根据建设条件意见书确定的建设条件，将多层住宅加装电梯、住宅工程质量常见问题防治、公共建筑设置第三卫生间等要求纳入审查范围。

4.2 建筑施工图技术性审查

4.2.1 建筑防火审查要点

1) 建筑总说明中与防火有关的设计审查要点详见表4.2-1。

表4.2-1 建筑总说明中建筑防火审查要点

子项	审查内容	问题类别	依据规范
建筑分类	民用建筑：根据建筑高度（层数）、建筑面积、使用功能等，审查公共建筑或住宅建筑的分类	C	《建规》第5.1.1条
	合建建筑：住宅与商业设施、办公或其他非住宅功能场所组合在同一座建筑内	C	《建规》第3.1.1条
	工业建筑：根据生产工艺、生产中使用或产生的物质性质及其数量；储存物品的性质和可燃物数量，审查厂房或仓库的火灾危险性类别	D	《建通规》第4.3.2条
耐火等级	根据火灾危险性，建筑高度、使用功能和重要性，火灾扑救难度等审查建筑的耐火等级 1) 民用建筑：重点审查特殊建筑和场所，如地下建筑、电影电视建筑、民用机场航站楼、消防站、老年人照料设施、教学建筑、医疗建筑和总建筑面积>1500m² 的单、多层人员密集场所 2) 工业建筑：重点审查多层丙类仓库、使用或储存特殊贵重设备或物品的建筑、物流建筑	D	《建通规》第5.2、5.3节

第4章 建筑施工图设计审查要点

（续）

子项	审查内容	问题类别	依据规范
耐火极限	混凝土结构：构件的燃烧性能和耐火极限应与建筑耐火等级匹配。重点审查地下室（耐火等级一级）梁、柱保护层厚度	C	《建规》第5.1.2条
	钢结构： 1）钢结构的防火设计文件应注明建筑的耐火等级、构件的设计耐火极限、构件的防火保护措施、防火材料的性能要求及设计指标 2）钢结构柱间支撑的设计耐火极限应与柱相同，楼盖支撑的设计耐火极限应与梁相同，屋盖支撑和系杆的设计耐火极限应与屋顶承重构件相同 3）钢结构节点的防火保护应与被连接构件中防火保护要求最高者相同	C	《建规》第5.1.2条；《建钢规》第3.1.4条
	钢结构选用防火涂料应符合： 1）室内隐蔽构件，宜选用非膨胀型防火涂料 2）设计耐火极限大于1.50h的构件，不宜选用膨胀型防火涂料 3）室外、半室外钢结构采用膨胀型防火涂料时，应选用符合环境对其性能要求的产品 4）非膨胀型防火涂料涂层的厚度不应小于10mm 5）防火涂料与防腐涂料应相容、匹配	C	《建钢规》第4.1.3条
备注	A类问题：安全性问题；B类问题：影响使用功能易造成业主投诉的问题；C类问题：不符合规范的问题；D类问题：违反强制性条文的问题；E类问题：一般性问题		

2）建筑总平面图中与防火有关的设计审查要点详见表4.2-2。

表4.2-2 建筑总平面图中建筑防火审查要点

子项	审查内容	问题类别	依据规范
防火间距	工业建筑： 1）甲类厂房与人员密集场所的防火间距≥50m，与明火或散发火花地点的防火间距≥30m 2）甲类仓库与高层民用建筑和设置人员密集场所的民用建筑的防火间距≥50m，甲类仓库之间的防火间距≥20m 3）除乙类第5项、第6项物品仓库外，乙类仓库与高层民用建筑和设置人员密集场所的其他民用建筑的防火间距≥50m	D	《建通规》第3.2.1、3.2.2条；《建规》第5.2.4条
	民用建筑： 1）建筑高度>100m的民用建筑与相邻建筑的防火间距，当符合《建规》允许减小的条件时，仍不应减小 2）相邻两座通过连廊、天桥或下部建筑物等连接的建筑，防火间距应按照两座独立建筑确定 3）数座一、二级耐火等级的多层住宅或多层办公建筑，当建筑物的总占地面积≤2500m² 时，可成组布置，组与组、组与周围相邻建筑的间距应符合《建规》第5.2.2条规定	D	《建通规》第3.3.1、3.3.2条

（续）

子项	审查内容	问题类别	依据规范
消防车道	工业建筑：下列厂房和仓库应至少沿建筑的两条长边设置消防车道： 1）高层厂房，占地面积>3000m² 的单、多层甲、乙、丙类厂房 2）占地面积>1500m² 的乙、丙类仓库	D	《建通规》第3.4.2条
	民用建筑： 1）高层公共建筑和占地面积>3000m² 的其他单、多层公共建筑应至少建筑的两条长边设置消防车道 2）住宅建筑应至少沿建筑的一条长边设置消防车道 3）当建筑仅设置1条消防车道时，该消防车道应位于建筑的消防车登高操作场地一侧	D	《建通规》第3.4.3条
	消防车道与建筑消防扑救面之间不应有妨碍消防车操作的障碍物，不应有影响消防车安全作业的架空高压电线	D	《建通规》第3.4.5~7条
	审查消防车道的净宽度、净空高度、转弯半径、承载力、坡度、与建筑外墙的距离、回车场	D	《建通规》第3.4.5条
登高操作场地	高层建筑应至少沿其一条长边设置消防车登高操作场地。未连续布置的消防车登高操作场地，应保证消防车的救援作业范围能覆盖该建筑的全部消防扑救面	D	《建通规》第3.4.6条
	审查消防登高操作场地的设置长度、宽度、位置、坡度、场地及其下面的建筑结构、管道和暗沟的承载力、标识、消防登高场地与建筑外墙的距离	C	《建规》第7.2.2条
	场地与建筑之间不应有进深大于4m的裙房及其他妨碍消防车操作的障碍物或影响消防车作业的架空高压电线	D	《建通规》第3.4.7条
	建筑物与消防车登高操作场地相对应的范围内，应设置直通室外的楼梯或直通楼梯间的入口	C	《建规》第7.2.3条
备注	A类问题：安全性问题；B类问题：影响使用功能易造成业主投诉的问题；C类问题：不符合规范的问题；D类问题：违反强制性条文的问题；E类问题：一般性问题		

3）建筑平面布置中与防火有关的设计审查要点详见表4.2-3。

表4.2-3 建筑平面布置中建筑防火审查要点

子项	审查内容	问题类别	依据规范
平面布置	工业建筑： 1）重点审查厂房或仓库内的高火灾危险性部位、丙类液体中间储罐、中间仓库、服务于生产的办公室、休息室等辅助用房的设置和防火分隔措施 2）厂房和仓库内不应设置员工宿舍。设置在丙类厂房内的辅助用房应采用防火门、防火窗、耐火极限不低于2.00h的防火隔墙和耐火极限不低于1.00h的楼板与厂房内的其他部位分隔，并应设置至少1个独立的安全出口 3）设置在厂房内的甲、乙、丙类中间仓库，应采用防火墙和耐火极限不低于1.50h的不燃性楼板与其他部位分隔	D	《建通规》第4.2.2、4.2.3条

（续）

子项	审查内容	问题类别	依据规范
平面布置	1）有爆炸危险的厂房（仓库）或厂房（仓库）内有爆炸危险的部位应设置泄压设施 2）有爆炸危险区域内的楼梯间、室外楼梯或有爆炸危险的区域与相邻区域连通处，应设置门斗等防护措施	C	《建规》第3.6.2、3.6.10、3.6.14条
	民用建筑： 1）审查建筑内油浸变压器室、多油开关室、高压电容器室、柴油发电机房、锅炉房、消防水泵房、消防控制室、歌舞娱乐放映游艺场所、儿童活动场所、老年人照料设施、商店营业厅、公共展览厅、医疗建筑中住院病房、商业服务网点等的布置位置、厅、室建筑面积等 2）建筑内不应设置经营、存放或使用甲、乙类火灾危险性物品的商店、作坊或储藏间等 3）建筑内除可设置为满足建筑使用功能的附属库房外，不应设置生产场所或其他库房，不应与工业建筑组合建造	D	《建通规》第4.1、4.3节
防火分区	除建筑内游泳池、消防水池等的水面、冰面或雪面面积，射击场的靶道面积，污水沉降池面积，开敞式的外走廊或阳台面积等可不计入防火分区的建筑面积外，其他建筑面积均应计入所在防火分区的建筑面积	D	《建通规》第4.1.2~4.1.4条
	工业建筑： 1）根据火灾危险性类别、耐火等级审查厂房和仓库最大允许建筑层数和相应的防火分区面积 2）防火分区之间应采用防火墙分隔。除甲类厂房外的一、二级耐火等级厂房，当其防火分区的建筑面积大于《建规》表3.1.1中规定，可采用防火卷帘或防火分隔水幕分隔 3）仓库内的防火分区之间必须采用防火墙分隔，甲、乙类仓库内防火分区之间的防火墙不应开设门、窗、洞口	C	《建规》第3.3.1、3.3.2条
	民用建筑： 1）重点审查不同耐火等级民用建筑的允许建筑高度或层数、防火分区最大允许建筑面积 2）民用建筑内设有商店营业厅、展览厅、会议厅、多功能厅、剧场、电影院、礼堂、歌舞厅、录像厅、夜总会、卡拉OK厅、游艺厅、桑拿浴室、网吧等功能区时，审查其厅、室建筑面积及防火分隔措施 3）建筑内设置中庭、自动扶梯、敞开楼梯等上、下层相连通的开口时，其防火分区的建筑面积应按上、下层相连通的建筑面积叠加计算 4）高层建筑主体与裙房之间未采用防火墙和甲级防火门分隔时，裙房的防火分区应按高层建筑主体的相应要求划分	C	《建规》第5.3.2条、第5.4节
设备用房	重点审查消防控制室、灭火设备室、通风空气调节机房、排烟机房、变配电室、消防水泵房的所在楼层、防火分隔措施、疏散门、防水淹的技术措施等	D	《建通规》第4.1节
备注	A类问题：安全性问题；B类问题：影响使用功能易造成业主投诉的问题；C类问题：不符合规范的问题；D类问题：违反强制性条文的问题；E类问题：一般性问题		

4）建筑安全疏散与避难层设计审查要点详见表4.2-4。

表 4.2-4 建筑安全疏散与避难层设计审查要点

子项	审查内容	问题类别	依据规范
疏散出口	工业建筑： 1）每个防火分区或一个防火分区的每个楼层的安全出口数量≥2个，当只设置一个安全出口时，审查是否符合设置一个安全出口的条件 2）占地面积>300m² 的地上仓库，安全出口≥2个 3）建筑面积>100m² 的地下或半地下仓库，安全出口≥2个 4）仓库内每个建筑面积>100m² 的房间的疏散出口≥2个	D	《建通规》第 7.2.1、7.2.3 条
	住宅建筑：符合下列条件之一的住宅单元，每层的安全出口≥2个 1）任一层建筑面积>650m² 的住宅单元 2）建筑高度>54m 的住宅单元 3）建筑高度≤27m，但任一户门至最近安全出口的疏散距离>15m 的住宅单元 4）27m<建筑高度≤54m，但任一户门至最近安全出口的疏散距离>10m 的住宅单元	D	《建通规》第 7.3.1 条
	公共建筑： 1）建筑内每个防火分区或一个防火分区的每个楼层的安全出口≥2个；审查仅设置1个安全出口或1部疏散楼梯时，是否符合设置一个安全出口的条件 2）公共建筑内每个房间的疏散门不应少于2个，审查仅设置1个疏散门的房间是否符合设置条件 3）儿童活动场所、老年人照料设施中的老年人活动场所、医疗建筑中的治疗室和病房、教学建筑中的教学用房，当位于走道尽端时，疏散门不应少于2个	D	《建通规》第 7.4.1 条
疏散楼梯	工业建筑：高层厂房和甲、乙、丙类多层厂房的疏散楼梯应为封闭楼梯间或室外楼梯。建筑高度>32m 且任一层使用人数>10人的厂房，疏散楼梯应为防烟楼梯间或室外楼梯	D	《建通规》第 7.2.2 条
	住宅建筑： 1）建筑高度≤21m 的住宅建筑，当户门的耐火完整性低于1.00h 时，与电梯井相邻布置的疏散楼梯应为封闭楼梯间 2）21m<建筑高度≤33m 的住宅建筑，当户门的耐火完整性低于1.00h 时，疏散楼梯应为封闭楼梯间 3）建筑高度>33m 的住宅建筑，疏散楼梯应为防烟楼梯间，开向防烟楼梯间前室或合用前室的户门应为耐火性能不低于乙级的防火门 4）27m<建筑高度≤54m 且每层仅设置1部疏散楼梯的住宅单元，户门的耐火完整性不应低于1.00h，疏散楼梯应通至屋面 5）多个单元的住宅建筑中通至屋面的疏散楼梯应能通过屋面连通	D	《建通规》第 7.3.2 条
	下列公共建筑中与敞开式外廊不直接连通的室内疏散楼梯均应为封闭楼梯间： 1）建筑高度≤32m 的二类高层公共建筑 2）多层医疗建筑、旅馆建筑、老年人照料设施及类似使用功能的建筑 3）设置歌舞娱乐放映游艺场所的多层建筑 4）多层商店建筑、图书馆、展览建筑、会议中心及类似使用功能的建筑 5）≥6 层的其他多层公共建筑	D	《建通规》第 7.4.5 条
	一类高层公共建筑和建筑高度>32m 的二类高层公共建筑的室内疏散楼梯应为防烟楼梯间	D	《建通规》第 7.4.4 条

（续）

子项	审查内容	问题类别	依据规范
疏散楼梯	地下建筑： 1）当埋深≤10m或层数≤2层时，应为封闭楼梯间 2）当埋深>10m或层数≥3层时，应为防烟楼梯间	D	《建通规》第7.1.10条
	通向避难层的疏散楼梯应使人员在避难层处必须经过避难区上下。除通向避难层的疏散楼梯外，疏散楼梯（间）在各层的平面位置不应改变或应能使人员的疏散路线保持连续	D	《建通规》第7.1.9条
疏散距离	工业建筑：重点审查不同火灾危险性类别厂房内的最大疏散距离，应注意当设置了自动喷水灭火系统时，疏散距离不增加	C	《建规》第3.7.4条
	公共建筑： 1）建筑物内全部设置自动喷水灭火系统时，其安全疏散距离可按《建规》表5.5.17中的规定增加25% 2）一、二级耐火等级建筑内疏散门或安全出口不少于2个的观众厅、展览厅、多功能厅、餐厅、营业厅等，其室内任一点至最近疏散门或安全出口的直线距离≤30m；当疏散门不能直通室外地面或疏散楼梯间时，应采用长度≤10m的疏散走道通至最近的安全出口。当该场所设置自动喷水灭火系统时，室内任一点至最近安全出口的安全疏散距离可分别增加25%	C	《建规》第5.5.17条
备注	A类问题：安全性问题；B类问题：影响使用功能易造成业主投诉的问题；C类问题：不符合规范的问题；D类问题：违反强制性条文的问题；E类问题：一般性问题		

5）建筑构造防火设计审查要点详见表4.2-5。

表4.2-5 建筑构造防火设计审查要点

子项	审查内容	问题类别	依据规范
建筑构造	防火墙： 1）防火墙的耐火极限≥3.00h。甲、乙类厂房和甲、乙、丙类仓库内的防火墙，耐火极限≥4.00h 2）建筑外墙为不燃性墙体时，防火墙可不凸出墙的外表面，紧靠防火墙两侧的门、窗、洞口之间最近边缘的水平距离不应小于2.00m	D	《建通规》第6.1.3条，《建规》第6.1.3条
	建筑幕墙：建筑幕墙应在每层楼板外沿处采取防止火灾通过幕墙空腔等构造竖向蔓延的措施	D	《建通规》第6.2.4条
	防火隔墙：医疗建筑内的手术室或手术部、产房、重症监护室、贵重精密医疗装备用房、储藏间、实验室、胶片室等，附设在建筑内的托儿所、幼儿园的儿童用房和儿童游乐厅等儿童活动场所，老年人照料设施，应采用耐火极限不低于2.00h的防火隔墙和1.00h的楼板与其他场所或部位分隔，墙上必须设置的门、窗应采用乙级防火门、窗	C	《建规》第6.2.2条
	竖向井道： 1）电梯井应独立设置，电梯井内不应敷设或穿过可燃气体或甲、乙、丙类液体管道及与电梯运行无关的电线或电缆等。电梯层门的耐火完整性不应低于2.00h 2）电气竖井、管道井、排烟或通风道、垃圾井等竖井应分别独立设置，井壁的耐火极限均不应低于1.00h	D	《建通规》第6.3.1、6.3.2条

(续)

子项	审查内容	问题类别	依据规范
建筑构造	防火卷帘和防火玻璃墙：用于防火分隔的防火卷帘和防火玻璃墙，耐火性能不应低于所在防火分隔部位的耐火性能要求	D	《建通规》第6.4.8、6.4.9条
建筑装修	审查下列部位是否使用了影响人员安全疏散和消防救援的镜面反光材料： 1) 疏散出口的门 2) 疏散走道及其尽端、疏散楼梯间及其前室的顶棚、墙面和地面 3) 供消防救援人员进出建筑的出入口的门、窗 4) 消防专用通道、消防电梯前室或合用前室的顶棚、墙面和地面	D	《建通规》第6.5.2条
建筑装修	审查下列部位的顶棚、墙面和地面内部装修材料的燃烧性能均应为A级： 1) 避难走道、避难层、避难间 2) 疏散楼梯间及其前室 3) 消防电梯前室或合用前室	D	《建通规》第6.5.3条
建筑装修	审查下列生产场所和仓库的顶棚、墙面、地面和隔断内部装修材料的燃烧性能均应为A级： 1) 有明火或高温作业的生产场所 2) 甲、乙类生产场所 3) 甲、乙类仓库 4) 丙类高架仓库、丙类高层仓库 5) 地下或半地下丙类仓库	D	《建通规》第6.5.7条
建筑装修	审查建筑的外部装修和户外广告牌的设置，应满足防止火灾通过建筑外立面蔓延的要求，不应妨碍建筑的消防救援或火灾时建筑的排烟与排热，不应遮挡或减小消防救援口	D	《建通规》第6.5.8条
建筑保温	审查下列建筑或场所的外墙外保温材料的燃烧性能应为A级： 1) 人员密集场所 2) 设置人员密集场所的建筑	D	《建通规》第6.6.5条
建筑保温	审查下列场所或部位内保温系统中保温材料或制品的燃烧性能应为A级： 1) 人员密集场所 2) 使用明火、燃油、燃气等有火灾危险的场所 3) 疏散楼梯间及其前室 4) 避难走道、避难层、避难间 5) 消防电梯前室或合用前室	D	《建通规》第6.6.9条
建筑保温	当建筑的外墙外保温系统采用燃烧性能为B_1、B_2级的保温材料时： 1) 除采用B_1级保温材料且建筑高度≤24m的公共建筑或采用B_1级保温材料且建筑高度≤27m的住宅建筑外，建筑外墙上门、窗的耐火完整性≥0.50h 2) 应在保温系统中每层设置水平防火隔离带。防火隔离带应采用燃烧性能为A级的材料，防火隔离带的高度≥300mm	C	《建规》第6.7.7条
建筑保温	建筑的外墙外保温系统为B_1、B_2级保温材料时，应采用不燃材料在其表面设置防护层，防护层厚度首层≥15mm，其他层≥5mm	C	《建规》第6.7.8条
备注	A类问题：安全性问题；B类问题：影响使用功能易造成业主投诉的问题；C类问题：不符合规范的问题；D类问题：违反强制性条文的问题；E类问题：一般性问题		

4.2.2 建筑节能审查要点

节能设计审查的要点包括了解法律法规、建筑形态和朝向、外墙及窗户、采光设计等方面的内容,审查时要注意综合考虑各个节能措施的技术可行性和经济性,保证设计方案与施工的一致性,并关注建筑运行和维护阶段的节能管理。本要点主要以国家标准《建筑节能与可再生能源利用通用规范》(GB 55015—2021)《严寒和寒冷地区居住建筑节能设计标准》(JGJ 26—2018)和《公共建筑节能设计标准》(GB 50189—2015)等为依据。另外需注意,建筑节能施工图设计与审查除应符合国家标准外,尚应符合各省市有关节能设计标准的规定。

1)居住建筑节能设计审查要点详见表 4.2-6。

表 4.2-6 居住建筑节能设计审查要点

子项	审查内容	问题类别	依据规范
适用范围和要求	《严寒节能标》适用于纳入基本建设监管程序的各类居住建筑,包括住宅、集体宿舍、住宅式公寓、商住楼的住宅部分,以及居住面积超过总建筑面积70%的托儿所、幼儿园等建筑。本标准不适用于既有居住建筑的节能改造	C	《严寒节能标》第1.0.2条
	建筑施工图中应有建筑节能设计专篇内容	C	《严寒节能标》第1.0.3条
	应有建筑碳排放计算书,节能计算书	D	《节能通规》第2.0.3条
体型系数	严寒地区:≤3层时不应超过0.55,>3层时不应超过0.30 寒冷地区:≤3层时不应超过0.57,>3层时不应超过0.33 不满足时,可以通过围护结构热工性能权衡判断满足要求	D	《节能通规》第3.1.2条
窗墙面积比	严寒地区:北≤0.25,东、西≤0.30,南≤0.45 寒冷地区:北≤0.30,东、西≤0.35,南≤0.50 居住建筑的窗墙面积比按开间计算。其中每套住宅允许一个房间在一个朝向上的窗墙面积比≤0.60。不满足时,可以通过围护结构热工性能权衡判断满足要求	D	《节能通规》第3.1.4条
	屋面天窗面积比值:严寒地区≤10%,寒冷地区≤15%。必须满足	C	《节能通规》第3.1.5条
外窗气密性	建筑幕墙、外窗及敞开阳台的门在10Pa压差下,每小时每米缝隙的空气渗透量 $q_1 \leq 1.5 [m^3/(m \cdot h)]$,每小时每平方米面积的空气渗透量 $q_2 \leq 4.5 [m^3/(m^2 \cdot h)]$。本条规定的气密性要求相当于《幕墙门窗条件》中建筑外门窗气密性6级	D	《节能通规》第3.1.16条
	说明中应明确外窗(含阳台门)的气密性能要求,并符合规定的指标。门窗选型应符合气密性要求,宜使用平开窗	B	《严寒节能标》第4.2.6条
外窗采光	可见光透射比:外窗玻璃的可见光透射比≥0.40 窗地面积比:主要使用房间(卧室、书房、起居室等)的房间窗地面积比≥1/7	D	《节能通规》第3.1.17、3.1.18条

(续)

子项	审查内容	问题类别	依据规范
凸窗	严寒地区除南向外不应设置凸窗,其他朝向不宜设置凸窗;寒冷地区北向的卧室、起居室不应设置凸窗,北向其他房间和其他朝向不宜设置凸窗。当设置凸窗时,凸窗凸出(从外墙面至凸窗外表面)不应大于400mm	C	《严寒节能标》第4.2.5条
权衡判断	建筑围护结构热工性能的权衡判断采用对比评定法,判断指标为总耗电量。当设计建筑总耗电(煤)量不大于参照建筑时,应判定围护结构的热工性能符合要求,当设计建筑的总能耗大于参照建筑时,应调整围护结构的热工性能重新计算,直至设计建筑的总能耗不大于参照建筑	D	《节能通规》附录C
太阳能系统	新建建筑应安装太阳能系统。太阳能建筑一体化应用系统的设计应与建筑设计同步完成。建筑物上安装太阳能系统不得降低相邻建筑的日照标准	D	《节能通规》第5.2.1、5.2.4条
太阳能系统	太阳能系统与构件及其安装安全,应符合下列规定: 1)应满足结构、电气及防火安全的要求 2)由太阳能集热器或光伏电池板构成的围护结构构件,应满足相应围护结构构件的安全性及功能性要求 3)安装太阳能系统的建筑,应设置安装和运行维护的安全防护措施,以及防止太阳能集热器或光伏电池板损坏后部件坠落伤人的安全防护设施	D	《节能通规》第5.2.5条
备注	A类问题:安全性问题;B类问题:影响使用功能易造成业主投诉的问题;C类问题:不符合规范的问题;D类问题:违反强制性条文的问题;E类问题:一般性问题		

2)公共建筑节能设计审查要点详见表4.2-7。

表4.2-7 公共建筑节能设计审查要点

子项	审查内容	问题类别	依据规范
分类	甲类公共建筑:单栋建筑面积>300m² 的建筑或单栋面积≤300m² 但总建筑面积>1000m² 的公共建筑群 乙类公共建筑:除甲类公共建筑外的其他建筑	C	《公建节能标》第3.1.1条
体型系数	严寒和寒冷地区: 1)当300<单栋建筑面积 A(m²)≤800时,建筑体型系数≤0.50 2)当单栋建筑面积 A(m²)>800时,建筑体型系数≤0.40,体型系数必须满足规定	D	《节能通规》第3.1.2条
窗墙面积比	严寒地区甲类公共建筑各单一立面窗墙面积比(包括透光幕墙)均不宜大于0.60;其他地区甲类公共建筑各单一立面窗墙面积比(包括透光幕墙)均不宜大于0.70	C	《公建节能标》第3.2.2条
窗墙面积比	甲类公共建筑单一立面窗墙面积比<0.40时,透光材料的可见光透射比≥0.60;甲类公共建筑单一立面窗墙面积比≥0.40时,透光材料的可见光透射比≥0.40。公共建筑的窗墙面积比按照单一立面朝向计算	C	《公建节能标》第3.2.4条

(续)

子项	审查内容	问题类别	依据规范
屋面透光	屋面透光面积：甲类公共建筑的屋面透光部分面积不应大于屋面总面积的20%。透光部分面积是指实际透光面积，不含窗框面积，应通过计算确定。如果不满足规定性指标的要求，必须对该建筑进行权衡判断	D	《节能通规》第3.1.6条
玻璃幕墙	当建筑入口大堂采用全玻幕墙时，全玻幕墙中非中空玻璃的面积不应超过该建筑同一立面透光面积（门窗和玻璃幕墙）的15%，且应按同一立面透光面积（含全玻幕墙面积）加权计算平均传热系数	D	《节能通规》第3.1.13条
通风换气	单一立面外窗（包括透光幕墙）的有效通风换气面积： 1）甲类公共建筑外窗（包括透光幕墙）应设可开启窗扇，其有效通风换气面积不宜小于所在房间外墙面积的10%；当透光幕墙受条件限制无法设置可开启窗扇时，应设置通风换气装置 2）乙类公共建筑外窗有效通风换气面积不宜小于窗面积的30%	C	《公建节能标》第3.2.8条
建筑遮阳	夏热冬暖、夏热冬冷地区，甲类公共建筑南、东、西向外窗和透光幕墙应采取遮阳措施	D	《节能通规》第3.1.17、3.1.18条
节能措施	1）严寒地区建筑的外门应设置门斗 2）寒冷地区建筑面向冬季主导风向的外门应设置门斗或双层外门，其他外门宜设置门斗或应采取其他减少冷风渗透的措施 3）夏热冬冷、夏热冬暖和温和地区建筑的外门应采取保温隔热措施	C	《公建节能标》第3.2.10条
其他	1）建筑围护结构热工性能的权衡判断参照居住建筑 2）太阳能系统设置同居住建筑	D	《节能通规》附录C
备注	A类问题：安全性问题；B类问题：影响使用功能易造成业主投诉的问题；C类问题：不符合规范的问题；D类问题：违反强制性条文的问题；E类问题：一般性问题		

4.2.3 绿色建筑审查要点

绿色建筑等级按由低至高划分为基本级、一星级、二星级和三星级。当满足全部控制项要求时，绿色建筑等级为基本级，当总得分分别达到60分、70分、85分且满足《绿色建筑评价标准》（GB/T 50378—2019）（2024年版）（以下简称《绿建评标》）规定的技术要求时，绿色建筑等级分别为一星级、二星级、三星级。绿色建筑评价应遵循因地制宜的原则，结合建筑所在地域的特点，对建筑全生命期内的安全耐久、健康舒适、生活便利、资源节约、环境宜居等性能进行综合评价。进行绿色设计的建筑应满足基本级所有条款。有星级绿色建筑要求的建筑，除满足基本级要求外，每类指标的评分项得分不应小于其评分项满分值的30%。对于由居住建筑和公共建筑组合的建筑群项目，应区分其类型，就相应条文分别评分后按面积加权法计算条文得分。本审查要点主要参考依据为《绿建评标》。另外需注意，绿色建筑设计审查除应符合国家标准、规范要求外，尚应符合省市地方现行有关标准和文件的规定。

1）安全耐久控制项审查要点详见表 4.2-8。

表 4.2-8 安全耐久控制项审查要点

规范条文 （《绿建评标》）	审查内容	设计文件
4.1.1 条：场地应避开滑坡、泥石流等地质危险地段，易发生洪涝地区应有可靠的防洪涝基础设施；场地应无危险化学品、易燃易爆危险源的威胁，应无电磁辐射、含氡土壤的危害	1）重点审查项目总平面图、场地地形图、勘察报告、环评报告、相关检测报告或论证报告 2）总平面图内变配电站及场地周边的加油加气站等应满足安全防护距离的要求 3）对存在安全或受污染风险的用地（如洪涝、氡污染、高压线、加油加气站、变电站、电磁辐射等），应明确场地安全达标的标准及安全控制措施。当无法提供环评报告或环评报告中无此内容时，应提供相关证明材料 4）有防洪要求的建筑应满足《防洪标》和《防洪规》的有关规定，电磁污染应符合《电磁控》，土壤中氡浓度应符合《室内污染标》的有关规定	总平面图、地形图、勘察报告、环评报告（氡检测报告）和设计说明
4.1.2 条：建筑外墙、屋面、门窗、幕墙及外保温等围护结构应满足安全、耐久和防护的要求	1）依据《外墙防水规程》《外保温标》《屋面规》《幕墙标准》《玻璃幕墙规》《金属石材幕墙规》《塑料门窗规程》《铝合金门窗规》等标准，重点审查外墙、屋面、门窗、幕墙和外保温构造是否满足安全、耐久和防护的要求 2）设计采用国标图集中合理的构造做法，判定为达标，未引用相关图集的构造，需进行相关分析计算	建筑设计说明和计算书等
4.1.3 条：外遮阳、太阳能设施、空调室外机位、外墙花池等外部设施应与建筑主体结构统一设计、施工，并应具备安装、检修与维护条件	1）依据《遮阳规》《太阳能标》《光伏标》《装混建标》等标准，重点审查外遮阳、太阳能设施、空调室外机位、外墙花池等外部设施与建筑主体结构是否统一设计，可靠连接 2）设计说明中应明确外部设施后期检修和维护条件 3）审查设计文件中是否明确预埋件的检测验证参数及要求 4）审查是否预留与拟定的机型大小匹配的空调外机安装位置。预留安装操作空间应能保障安装、检修、维护人员安全	建筑设计说明和计算书等
4.1.4 条：建筑内部的非结构构件、设备及附属设施等应连接牢固并能适应主体结构变形	1）建筑施工图中应包括内部非结构构件、设备及附属设施的安全性的措施，如门窗、防护栏杆等。应根据腐蚀环境选用材料或进行耐腐蚀处理 2）建筑部品、非结构构件及附属设备等应采用机械固定、焊接、预埋等与主体结构可靠连接	建筑设计说明和构造详图等
4.1.5 条：建筑外门窗必须安装牢固，其抗风压性能和水密性能应符合国家现行有关标准的规定	1）设计说明中应明确外门窗抗风压性能、水密性能指标和等级，并应符合《塑料门窗规程》《铝合金门窗规》的规定。必要时需提供门窗检测报告 2）图纸中注明采用经过门窗性能标识的门窗，不需要门窗三性检验报告，判定满足要求	设计说明
4.1.6 条：卫生间、浴室的地面应设置防水层，墙面、顶棚应设置防潮层	防水层和防潮层设计应符合《住宅防水规》的规定，特别是墙面和顶棚是否采取了防潮技术措施	建筑做法表和构造详图等

(续)

规范条文 (《绿建评标》)	审查内容	设计文件
4.1.7 条：走廊、疏散通道等通行空间应满足紧急疏散、应急救护等要求，且应保持畅通	依据《建规》规定，重点审查疏散出口的位置、数量、宽度；走廊、疏散通道宽度及疏散楼梯间的设置形式，应满足人员安全疏散的要求。严禁阳台花池、消火栓箱等凸向走廊、疏散通道	建筑平面图
4.1.8 条：应具有安全防护的警示和引导标识系统	1) 警示标志一般设置于人员流动大的场所，青少年和儿童经常活动的场所，容易碰撞、夹伤、湿滑及危险部位和场所等 2) 设置安全引导指示标志，包括紧急出口标志、避险处标志、应急避难场所标志、急救点标志、报警点标志等 3) 对于图纸中明确标识系统另外委托后续设计的，视为满足	设计说明

2) 健康舒适控制项审查要点详见表 4.2-9。

表 4.2-9　健康舒适控制项审查要点

规范条文 (《绿建评标》)	审查内容	设计文件
5.1.1 条：室内空气中氡、甲醛、苯、总挥发性有机物、氨等污染物浓度应符合《室内空气质量标准》(GB/T 18883)的有关规定。建筑室内和建筑主出入口处应禁止吸烟，并应在醒目位置设置禁烟标志	1) 对于全装修项目，可仅对室内空气中的甲醛、苯、总挥发性有机物进行浓度预评估，对于非全装修项目，本条不参评 2) 全装修项目审查由业主委托有关单位完成的《污染物浓度预评估报告》，分析报告结论是否与图纸说明中指标一致	评估报告和设计说明
5.1.2 条：应采取措施避免厨房、餐厅、打印复印室、卫生间、地下车库等区域的空气和污染物串通到其他空间；应防止厨房、卫生间的排气倒灌	1) 重点审查厨房烟道做法，是否采用双烟道，并采取防止排气倒灌的措施 2) 设计采用国标图集中合理的构造做法，判定为达标，未引用相关图集的构造，需进行相关分析计算	建筑设计说明和构造详图
5.1.3 条：建筑声环境设计应符合： 1) 场地规划布局和建筑平面设计时应合理规划噪声源区域和噪声敏感区域，并应进行识别和标注 2) 外墙、隔墙、楼板和门窗等主要建筑构件的隔声性能指标不应低于《民建隔声规》的规定，并应根据隔声性能指标明确主要建筑构件的构造做法	1) 重点审查环评报告中对室外噪声的分析报告以及在图纸上的落实情况 2) 审查外墙、隔墙和门窗做法大样图，其隔声性能应满足《民建隔声规》中的规定	墙身大样图、主要构件隔声性能分析报告、室内背景噪声分析报告
5.1.7 条：围护结构热工性能应符合： 1) 在室内设计温度、湿度条件下，建筑非透光围护结构内表面不得结露 2) 供暖建筑的屋面、外墙内部不应产生冷凝 3) 屋顶和外墙隔热性能应进行隔热性能计算，透光围护结构太阳能得热系数与夏季建筑遮阳系数的乘积还应满足《民建热规》的要求	1) 设计应体现围护结构做法及性能指标 2) 计算书应包括详细计算围护结构各构件的内表面温度及露点温度，并给出是否结露的明确结论 3) 按照《热工规》对供暖建筑的屋面和外墙内部进行详细冷凝验算，对夏季屋顶和外墙进行隔热性能计算	节能专篇内容、热工计算书

3) 生活便利控制项审查要点详见表 4.2-10。

表 4.2-10　生活便利控制项审查要点

规范条文（《绿建评标》）	审查内容	设计文件
6.1.1 条：建筑、室外场地、公共绿地、城市道路相互之间应设置连贯的无障碍步行系统	应满足《无障碍通规》和《无障碍规》的基本要求，并保证无障碍步行系统连贯性设计。无障碍通行流线上有高差处需用轮椅坡道、缘石坡道、无障碍电梯或升降平台处理	建筑平面图
6.1.2 条：场地人行出入口 500m 内应设有公共交通站点或配备联系公共交通站点的专用接驳车	对没有公共交通服务的小城市或乡镇地区，1000m 范围内设有长途汽车站、城市（或城际）轨道交通站，即为符合本条规定	建筑总平面图
6.1.3 条：停车场应具有电动汽车充电设施或具备充电设施的安装条件，并应合理设置电动汽车和无障碍汽车停车位	1) 按照《电车充电标》要求，新建住宅配建停车位应 100%建设充电设施或预留建设安装条件，大型公共建筑物配建停车场、社会公共停车场建设充电设施或预留建设安装条件的车位比例不应低于 10% 2) 无障碍机动车停车位应根据《无障碍通规》要求，将通行方便、路线短的停车位设为无障碍机动车停车位。总停车数在 100 辆以下时应至少设置 1 个无障碍机动车停车位，100 辆以上时应设置不少于总停车数 1%的无障碍机动车停车位。城市广场、公共绿地、城市道路等场所的停车位应设置不少于总停车数 2%的无障碍机动车停车位	建筑总平面图、车位平面布置图
6.1.4 条：自行车停车场所应位置合理、方便出入	1) 按照《步行和自行车标》规定，自行车停放空间应满足各类自行车的停放需求，自行车停放设施应靠近目的地设置，并与其他交通方式便捷衔接 2) 依据《电动自行车规》规定，电动自行车是以车载蓄电池作为辅助能源，具有脚踏骑行能力，能实现电助动或/和电驱动功能的两轮自行车。近年来，电动自行车逐步成为群众出行代步的重要工具，与此同时，电动自行车引发的火灾事故急剧增加，给公共安全带来了严重威胁。各省市出台了相关标准，对电动自行车停放场所提出了要求。电动自行车停放场所除应符合国家标准外，尚应符合各省市现行有关标准的规定	建筑总平面图

4) 资源节约控制项审查要点详见表 4.2-11。

表 4.2-11　资源节约控制项审查要点

规范条文（《绿建评标》）	审查内容	设计文件
7.1.1 条：应结合场地自然条件和建筑功能需求，对建筑的体形、平面布局、空间尺度、围护结构等进行节能设计，且应符合国家有关节能设计的要求	1）建筑设计时应合理控制建筑空调供暖区域，增强自然通风和天然采光的利用 2）建筑设计还应在综合考虑基地容积率、限高、绿化率、交通等功能因素基础上，统筹考虑冬夏季节节能需求，重点审查建筑物体形、日照、朝向和窗墙比是否合理 3）建筑节能应符合《节能通规》《公建节能标》《严寒节能标》《夏热冬冷节能标》等国家标准和地方的有关规定	建筑设计说明、节能设计专篇内容、节能计算书
7.1.9 条：建筑造型要素应简约，应无大量装饰性构件，并应符合下列规定： 1）住宅建筑的装饰性构件造价占建筑总造价的比例不应大于 2% 2）公共建筑的装饰性构件造价占建筑总造价的比例不应大于 1%	1）对不具备遮阳、导光、导风、载物、辅助绿化等作用的飘板、格栅、构架、超过安全防护高度 2 倍的女儿墙超高部分和塔、球、曲面等装饰性构件，应对其造价进行控制 2）装饰性构件造价比例计算应以单栋建筑为单元，各单栋建筑的装饰性构件造价比例均应符合本条文规定的比例要求	建筑总说明、造价预算书

5）环境宜居控制项审查要点详见表 4.2-12。

表 4.2-12　环境宜居控制项审查要点

规范条文（《绿建评标》）	审查内容	设计文件
8.1.1 条：建筑规划布局应满足日照标准，且不得降低周边建筑的日照标准	"不得降低周边建筑的日照标准"是指： 1）对于新建项目的建设，应满足周边建筑有关日照标准的要求 2）对于改造项目分两种情况：周边建筑改造前满足日照标准的，应保证其改造后仍符合相关日照标准的要求；周边建筑改造前未满足日照标准的，改造后不可再降低其原有的日照水平。对于周边建筑，现行标准对其日照标准有量化要求的，可以通过计算或绘制最不利窗口的遮挡曲线来判定是否达标；对于周边的非住宅建筑，若现行设计标准对其日照标准没有量化的要求，则可以不进行日照的模拟计算，只要其满足控制性详规即可判定达标	日照分析图、总平面图
8.1.4 条：场地的竖向设计应有利于雨水的收集或排放，应有效组织雨水的下渗、滞蓄或再利用	1）建设场地竖向设计的目的之一是防止因降雨导致场地积水或内涝 2）竖向设计应有利于场地雨水重力自流进入绿色生态设施，避免或减少采用雨水蓄水池等灰色设施，合理设计径流途径，充分利用绿地和场地空间实施入渗。雨水是否收集回用或者调蓄排放，应根据项目的具体情况和当地海绵城市建设的规划要求，通过技术经济可行性研究确定 3）无论是年降雨量丰富的地区还是较少的地区，都应通过场地竖向设计，创造有利于雨水下渗、滞蓄或收集回用的条件	总平面竖向布置图、绿色建筑设计专篇

(续)

规范条文 （《绿建评标》）	审查内容	设计文件
8.1.5条：建筑内外均应设置便于识别和使用的标识系统	1）公共建筑的标识系统应当执行《公建标识规》，住宅建筑可以参照执行 2）应在场地内显著位置上设置标识，标识应反映一定区域范围内的建筑与设施分布情况，并提示当前位置等。建筑及场地的标识应沿通行路径布置，构成完整和连续的引导系统 3）对于标识系统与建筑设计非同步完成项目，判定为达标，在审图意见中注明	绿色建筑设计专篇、标识系统设计文件
8.1.6条：场地内不应有排放超标的污染源	建筑场地内不应存在未达标排放或者超标排放的气态、液态或固态的污染源，如易产生噪声的运动和营业场所，油烟未达标排放的厨房，煤气或工业废气超标排放的燃煤锅炉房，污染物排放超标的垃圾堆等。若有污染源应积极采取相应的治理措施并达到无超标污染物排放的要求	绿色建筑设计专篇、环评报告、治理措施报告、检测报告
8.1.7条：生活垃圾应分类收集，垃圾容器和收集点的设置应合理并应与周围景观协调	1）建筑设计时应合理规划和设置垃圾收集设施。垃圾收集设施规格和位置应符合国家有关标准的规定，其数量、外观色彩及标志应符合垃圾分类收集的要求，并置于隐蔽、避风处 2）在垃圾容器和收集点布置时，应重视垃圾容器和收集点的环境卫生与景观美化问题，做到密闭并相对位置固定。如果按规划需配垃圾收集站，应能具备定期冲洗、消杀条件，并能及时做到密闭清运	总平面图图、垃圾收集设施布置图

4.2.4　建筑无障碍设计审查要点

无障碍设施分为无障碍通行设施、无障碍服务设施和无障碍信息交流设施。只有在建设全过程各环节进行控制才能保证无障碍设施的实效。为了满足残疾人、老年人等有需求的人使用，消除他们在社会生活上的障碍，保证其安全性和便利性是无障碍设计应遵循的基本建设原则。

1）住宅建筑无障碍设计审查要点详见表4.2-13。

表4.2-13　住宅建筑无障碍设计审查要点

子项	审查内容	违规程度	依据规范
适用范围	每个住宅单元至少应有1个无障碍公共出入口	D	《住项规》第4.2.7条1
	除平坡出入口外，公共出入口平台的净深度（从门扇开启时的最远点至平台边缘的距离≥1.50m）	D	《住项规》第4.2.7条3

(续)

子项	审查内容	违规程度	依据规范
轮椅坡道	1）轮椅坡道纵向坡度≤1∶12，当条件受限且坡段起止点的高差不大于150mm时，纵向坡度≤1∶10 2）轮椅坡道的通行净宽≤1.20m 3）轮椅坡道的起点终点和休息平台的通行净宽不应小于坡道的通行净宽，水平长度≥1.50m 4）轮椅坡道的高度＞300mm且纵向坡度＞1∶20时，应在两侧设置扶手，坡道与休息平台的扶手应保持连贯	D	《无障碍通规》第2.3.1、2.3.2、2.3.4条
出入口	1）无障碍平坡出入口地面坡度≤1∶20 2）除平坡出入口外，无障碍出入口的门前应设置平台，在门完全开启的状态下，平台的净深度≥1.50m。无障碍出入口的上方应设置雨篷	D	《无障碍通规》第2.4.1、2.4.2条
门	1）满足无障碍要求的门不应挡块和门槛，门口有高差时，高度≤15mm，并应以斜面过渡，斜面的纵向坡度≤1∶10 2）满足无障碍要求的手动门开启后的通行净宽≥900mm，自动门开启后的通行净宽≥1.00m	D	《无障碍通规》第2.5.3、2.5.4、2.5.5条
	1）满足无障碍要求的全玻璃门应选用安全玻璃或采取防护措施，并应采取醒目的防撞提示措施 2）连续设置多道门时，两道门之间的距离除去门扇摆动的空间后的净间距≥1.50m	D	《无障碍通规》第2.5.6、2.5.7条
	门的无障碍设计应符合： 1）在门扇内外应留有直径不小于1.50m的轮椅回转空间 2）在单扇平开门、推拉门、折叠门的门把手一侧的墙面，应设宽度不小于400mm的墙面		《无障碍规》第3.5.3条
无障碍电梯	设置电梯的住宅建筑，每居住单元至少应设置1部能直达户门层的无障碍电梯	C	《无障碍规》第7.4.2条
	≥12层的住宅，每栋楼设置电梯不应少于两台，其中应设置一台可容纳担架的电梯	C	《住设规》第6.4.2条
	1）满足乘轮椅者使用的最小轿厢规格，深度≥1.40m，宽度≥1.10m 2）同时满足乘轮椅者使用和容纳担架的轿厢，如采用宽轿厢，深度≥1.50m，宽度≥1.60m，如采用深轿厢，深度≥2.10m，宽度≥1.10m 3）轿厢内部设施应满足无障碍要求	D	《无障碍通规》第2.6.2条
无障碍住房	住宅建筑应按每100套住房设置不少于2套无障碍住房	C	《无障碍规》第7.4.3条
	1）无障碍住房、居室应设于底层或无障碍电梯可达的楼层，并应与无障碍通道连接 2）无障碍住房窗户可开启扇的执手或启闭开关距地面高度应为0.85～1.00m，手动开关窗户操作所需的力度不应大于25N	D	《无障碍通规》第3.4.1、3.4.7条

（续）

子项	审查内容	违规程度	依据规范
机动车停车位	1）应将通行方便、路线短的停车位设为无障碍机动车停车位 2）地下车库总停车数在100辆以下时应至少设置1个无障碍机动车停车位，100辆以上时应设置不少于总停车数1%的无障碍机动车停车位 3）无障碍机动车停车位一侧，应设宽度≥1.20m的轮椅通道。轮椅通道与其所服务的停车位不应有高差，和人行通道有高差处应设置缘石坡道，且应与无障碍通道衔接 4）无障碍机动车停车位的地面坡度不应大于1:50	D	《无障碍通规》第3.4.1、3.4.7条
备注	A类问题：安全性问题；B类问题：影响使用功能易造成业主投诉的问题；C类问题：不符合规范的问题；D类问题：违反强制性条文的问题；E类问题：一般性问题		

2) 公共建筑无障碍设计审查要点详见表4.2-14。

表4.2-14 公共建筑无障碍设计审查要点

子项	审查内容	违规程度	依据规范
办公建筑	为公众办理业务与信访接待的办公建筑的主要出入口应为无障碍出入口，公众通行的室内走道应为无障碍通道。其他办公建筑至少应有1处无障碍出入口	C	《无障碍规》第8.2.2、8.2.3条
教育建筑	1）凡教师、学生和婴幼儿使用的建筑物主要出入口应为无障碍出入口 2）接收残疾生源的教育建筑的教室、阅览室、实验教室等教学用房，应在靠近出入口处预留轮椅回转空间	C	《无障碍规》第8.3.2、8.3.3条
医疗建筑	医疗康复建筑中，凡病人、康复人员使用的建筑： 1）主要出入口应为无障碍出入口 2）室内通道应设置无障碍通道，净宽不应小于1.80m，并按照要求设置扶手 3）同一建筑内至少设置1部无障碍楼梯 4）建筑内设有电梯时，每组电梯应至少设置1部无障碍电梯 5）首层应至少设置1处无障碍厕所。门、急诊部的候诊区应设轮椅停留空间	C	《无障碍规》第8.4.2、8.4.4条
福利建筑	福利及特殊服务建筑： 1）建筑物首层主要出入口应为无障碍出入口 2）公共区域的室内通道应为无障碍通道，走道两侧墙面应设置扶手 3）室外的连通走道应选用平整、坚固、耐磨、不光滑的材料并宜设防风避雨设施 4）楼梯应为无障碍楼梯，电梯应为无障碍电梯	C	《无障碍规》第8.5.2条
体育建筑	1）特级、甲级场馆基地内应设置不少于停车数量的2%，且不少于2个无障碍机动车停车位，乙级、丙级场馆基地内应设置不少于2个无障碍机动车停车位 2）建筑物的观众、运动员及贵宾出入口应至少各设1处无障碍出入口，其他功能分区的出入口可根据需要设置无障碍出入口 3）建筑的检票口及无障碍出入口到各种无障碍设施的室内走道应为无障碍通道 4）特级、甲级场馆内各类观众看台区、主席台、贵宾区内如设置电梯应至少各设置1部无障碍电梯，乙级、丙级场馆内座席区设有电梯时，至少应设置1部无障碍电梯，并应满足赛事和观众的需要 5）场馆内各类观众看台的座席区都应设置轮椅席位，并在轮椅席位旁或邻近的座席处，设置1:1的陪护席位，轮椅席位数不应少于观众席位总数的0.2%	C	《无障碍规》第8.6.2条

（续）

子项	审查内容	违规程度	依据规范
文化建筑	1）建筑物至少应有 1 处为无障碍出入口 2）建筑出入口大厅、休息厅（贵宾休息厅）、疏散大厅等主要人员聚集场所有高差或台阶时应设轮椅坡道 3）公众通行的室内走道及检票口应为无障碍通道	C	《无障碍规》第 8.7.2 条
商业服务建筑	1）建筑物至少应有 1 处为无障碍出入口 2）公众通行的室内走道应为无障碍通道 3）供公众使用的主要楼梯应为无障碍楼梯	C	《无障碍规》第 8.8.2 条
商业服务建筑	旅馆建筑应设置无障碍客房： 1）100 间以下，应设 1~2 间无障碍客房 2）100~400 间，应设 2~4 间无障碍客房 3）400 间以上，应至少设 4 间无障碍客房	C	《无障碍规》第 8.8.3 条
汽车客运站	1）建筑物至少应有 1 处为无障碍出入口 2）门厅、售票厅、候车厅、检票口等旅客通行的室内走道应为无障碍通道 3）建筑内至少应设置 1 个无障碍厕所 4）供公众使用的主要楼梯应为无障碍楼梯	C	《无障碍规》第 8.9.2 条
老年人照料设施	老年人照料设施内供老年人使用的场地及用房均应进行无障碍设计，并应符合国家现行有关标准的规定	C	《照料设施标》第 6.1.1 条
老年人照料设施	生活用房： 1）照料单元应设公用卫生间，每个公用卫生间内至少应设 1 个供轮椅老年人使用的无障碍厕位，或设无障碍卫生间 2）当居室卫生间未设洗浴设施时，应集中设置浴室，浴位数量应按所服务的老年人床位数测算，每 8~12 床设 1 个浴位。其中轮椅老年人的专用浴位不应少于总浴位数的 30%，且不应少于 1 个。浴室内应配备助浴设施，并应留有助浴空间。浴室应附设无障碍厕位、无障碍盥洗盆或盥洗槽，并应附设更衣空间	C	《照料设施标》第 5.2.8、5.2.10 条
老年人照料设施	1）老年人使用的室内外交通空间，当地面有高差时，应设轮椅坡道连接，且坡度≤1/12。当轮椅坡道的高度大于 0.10m 时，应同时设无障碍台阶 2）交通空间的主要位置两侧应设连续扶手 3）卫生间、盥洗室、浴室，以及其他用房中供老年人使用的盥洗设施，应选用方便无障碍使用的洁具	C	《照料设施标》第 6.1.3~6.1.5 条
备注	A 类问题：安全性问题；B 类问题：影响使用功能易造成业主投诉的问题；C 类问题：不符合规范的问题；D 类问题：违反强制性条文的问题；E 类问题：一般性问题		

4.2.5 建筑防水设计审查要点

建筑工程防水包括地下工程、屋面工程、建筑外墙工程、建筑室内工程、蓄水类工程等。建筑防水工程的施工图设计应有防水工程专篇内容，明确防水工程的防水等级、防水材料材质、规格型号、设防要求、防水厚度或重量等主要内容。对于防水材料应注明执行的规范标准名称，如无标准时，应注明详细的技术指标要求。建筑防水工程的细部构造防水应给出节点大样图，无详图时应注明选用标准图集做法要求。建筑防水设计审查要点详见表 4.2-15。

表 4.2-15 建筑防水设计审查要点

子项	审查内容	违规程度	依据规范
工作年限	1）地下工程防水设计工作年限不应低于工程结构设计工作年限 2）屋面工程防水设计工作年限不应低于20年 3）室内工程防水设计工作年限不应低于25年 4）非侵蚀性介质蓄水类工程内壁防水层设计工作年限不应低于10年	D	《防水通规》第2.0.2条
防水等级	一级防水：Ⅰ类、Ⅱ类防水使用环境下的甲类工程；Ⅰ类防水使用环境下的乙类工程。如有人员活动的民用建筑地下室及对渗漏敏感的地下车库等 二级防水：Ⅲ类防水使用环境下的甲类工程；Ⅱ类防水使用环境下的乙类工程；Ⅰ类防水使用环境下的丙类工程 三级防水：Ⅲ类防水使用环境下的乙类工程；Ⅱ类、Ⅲ类防水使用环境下的丙类工程	D	《防水通规》第2.0.6条
防水材料	反应型高分子类防水涂料、聚合物乳液类防水涂料和水性聚合物沥青类防水涂料等涂料防水层最小厚度≥1.5mm，热熔施工橡胶沥青类防水涂料防水层最小厚度≥2.0mm	D	《防水通规》第3.3.11条
	当热熔施工橡胶沥青类防水涂料与防水卷材配套使用作为一道防水层时，其厚度≥1.5mm	D	《防水通规》第3.3.12条
	外涂型水泥基防水材料防水层的厚度≥1.0mm，用量≥1.5kg/m²	D	《防水通规》第3.4.1条
	用于地下工程的聚合物水泥防水砂浆防水层的厚度≥6.0mm，掺外加剂、防水剂的砂浆防水层的厚度≥18.0mm	D	《防水通规》第3.4.3条
	屋面压型金属板的厚度： 1）压型铝合金面层板的公称厚度不应小于0.9mm 2）压型钢板面层板的公称厚度不应小于0.6mm 3）压型不锈钢面层板的公称厚度不应小于0.5mm	D	《防水通规》第3.6.2条
主体结构	地下工程迎水面主体结构： 1）防水混凝土结构厚度≥250mm 2）防水混凝土的裂缝宽度不应大于结构允许限值，并不应贯通 3）寒冷地区抗冻设防段防水混凝土抗渗等级不应低于P10	D	《防水通规》第4.1.5条
	受中等及以上腐蚀性介质作用的地下工程： 1）防水混凝土强度等级不应低于C35 2）防水混凝土设计抗渗等级不应低于P8 3）迎水面主体结构应采用耐侵蚀性防水混凝土，外设防水层应满足耐腐蚀要求	D	《防水通规》第4.1.6条
地下工程	地下工程防水设计应包括： 1）防水等级和设防要求 2）防水混凝土的抗渗等级和其他技术指标、质量保证措施 3）其他防水层选用的材料及其技术指标、质量保证措施 4）工程细部构造的防水措施、选用的材料及其技术指标、质量保证措施 5）工程的防排水系统、地面挡水、截水系统及工程各种洞口的防倒灌措施	C	《地下防水规》第3.1.8条

（续）

子项	审查内容	违规程度	依据规范
屋面防水	屋面工程防水设计应包括： 1) 屋面防水等级和设防要求 2) 屋面构造设计 3) 屋面排水设计 4) 找坡方式和选用的找坡材料 5) 防水层选用的材料、厚度、规格及其主要性能 6) 保温层选用的材料、厚度、燃烧性能及其主要性能 7) 接缝密封防水选用的材料及其主要性能	C	《屋面规》第4.1.1条
	屋面排水坡度： 1) 当屋面采用结构找坡时，其坡度≥3% 2) 混凝土屋面檐沟、天沟的纵向坡度≥1%。屋面雨水天沟、檐沟不应跨越变形缝。屋面天沟和封闭阳台外露顶板等处的工程防水等级应与建筑屋面防水等级一致	D	《防水通规》第4.4.3、4.4.5、4.4.8条
外墙工程	建筑外墙整体防水设计应包括： 1) 外墙防水工程的构造 2) 防水层材料的选择 3) 节点的密封防水构造	C	《外墙防水规程》第5.1.1条
	1) 防水等级为一级的框架填充或砌体结构外墙，应设置2道及以上防水层。防水等级为二级的框架填充或砌体结构外墙，应设置1道及以上防水层。当采用2道防水时，应设置1道防水砂浆及1道防水涂料或其他防水材料 2) 防水等级为一级的现浇混凝土外墙、装配式混凝土外墙板应设置1道及以上防水层 3) 封闭式幕墙应达到一级防水要求	D	《防水通规》第4.5.2条
室内工程	住宅室内防水设计应包括： 1) 防水构造设计 2) 防水、密封材料的名称、规格型号、主要性能指标 3) 排水系统设计 4) 细部构造防水、密封措施	C	《住宅防水规》第5.1.2条
	1) 室内墙面防水层不应少于1道 2) 有防水要求的楼地面应设排水坡，并应坡向地漏或排水设施，排水坡度不应小于1.0% 3) 淋浴区墙面防水层翻起高度≥2.0m，且不低于淋浴喷淋口高度。盥洗池盆等用水处墙面防水层翻起高度≥1.2m。墙面其他部位泛水翻起高度≥250mm	D	《防水通规》第4.6.2~4.6.4条
	建筑室内工程在防水层完成后，应进行淋水、蓄水试验，并应符合下列规定： 1) 楼、地面最小蓄水高度≥20mm，蓄水时间不应少于24h 2) 有防水要求的墙面应进行淋水试验，淋水时间不应小于0.5h 3) 独立水容器应进行满池蓄水试验，蓄水时间不应少于24h 4) 室内工程厕浴间楼地面防水层和饰面层完成后，均应进行蓄水试验	D	《防水通规》第6.0.12条
备注	A类问题：安全性问题；B类问题：影响使用功能易造成业主投诉的问题；C类问题：不符合规范的问题；D类问题：违反强制性条文的问题；E类问题：一般性问题		

4.2.6 建筑幕墙设计审查要点

建筑幕墙工程施工图设计文件审查内容主要包括建筑幕墙用材料是否符合国家现行标准的相关规定，是否满足各项幕墙性能及结构安全的要求；建筑幕墙的各项性能设计是否符合国家现行标准的相关规定，建筑幕墙的光反射、热工、防火防烟排烟、防水防渗等各项设计及安全措施是否满足建筑设计及国家现行标准的相关要求，幕墙热工计算书是否完整；幕墙的结构体系是否具有合理的传力路径；幕墙结构及构件的可靠性及耐久性是否满足要求；幕墙结构设计的作用确定及作用效应分析是否满足国家现行标准的相关规定，幕墙结构及构件的结构计算书是否完整，计算结果是否满足承载力极限状态及正常使用极限状态的要求；幕墙面板、支承框架、连接件、锚固件、开启窗等各类构件的构造、连接措施是否满足可靠性及耐久性要求；幕墙防雷设计是否满足要求；是否存在常见投诉问题、质量通病等。建筑幕墙设计审查要点详见表4.2-16。

表4.2-16 建筑幕墙设计审查要点

子项	审查内容	违规程度	依据规范
幕墙基本规定	建筑幕墙应按附属于主体结构的外围护结构设计，设计使用年限不应低于25年，不易拆换的幕墙支承结构设计使用年限不宜低于50年	C	《幕墙标准》第3.0.1条
幕墙基本规定	建筑幕墙应综合考虑建筑类别、使用功能、高度、所在地域的地理气候、环境等因素，合理选择幕墙形式和面板材料，并应符合： 1）应具有承受自重、风、地震、温度作用的承载能力和变形能力，且应便于制作安装、维护保养及局部更换面板等构件 2）应满足建筑需求的水密、气密、保温隔热、隔声、采光、耐撞击、防火、防雷等性能要求 3）幕墙与主体结构的连接应牢固可靠，与主体结构的连接锚固件不应直接设置在填充砌体中 4）幕墙外开窗的开启扇应采取防脱落措施 5）玻璃幕墙的玻璃面板应采用安全玻璃，斜幕墙的玻璃面板应采用夹层玻璃 6）超高层建筑的幕墙工程应设置幕墙维护和更换所需的装置 7）外倾斜、水平倒挂的石材或脆性材质面板应采取防坠落措施	D	《民通规》第6.2.8条
幕墙气密性	1）公共建筑幕墙整体气密性能不应低于3级 2）居住建筑幕墙可开启部位气密性能不应低于《幕墙门窗条件》表9规定的6级，幕墙整体气密性不应低于3级	C	《幕墙标准》第4.12.3、4.12.4条
幕墙气密性	居住建筑幕墙、外窗及敞开阳台的门在10Pa压差下，每小时每米缝隙的空气渗透量$q_1 \leq 1.5$ [$m^3/(h \cdot m)$]，每小时每平方米面积的空气渗透量$q_2 \leq 4.5$ [$m^3/(h \cdot m^2)$]	D	《节能通规》第3.1.16条

(续)

子项	审查内容	违规程度	依据规范
幕墙光热性能	公共建筑的幕墙有天然采光要求时，透光材料的可见光透射比： 1）甲类公共建筑单一立面窗墙面积比<0.40时，透光材料的可见光透射比≥0.60 2）甲类公共建筑单一立面窗墙面积比≥0.40时，透光材料的可见光透射比≥0.40	C	《幕墙标准》第4.15.5条
	玻璃幕墙应采用可见光反射比≤0.30的玻璃。特殊位置应符合下列规定： 1）位于城市快速路、主干道、立交桥、高架桥两侧且高度在20m以下的建筑物玻璃幕墙和一般路段两侧且高度在10m以下的建筑物玻璃幕墙，应采用可见光反射比≤0.16的玻璃 2）T形路口正对直线路段处设置玻璃幕墙时，产生反射光的幕墙部位应采用可见光反射比≤0.16的玻璃 3）道路两侧玻璃幕墙设计成凹形弧面时，应避免反射光进入行人与驾驶员的视场中。凹形弧面玻璃幕墙设计与设置应控制反射光聚焦点的位置	C	《幕墙标准》第4.15.7、4.5.19条
	金属幕墙的外表面，不宜使用可见光反射比>0.30的镜面和高光泽材料	C	《幕墙标准》第4.15.18条
	下列情况应进行玻璃幕墙反射光影响分析： 1）在居住建筑、医院、中小学校及幼儿园周边区域设置的玻璃幕墙 2）在主干道路口和交通流量大的区域设置的玻璃幕墙	C	《幕墙标准》第4.15.10条
防火构造	1）玻璃幕墙与楼层边沿实体裙墙上、下水平缝隙的防火封堵，应采用厚度≥200mm的矿物棉等背衬材料填充密实。在矿物棉等背衬材料的上面应覆盖具有弹性的防火封堵材料；在矿物棉的下面应设置承托板，承托板宽度或高度>300mm时，应增设支承加固措施。同一建筑幕墙面板不应跨越上下左右相邻的不同防火分区 2）非玻璃幕墙与建筑实体墙的间隙或装饰性构造的空腔，应设置层间水平防火封堵，相邻防火封堵构造应连续封闭 3）幕墙与隔墙竖向防火封堵的厚度不宜小于建筑隔墙厚度。缝隙应采用防火密封胶封闭 4）紧靠防火隔墙的玻璃幕墙，应在隔墙两侧设置水平距离≥2.00m、耐火极限不低于1.00h的实体墙或防火玻璃墙 5）幕墙建筑内的防火墙设置在转角部位时，转角两侧应设置耐火极限不低于1.00h的实体墙或防火玻璃墙，两侧边缘水平最近距离≥4.00m	C	《幕墙标准》第7.2.3~7.2.7条
安全措施	1）新建住宅、党政机关办公楼、医院门诊急诊楼和病房楼、中小学校、托儿所、幼儿园、老年人建筑，不得在二层及以上采用玻璃幕墙 2）人员密集、流动性大的商业中心，交通枢纽，公共文化体育设施等场所，临近道路、广场及下部为出入口、人员通道的建筑，严禁采用全隐框玻璃幕墙。以上建筑在二层及以上安装玻璃幕墙的，应在幕墙下方周边区域合理设置绿化带或裙房等缓冲区域，也可采用挑檐、防冲击雨篷等防护设施 3）玻璃幕墙宜采用夹层玻璃、均质钢化玻璃或超白玻璃。采用钢化玻璃应符合国家现行标准《建筑门窗幕墙用钢化玻璃》（JG/T 455）的规定	A	《玻璃幕墙安防》建标〔2015〕38号
	安装在易于受到人体或物体碰撞部位的玻璃面板，应采取防护措施，并应设置提示标识	D	《民通规》第6.2.7条

(续)

子项	审查内容	违规程度	依据规范
安全措施	1）框支承玻璃幕墙，宜采用安全玻璃 2）点支承玻璃幕墙的面板玻璃应采用钢化玻璃 3）采用玻璃肋支承的点支承玻璃幕墙，其玻璃肋应采用钢化夹层玻璃	C	《玻璃幕墙规》第4.4.1、4.4.2、4.4.3条
	建筑幕墙设置的防护设施应符合： 1）公共建筑临空外窗的窗台距楼地面净高不得低于0.8m，否则应设置防护设施，防护设施的高度由地面起算不应低于0.8m 2）居住建筑临空外窗的窗台距楼地面净高不得低于0.9m，否则应设置防护设施，防护设施的高度由地面起算不应低于0.9m	C	《民建标》第6.12.4条
备注	A类问题：安全性问题；B类问题：影响使用功能易造成业主投诉的问题；C类问题：不符合规范的问题；D类问题：违反强制性条文的问题；E类问题：一般性问题		

4.2.7 装配式建筑审查要点

发展装配式建筑是贯彻落实绿色发展理念和碳达峰、碳中和目标、推动智能建造与建筑工业化协同发展的重要举措。如山东省出台的《山东实施方案》要求在政府投资的公共建筑项目和商品房开发项目中大力推广装配式建筑，尤其要积极推动高品质的钢结构住宅建筑设计，激励学校、医院等商业建筑建造时首先选用钢结构。

1）装配式混凝土建筑审查要点详见表4.2-17。

表4.2-17 装配式混凝土建筑审查要点

子项	审查内容	违规程度	依据规范
基本规定	1）装配式混凝土建筑设计应按照通用化、模数化、标准化的要求以少规格、多组合的原则，实现建筑及部品部件的系列化和多样化 2）装配式混凝土建筑应满足适用性能、环境性能、经济性能、安全性能、耐久性能等要求，并应采用性能优良的部品部件 3）装配式混凝土建筑应在建筑设计阶段对轻质隔墙系统、吊顶系统、楼地面系统、墙面系统、集成式厨房、集成式卫生间、内门窗等进行部品设计选型	C	《装混建标》第3.0.2、3.0.9、8.2.1条
材料构造	1）外墙板接缝处应根据当地气候条件合理选用构造防水、材料防水相结合的防水排水设计，接缝宽度及接缝材料应根据外墙板材料、立面分格、结构层间位移、温度变形等因素综合确定，所选用的接缝材料及构造应满足防水、防渗、抗裂、耐久等要求；接缝材料应与外墙板具有相容性；外墙板在正常使用下，接缝处的弹性密封材料不应破坏，接缝处以及与主体结构的连接处应设置防止形成热桥的构造措施 2）预制外墙接缝位置宜与建筑立面分格相对应，竖缝宜采用平口或槽口构造，水平缝宜采用企口构造，当板缝空腔需设置导水管排水时，板缝内侧应增设密封构造，宜避免接缝跨越防火分区，当接缝跨越防火分区时，接缝室内侧应采用耐火材料封堵 3）预制外墙中外门窗宜采用企口或预埋件等方法固定，外门窗可采用预装法或后装法设计，采用预装法时，外门窗框应在工厂与预制外墙整体成型，采用后装法时，预制外墙的门窗洞口应设置预埋件	C	《装混建标》第6.1.9、6.2.5、6.5.3条

（续）

子项	审查内容	违规程度	依据规范
材料构造	1）预制外墙板的接缝及门窗洞口等防水薄弱部位宜采用材料防水和构造防水相结合的做法，当板缝空腔需设置导水管排水时，板缝内侧应增设气密条密封构造 2）外挂墙板的高度不宜大于一个层高，厚度≥100mm 3）外挂墙板间接缝宽度应满足主体结构的层间位移、密封材料的变形能力、施工误差、温差引起变形等要求，且≥15mm	C	《装混规程》第5.3.4、10.3.1、10.3.7条
材料构造	1）当条板隔墙用于厨房、卫生间及有潮湿、防水要求的环境时，应采取防潮、防水处理构造措施。对于附设水池、水箱、洗手盆等设施的条板隔墙，墙面应做防水处理，且防水高度≥1.8m 2）普通型石膏条板和防水性能较差的条板不宜用于潮湿环境及有防潮、防水要求的环境。上述材质的条板隔墙用于无地下室的首层时，宜在隔墙下部采取防潮措施	C	《条板规程》第4.2.10、4.2.12条
构件防火	1）夹芯外墙板接缝处填充用保温材料的燃烧性能应满足A级的要求。装配式建筑的外墙应满足结构、防水、防火、保温、隔热、隔声及建筑造型设计的要求，预制外墙板的接缝等防水薄弱部位，应采用材料防水、构造防水和结构防水相结合的做法 2）预制外墙板的接缝应满足保温、防火、隔声的要求	C	《装混规程》第4.3.1、5.3.3条
构件防火	1）露明的金属支撑件及外墙板内侧与主体结构的调整间隙，应采用燃烧性能等级为A级的材料进行封堵，封堵构造的耐火极限不得低于墙体的耐火极限，封堵材料在耐火极限内不得开裂、脱落 2）防火性能应按非承重外墙的要求执行，当夹芯保温材料的燃烧性能等级为B1或B2级时，内、外叶墙板应采用不燃材料且厚度均不应小于50mm	C	《装混建标》第6.2.2、6.2.3条
防火封堵	建筑幕墙的层间封堵： 1）幕墙与建筑窗槛墙之间的空腔应在建筑缝隙上、下沿处分别采用矿物棉等背衬材料填塞且填塞高度均≥200mm；在矿物棉等背衬材料的上面应覆盖具有弹性的防火封堵材料，在矿物棉下面应设置承托板 2）幕墙与防火墙或防火隔墙之间的空腔应采用矿物棉等背衬材料填塞，填塞厚度不应小于防火墙或防火隔墙的厚度，两侧的背衬材料的表面均应覆盖具有弹性的防火封堵材料 3）承托板应采用钢质承托板，且承托板的厚度不应小于1.5mm。承托板与幕墙、建筑外墙之间及承托板之间的缝隙，应采用具有弹性的防火封堵材料封堵 4）防火封堵的构造应具有自承重和适应缝隙变形的性能 建筑外墙外保温系统与基层墙体、装饰层之间的空腔的层间防火封堵： 1）应在与楼板水平的位置采用矿物棉等背衬材料完全填塞，背衬材料的填塞高度≥200mm 2）在矿物棉等背衬材料的上面应覆盖具有弹性的防火封堵材料 3）防火封堵的构造应具有自承重和适应缝隙变形的性能	C	《防火封堵标》第4.0.3、4.0.4条
备注	A类问题：安全性问题；B类问题：影响使用功能易造成业主投诉的问题；C类问题：不符合规范的问题；D类问题：违反强制性条文的问题；E类问题：地方文件规定问题		

2）装配式钢结构建筑审查要点详见表4.2-18。

表 4.2-18 装配式钢结构建筑审查要点

子项	审查内容	违规程度	依据规范
基本规定	装配式钢结构建筑应按照通用化、模数化、标准化的要求，以少规格、多组合的原则，实现建筑及部品部件的系列化和多样化，并应符合《民建隔声规》的有关规定	C	《装钢建标》第3.0.2条
材料构造	1）装配式钢结构建筑应根据功能部位、使用要求等进行隔声设计，在易形成声桥的部位应采用柔性连接或间接连接等措施 2）装配式钢结构建筑的热工性能应符合《民建热规》《公建节能标》《严寒节能标》《夏热冬冷节能标》和《夏热冬暖节能标》的有关规定 3）外墙板接缝处应根据当地气候条件合理选用构造防水、材料防水相结合的防水排水措施。外墙板在正常使用状况下，接缝处的弹性密封材料不应破坏 4）外门应采用在工厂生产的标准化系列部品，并应采用带有披水板的外门窗配套系列部品。预制外墙中的外门窗宜采用企口或预埋件方式固定，外门窗可采用预装法或后装法施工；采用预装法时，外门窗框应在工厂与预制外墙整体成型。采用后装法时，预制外墙的门窗洞口应设置预埋件 5）预制外墙板接缝位置宜与建筑立面分格相对应，竖缝宜采用平口或槽口构造，水平缝宜采用企口构造。当板缝空腔需设置导水管排水时，板缝内侧应增设密封构造。宜避免接缝跨越防火分区，当接缝跨越防火分区时，接缝室内侧应采用耐火材料封堵	C	《装钢建标》第4.2.4、4.2.5、5.3.9、5.3.10、5.3.11条
	1）当条板隔墙用于厨房、卫生间及有防潮、防水要求的环境时，应采取防潮、防水处理构造措施。对于附设水池、水箱、洗手盆等设施的条板隔墙，墙面应做防水处理，且防水高度≥1.8m 2）普通型石膏条板和防水性能较差的条板不宜用于潮湿环境及有防潮、防水要求的环境。上述材质的条板隔墙用于无地下室的首层时，宜在隔墙下部采取防潮措施	C	《条板规程》第4.2.10、4.2.12条
防火封堵	1）装配式钢结构建筑的耐火等级应符合《建规》的有关规定 2）露明的金属支撑件及外墙板内侧与主体结构的调整间隙，应采用燃烧性能等级为A级的材料进行封堵，封堵构造的耐火极限不得低于墙体的耐火极限，封堵材料在耐火极限内不得开裂、脱落。防火性能应按非承重外墙的要求执行，当夹芯保温材料的燃烧性能等级为B1或B2级时，内、外叶墙板应采用不燃材料且厚度均不应小于50mm	C	《装钢建标》第4.2.5、5.3.11条
防火防腐	1）钢结构应进行防火和防腐设计，并应符合《建规》及《钢结构防腐蚀规程》的规定 2）梁柱包覆应与防火防腐构造结合，实现防火防腐包覆与内装系统的一体化，并应复核：内装部品安装不应破坏防火构造；宜采用防火防腐复合涂料；使用膨胀型防火涂料应预留膨胀空间；设备与管线穿越防火保护层时，应按钢构件原耐火极限进行有效封堵	C	《装钢建标》第5.2.22、5.5.4条
备注	A类问题：安全性问题；B类问题：影响使用功能易造成业主投诉的问题；C类问题：不符合规范的问题；D类问题：违反强制性条文的问题；E类问题：地方文件规定问题		

4.2.8 既有建筑改造审查要点

为了贯彻新发展理念，推动城市绿色更新，保障既有建筑改造工程施工图设计质量，明确既有建筑改造工程适用标准，依据《既有建筑维护与改造通用规范》（GB 55022—

2021）的前言，在"关于规范实施"中明确："对于既有建筑改造项目（是指不改变现有使用功能），当条件不具备、执行现行规范确有困难时，应不低于原建造时的标准"。实际执行中，既有建筑改造当涉及下列条件之一的情形时，应执行现行标准：①改变了使用功能。如将商业、办公等改为幼儿园、老年人照料设施等功能改变的情形。②降低了原结构安全水平。如为了扩大空间，改造原结构受力构件，削弱整体抗震性能等情形时。③降低了原被动防火安全水平。如改变原建筑防火分区、疏散距离、防火墙位置等情形。在实际改造项目中，应因地制宜结合实际情况，充分考虑现行标准和原标准的差异，综合判断，降低火灾隐患。工业既有建筑、民用既有建筑改造工程改变建筑高度、层数、面积、功能或具有其他需要依法办理规划许可情形的，应在改造实施前取得相关主管部门的许可文件。既有建筑改造工程不改变使用功能、不增加建筑面积的，宜执行现行国家工程建设技术标准。当条件不具备、执行现行规范确有困难时，应不低于原建造时的标准。

既有建筑满足下列条件之一的，应认定为建筑局部改造（需谨慎研判）：①部分楼层或楼层局部使用功能产生改变的。②部分楼层或楼层局部防火分区产生改变且改造后防火分区的面积不超过现行标准规定的。③部分楼层或楼层局部防烟分区产生改变的。④修缮工程包括结构加固、建筑设施或构件拆换、设备或管线拆换、屋面防水改造、平屋面改坡屋面等专项改造工程。⑤立面改造工程包括外围护节能改造、外立面整体装饰改造、外立面部分构件更换和增设等。

既有建筑改造有关的设计审查要点详见表 4.2-19。

表 4.2-19　既有建筑改造有关的设计审查要点

子项	审查内容	违规程度	依据规范、参考导则
基本规定	既有建筑的改造应符合： 1）应满足改造后的建筑安全性需求 2）不得降低建筑的抗灾性能 3）不得降低建筑的耐久性	D	《维护改造通规》第 2.0.4 条
	1）改造方案应明确改造范围、内容和相关技术指标，并判定出应执行的规范版本号 2）既有建筑的改造设计若改变了建筑的间距，其间距不应低于消防间距标准的要求，不降低相邻建筑的日照 3）既有建筑改造后，新建或改造的无障碍设施应与周边无障碍设施相衔接	D	《维护改造通规》第 5.2.1、5.2.2、5.2.3、5.2.4 条
	1）既有建筑改造所选用的内部装修材料应满足现行《装修规》和《室内污染标》的相关要求 2）既有建筑的修缮，应满足《维护改造通规》的相关要求	E	《合肥改造导则》《东营改造导则》

(续)

子项	审查内容	违规程度	依据规范、参考导则
整体改造	1) 既有建筑改变使用功能、工业建筑改造为民用建筑、涉及建筑消防分类改变的建筑整体改造应执行现行规范和标准 2) 未改变使用功能的建筑整体改造如老年人照料设施、医院、儿童活动场所、儿童照料和少年儿童培训场所等人员密集、潜在危险性大、消防性能要求高的场所的既有建筑整体改造应按现行规范和标准设计。其他建筑宜执行现行规范和标准，当条件不具备、执行现行规范和标准确有困难时，改造范围内的平面布置、安全疏散距离、疏散门的宽度和数量、避难间等应执行现行规范和标准，其他内容可不低于原建造时的规范和标准	E	《合肥改造导则》《东营改造导则》《山东改造消防指南》
	建筑功能未改变的改造建筑与其他相邻建筑的防火间距不满足现行标准的，应在防火间距不足的改造建筑相邻面外墙设防火墙、甲级防火门、窗等防火加强措施	E	《合肥改造导则》《东营改造导则》
局部改造	1) 既有建筑改造区域使用功能发生变化，改造为老年人照料设施、儿童活动场所、儿童照料和少年儿童培训场所等人员密集、危险性加大或消防安全水平提高的建筑功能时，除改造范围内的设计应执行现行标准外，尚应与相邻不改造区域进行严格的防火分隔，并不应降低相邻未改造区域的消防安全水平 2) 因局部功能变化使原二类高层建筑变为一类高层建筑或多层变为高层的，应对建筑进行整体改造 3) 既有建筑局部改造增加"歌舞娱乐放映游艺场所""医疗、旅馆及类似使用功能""商店、图书馆、展览、会议中心及类似使用功能"时应执行现行规范和标准。原敞开式楼梯间和防火性能局部改造难以实现时，应对建筑进行整体改造	E	《合肥改造导则》《东营改造导则》《山东改造消防指南》
	局部改造涉及下列内容的，应对建筑内该项内容进行整体改造： 1) 因使用功能变化需要增设消防电梯的 2) 因使用功能变化需要增设独立安全出口、独立疏散楼梯，经评估不能满足增设要求的 3) 需要将敞开式楼梯间改为封闭楼梯间的 4) 因使用功能变化，原建筑疏散楼梯数量、总疏散净宽度不能满足要求的	E	《合肥改造导则》《东营改造导则》
	1) 既有建筑未改变使用功能的建筑局部改造，不得低于原建筑建成时的结构安全、消防安全和建筑使用性能水平 2) 老年人照料设施、儿童活动场所、儿童照料和少年儿童培训场所建筑局部改造，应按现行规范和标准执行。与其相邻未改造的区域应有严格的防火分隔，并不应降低相邻未改造区域的消防安全水平 3) 既有建筑改造区域因改造局部增加建筑面积的，如局部增设夹层、封堵中庭洞口等增加建筑面积而造成原有防火分区和面积变动，或建筑层数增加的，应执行现行消防技术标准 4) 商业营业厅内在未改变防火分区及疏散距离时，局部功能改为饮品店、甜品店、小吃店等轻餐饮的，不得低于原建筑建成时的消防安全水平	E	《合肥改造导则》《东营改造导则》《山东改造消防指南》
	既有住宅建筑局部严禁改造为以下使用功能： 1) 餐饮、机械加工、宠物医院、娱乐场所、棋牌室、健身房等影响居住环境的项目 2) 建材库房、危化品生产加工存储、危废品存储等易燃易爆炸影响居住安全的项目	E	《合肥改造导则》《东营改造导则》
备注	A类问题：安全性问题；B类问题：影响使用功能易造成业主投诉的问题；C类问题：不符合规范的问题；D类问题：违反强制性条文的问题；E类问题：地方文件规定问题		

第5章 建筑施工图审查主要内容

建筑施工图审查内容是保证工程设计质量的基本要求，并不是工程设计的全部内容。设计和审查人员应全面执行工程建设标准和法规的有关规定。对于审查中发现的违反"强制性条文"、违反法规、涉及公共利益、公众安全的相关内容，必须进行修改。对于审查中发现的其他问题，审查时应根据相关标准的"用词说明"，按其用词的严格程度予以区别对待。若未执行现行技术标准相关条款的设计内容，设计应有充分依据，并由相关设计人承担其法律责任。本章审查内容依据现行相关法规（本要点所称法规是法律、法规、部门规章及政府主管部门规范性文件的总称）和工程建设标准编写，主要包括现行工程建设标准（含国家标准、行业标准、地方标准）中的强制性条文（以下简称强条）；现行工程建设国家标准、行业标准、地方标准中对地基基础和主体结构安全性影响较大的部分非强条条文；建筑、给水排水、暖通及电气专业与强条关系密切且对安全和公众利益影响较大的部分非强条条文；对节能设计质量影响较大的部分非强条条文；法规中涉及技术管理且需要在施工图设计中落实的规定。

5.1 居住类建筑

5.1.1 住宅建筑

住宅建筑包括普通住宅和别墅等，设计应执行《住宅设计规范》（GB 50096—2011）（以下简称《住设规》）和《住宅项目规范》（GB 55038—2025）（以下简称《住项规》）等标准的规定。设计审查重点在于保证最基本的居住水平和居住安全。住宅建筑审查主要内容见表5.1-1。

表5.1-1 住宅建筑审查主要内容

子项	审查内容	违规程度	规范条文
安全性	（1）临空外窗的窗台距室内地面的净高小于0.90m时，应配置防护设施，防护设施的高度应由室内地面或可踏面起算，且不应小于0.90m	D	《住项规》第4.1.16、4.2.7、4.2.8、4.2.9、4.2.13条

(续)

子项	审查内容	违规程度	规范条文
安全性	当凸窗窗台高度≤0.45m时，其防护设施高度应从窗台面起算，且不应小于0.90m；当凸窗窗台高度>0.45m时，其防护设施高度应从窗台面起算，且不应小于0.60m；凸窗的防护设施应贴外窗设置 （2）外廊、室内回廊、内天井、室外楼梯及上人屋面等临空处应设防护栏杆，且应符合下列规定： 　1）栏杆净高≥1.20m 　2）栏杆应有防止攀登和物品坠落的措施，栏杆竖向杆件间的净距≤0.11m （3）公共出入口位于阳台、外廊及开敞楼梯平台的下部时，应采取防止坠物伤害的安全措施。公共出入口上方应设置雨篷，雨篷的宽度不应小于门洞的宽度，雨篷的挑出长度应超过门扇开启时的最远点，且不应小于1.00m。（重点审查住宅出入口位于室外连廊的下部时应设置雨罩等防护措施） （4）公共出入口内外、公共走廊、公共楼梯、电梯厅等处的地面应采用防滑铺装，地面静摩擦系数（COF）≥0.6 （5）新建住宅建筑太阳能热水系统、光伏系统应与建筑主体结构连接牢固	D	《住项规》第4.1.16、4.2.7、4.2.8、4.2.9、4.2.13条
适用性	（1）每套住宅应设置洗衣机的位置及条件（重点审查住宅设计时，应明确设计出洗衣机的位置及专用给水排水接口和电插座等条件） （2）当阳台设有洗衣设备时，应设置专用给水、排水管线及专用地漏，阳台楼、地面均应做防水，严寒和寒冷地区应封闭阳台，并应采取保温措施（重点审查为方便使用要求，在阳台设置专用给水排水管线、接口和插座等，并要求设置专用地漏，减少溢水的可能） （3）建筑外墙设置空调室外机时，应为室外机安装和维护提供方便操作的条件，安装位置不应对室外人员形成热污染 （4）面临走廊、共用上人屋面或凹口的窗，应避免视线干扰（重点审查住宅凹口的窗和面临走廊、共用上人屋面的窗，因设计不当，可能会引起住户的强烈不满） （5）向外开启的户门不应妨碍公共交通及相邻户门开启（住宅户门一般是向内开启的，重点审查住宅户门外开时，不应妨碍交通，保证安全疏散，避免相邻的户门开启时之间发生碰撞。一般可采用加大楼梯平台、控制相邻门的距离、设大小门扇、入口处设凹口等措施） （6）电梯不应紧邻卧室布置。当受条件限制，电梯不得不紧邻兼起居的卧室布置时，应采取隔声、减振的构造措施（重点审查电梯在住宅单元平面布局中的位置。当受条件限制，电梯紧邻兼起居的卧室布置时，应采取双层分户墙或同等隔声效果的构造措施） （7）厨房宜设共用排气道，无外窗的卫生间应设共用排气道。厨房的共用排气道与卫生间的共用排气道应分别设置。厨房的共用排气道应与灶具位置相邻，共用排气道与排油烟机连接的进气口应朝向灶具方向（重点审查共用排气道的位置和接口方向，以保证排气管的正确接入和排气顺畅）	B	《住设规》第5.4.6、5.6.7、5.6.8、5.8.4、5.8.5、6.4.7、6.8.1、6.8.3、6.8.4条
备注	A类问题：造成安全性问题；B类问题：影响使用功能易造成业主投诉的问题；C类问题：不符合规范的问题；D类问题：违反强制性条文的问题；E类问题：违反地方文件规定的问题		

5.1.2 宿舍类建筑

宿舍类建筑包括学生宿舍、学生公寓、员工宿舍、员工公寓、专家公寓、长租公寓等。设计应执行《宿舍建筑设计规范》（JGJ 36—2016）（以下简称《宿舍规》）和《宿舍、旅馆建筑项目规范》（GB 55025—2022）（以下简称《宿旅项规》）等标准的规定。设计审查重点在于保证宿舍符合适用、安全、卫生和可持续发展的基本要求。宿舍建筑审查主要内容见表 5.1-2。

表 5.1-2 宿舍建筑审查主要内容

子项	审查内容	违规程度	规范条文
适用性	（1）宿舍的居室最高入口层楼地面距室外设计地面的高差大于 9m 时，应设置电梯（重点审查宿舍设置电梯的条件） （2）宿舍内的公用盥洗室、公用厕所和公共活动室（空间）应有天然采光和自然通风 （3）当宿舍的公共出入口位于阳台、外廊及开敞楼梯平台下部时，应采取防止物体坠落伤人的安全防护措施（重点审查公共出入口上方应设置具有抗冲击强度的雨篷或防护挑檐） （4）当居室内无独立卫生间时，公用盥洗室及公用厕所与最远居室的距离不应大于 25m	D	《宿旅项规》第 3.3.1、3.3.2、3.3.4、3.3.7 条
安全性	（1）宿舍采用开敞通透式外廊及室外楼梯时，应采取挡雨设施和楼地面防滑措施，宿舍室外地面的防滑等级不低于 B_w （2）宿舍窗外没有阳台或平台，且窗台距楼面、地面的净高小于 0.90m 时，应设置防护措施 （3）宿舍不宜采用玻璃幕墙，中小学校宿舍居室不应采用玻璃幕墙 （4）宿舍的底层外窗以及其他各层中窗台下沿距下面屋顶平台或大挑檐等高差小于 2m 的外窗，应采取安全防范措施 （5）居室和辅助房间的门净宽≥0.90m，阳台门和居室内附设卫生间的门净宽≥0.80m。门洞口高度≥2.10m。居室居住人数超过 4 人时，居室门应带亮窗，设亮窗的门洞口高度≥2.40m （6）多层及以下的宿舍开敞阳台栏杆净高≥1.05m；高层宿舍阳台栏板栏杆净高≥1.10m；学校宿舍阳台栏板栏杆净高≥1.20m （7）宿舍建筑的安全出口不应设置门槛，其净宽≥1.40m，出口处距门的 1.40m 范围内不应设置踏步	C	《宿舍规》第 4.1.5、4.6.2、4.6.3、4.6.5、4.6.7、4.6.10、5.2.5 条
备注	A 类问题：造成安全性问题；B 类问题：影响使用功能易造成业主投诉的问题；C 类问题：不符合规范的问题；D 类问题：违反强制性条文的问题；E 类问题：违反地方文件规定的问题		

5.2 老年人照料设施建筑

老年人照料设施［设计总床位数或老年人总数不少于20床（人）］是为老年人提供集中照料服务的设施，包括老年人全日照料设施和老年人日间照料设施。老年人照料设施区别于其他老年人设施的重要特征是能够为老年人提供全日或日间的照料服务，因此老年大学、老年活动中心、老年人住宅不属于老年人照料设施。老年人全日照料设施是为老年人提供住宿、生活照料服务及其他服务项目的设施，如养老院、老人院、福利院、敬老院、老年养护院等；老年人日间照料设施是为老年人提供日间休息、生活照料服务及其他服务项目的设施，如托老所、日托站、老年人日间照料室、老年人日间照料中心等。设计应执行《老年人照料设施建筑设计标准》（JGJ 450—2018）（以下简称《照料设施标》）等标准的规定。设计审查重点在于提高老年人照料设施建筑设计质量，保证最基本的居住水平和居住安全。老年人照料设施审查主要内容见表5.2-1。

表5.2-1 老年人照料设施审查主要内容

子项	审查内容	违规程度	规范条文
适用性	（1）居室应具有天然采光和自然通风条件，日照标准不应低于冬至日日照时数2h （2）居室卫生间与相邻房间室内地坪不宜有高差；当有不可避免的高差时，不应大于15mm，且应以斜坡过渡（重点审查卫生间与相邻房间的室内地坪高差。当为阻挡卫生间内水外溢，有不可避免的高差时，高差不应大于15mm，并以斜坡过渡） （3）老年人使用的出入口和门厅： 1）宜采用平坡出入口，平坡出入口的地面坡度≤1/20，有条件时≤1/30 2）出入口严禁采用旋转门 3）出入口的地面、台阶、踏步、坡道等均应采用防滑材料铺装，应有防止积水的措施，严寒、寒冷地区宜采取防结冰措施 4）出入口附近应设助行器和轮椅停放区 （4）老年人使用的走廊，通行净宽≥1.80m，确有困难时≥1.40m（重点审查本条中"确有困难时"是指某些通过既有建筑改建的老年人照料设施，由于结构原因，走道宽度不能达到1.80m，适当降低标准到1.40m。对于新建建筑，走道宽度不应降低） （5）二层及以上楼层、地下室、半地下室设置老年人用房时应设电梯，电梯应为无障碍电梯，且至少1台能容纳担架（重点审查无障碍电梯的最小轿厢规格和担架电梯的最小轿厢尺寸，应满足《无障碍通规》第2.6.2条的要求） （6）老年人照料设施的居室和休息室不应与电梯井道、有噪声振动的设备机房等相邻布置（重点审查老年人居室的上一层、下一层或贴临的位置是否布置了设备机房等）	B	《照料设施标》第5.2.1、5.2.7、5.6.2、5.6.3、5.6.4、6.5.3条

(续)

子项	审查内容	违规程度	规范条文
安全性	（1）老年人使用的楼梯严禁采用弧形楼梯和螺旋楼梯 （2）老年人使用的楼梯应符合： 1）梯段通行净宽≥1.20m，各级踏步应均匀一致，楼梯缓步平台内不应设置踏步 2）踏步前缘不应凸出，踏面下方不应透空 3）应采用防滑材料饰面，所有踏步上的防滑条、警示条等附着物均不应凸出踏面 （3）老年人用房的阳台、上人平台的栏杆、栏板应采取防坠落措施，且距地面0.35m高度范围内不宜留空 （4）交通空间的主要位置两侧应设连续扶手 （5）无障碍设施的地面防滑等级及防滑安全程度应符合第6.1.6条表中的规定		《照料设施标》第5.6.6、5.6.7、5.7.4、6.1.4、6.1.6条
备注	A类问题：造成安全性问题；B类问题：影响使用功能易造成业主投诉的问题；C类问题：不符合规范的问题；D类问题：违反强制性条文的问题；E类问题：违反地方文件规定的问题		

5.3 教育类建筑

教育类建筑包括托儿所、幼儿园、中小学等教育场所，设计应执行《中小学校设计规范》（GB 50099—2011）（以下简称《中小学规》）、《托儿所、幼儿园建筑设计规范》（JGJ 39—2016）（2019年版）（以下简称《托幼规》）等标准的规定。设计审查重点在于保证校园建筑的安全性和适用性，并具备国家规定的防灾避难能力。

5.3.1 中小学建筑

中小学校设计应符合安全、适用、经济、绿色、美观的要求，满足教学功能，有益于学生身心健康成长，并具备国家规定的防灾避难能力。中小学校建筑设计审查主要内容见表5.3-1。

表5.3-1 中小学校建筑设计审查主要内容

子项	审查内容	违规程度	规范条文
适用性	（1）各类小学的主要教学用房不应设在四层以上，各类中学的主要教学用房不应设在五层以上 （2）普通教室冬至日满窗日照不应少于2h （3）各类教室的外窗与相对的教学用房或室外运动场地边缘间的距离≥25.00m （4）各教室前端侧窗窗端墙的长度不应小于1.00m。窗间墙宽度不应大于1.20m	C	《中小学规》第4.3.2、4.3.3、5.1.8、6.2.12、6.2.13、6.2.14、7.2.1、7.2.2、8.5.4、9.2.2条

(续)

子项	审查内容	违规程度	规范条文
适用性	(5) 中小学校的卫生间应设前室。男、女生卫生间不得共用一个前室 (6) 学生卫生间应具有天然采光、自然通风的条件，并应设置排气管道 (7) 中小学校的卫生间外窗距室内楼地面 1.70m 以下部分应设视线遮挡措施 (8) 中小学校主要教学用房的最小净高：舞蹈教室≥4.50m，实验室≥3.10m (9) 各类体育场地的最小净高：田径、羽毛球场地≥9.00m，篮球、排球场地≥7.00m (10) 在寒冷或风沙大的地区，教学用建筑物出入口应设挡风间或双道门 (11) 普通教室应以自学生座位左侧射入的光为主。教室为南向外廊式布局时，应以北向窗为主要采光面	C	《中小学规》第4.3.2、4.3.3、5.1.8、6.2.12、6.2.13、6.2.14、7.2.1、7.2.2、8.5.4、9.2.2条
安全性	(1) 每一间化学实验室内应至少设置一个急救冲洗水嘴 (2) 化学实验室的外墙至少应设置 2 个机械排风扇，排风扇下沿应在距楼地面以上 0.10~0.15m 高度处。在排风扇的室内一侧应设置保护罩，采暖地区应为保温的保护罩。在排风扇的室外一侧应设置挡风罩。实验桌应有通风排气装置，排风口宜设在桌面以上。药品室的药品柜内应设通风装置 (3) 临空窗台高度≥0.90m (4) 上人屋面、外廊、楼梯、平台、阳台等临空部位必须设防护栏杆，防护栏杆必须牢固、安全，高度≥1.10m。防护栏杆最薄弱处承受的水平推力应不小于 1.5kN/m (5) 教学用房的门窗设置： 1) 疏散通道上的门不得使用弹簧门、旋转门、推拉门、大玻璃门等不利于疏散通畅、安全的门 2) 各教学用房的门均应向疏散方向开启，开启的门扇不得挤占走道的疏散通道 3) 靠外廊及单内廊一侧教室内隔墙的窗开启后，不得挤占走道的疏散通道，不得影响安全疏散 4) 二层及二层以上的临空外窗的开启窗不得外开 (6) 教学用建筑物出入口净通行宽度不得小于 1.40m，门内与门外各 1.50m 范围内不宜设置台阶 (7) 教学用建筑物的出入口应设置无障碍设施，并应采取防止上部物体坠落和地面防滑的措施 (8) 停车场地及地下车库的出入口不应直接通向师生人流集中的道路 (9) 教学用建筑的走道疏散宽度内不得有壁柱、消火栓、教室开启的门窗扇等设施 (10) 中小学校的建筑物内，当走道有高差变化应设置台阶时，台阶处应有天然采光或照明，踏步级数不得少于 3 级，并不得采用扇形踏步。当高差不足 3 级踏步时，应设置坡道。坡道的坡度≤1:8，不宜大于 1:12	A	《中小学规》第5.3.8、5.3.9、8.1.5、8.1.6、8.1.8、8.5.3、8.5.5、8.5.6、8.6.1、8.6.2、8.7.2、8.7.5、8.7.6、8.7.7、8.8.1条

(续)

子项	审查内容	违规程度	规范条文
安全性	（11）中小学校教学用房的楼梯梯段宽度应为人流股数的整数倍。梯段宽度≥1.20m，并应按0.60m的整数倍增加梯段宽度。每个梯段可增加不超过0.15m的摆幅宽度 （12）楼梯两梯段间楼梯井净宽不得大于0.11m，大于0.11m时，应采取有效的安全防护措施。两梯段扶手间的水平净距宜为0.10~0.20m （13）中小学校的楼梯扶手上应加装防止学生溜滑的设施 （14）除首层及顶层外，教学楼疏散楼梯在中间层的楼层平台与梯段接口处宜设置缓冲空间，缓冲空间的宽度不宜小于梯段宽度 （15）每间教学用房的疏散门均不应少于2个，疏散门的宽度应通过计算；同时，每樘疏散门的通行净宽度≥0.90m。当教室处于袋形走道尽端时，若教室内任一处距教室门不超过15.00m，且门的通行净宽度≥1.50m时，可设1个门	A	《中小学规》第5.3.8、5.3.9、8.1.5、8.1.6、8.1.8、8.5.3、8.5.5、8.5.6、8.6.1、8.6.2、8.7.2、8.7.5、8.7.6、8.7.7、8.8.1条
备注	A类问题：造成安全性问题；B类问题：影响使用功能易造成业主投诉的问题；C类问题：不符合规范的问题；D类问题：违反强制性条文的问题；E类问题：违反地方文件规定的问题		

5.3.2 托儿所、幼儿园建筑

托儿所、幼儿园的建筑设计应满足使用功能要求，有益于婴幼儿健康成长，保证婴幼儿、教师及工作人员的环境安全，并具备防灾能力。托儿所、幼儿园建筑设计审查主要内容见表5.3-2。

表5.3-2 托儿所、幼儿园建筑设计审查主要内容

子项	审查内容	违规程度	规范条文
适用性	（1）托儿所、幼儿园的活动室、寝室及具有相同功能的区域，应布置在当地的最好朝向，冬至日底层满窗日照不应小于3h （2）严寒地区托儿所、幼儿园建筑的外门应设门斗，寒冷地区宜设门斗 （3）幼儿园单侧采光的活动室进深不宜大于6.60m （4）托儿所、幼儿园建筑应设门厅，门厅内应设置晨检室和收发室，宜设置展示区、婴幼儿和成年人使用的洗手池、婴幼儿车存储等空间，宜设卫生间 （5）晨检室（厅）应设在建筑物的主入口处，并应靠近保健观察室 （6）保健观察室宜设单独出入口，应设独立的厕所，厕所内应设幼儿专用蹲位和洗手盆 （7）当托儿所、幼儿园建筑为二层及以上时，应设提升食梯 （8）托儿所、幼儿园建筑应设玩具、图书、衣被等物品专用消毒间 （9）托儿所、幼儿园的生活用房、服务管理用房和供应用房中的厨房等均应有直接天然采光。活动室、寝室和多功能活动室采光系数标准值为3%，窗、地面积比为1/5 （10）托儿所、幼儿园的幼儿用房应有良好的自然通风，其通风口面积不应小于房间地板面积的1/20。夏热冬冷、严寒和寒冷地区的幼儿用房应采取有效的通风设施	C	《托幼规》第3.2.8、4.1.7、4.3.4、4.4.2、4.4.3、4.4.4、4.5.5、4.5.7、5.1.1、5.3.2条

(续)

子项	审查内容	违规程度	规范条文
安全性	（1）四个班及以上的托儿所、幼儿园建筑应独立设置。三个班及以下时，可与居住、养老、教育、办公建筑合建，但应符合： 1）合建的既有建筑应经有关部门验收合格，符合抗震、防火等安全方面的规定 2）应设独立的疏散楼梯和安全出口 3）出入口处应设置人员安全集散和车辆停靠的空间 4）应设独立的室外活动场地，场地周围应采取隔离措施 5）建筑出入口及室外活动场地范围内应采取防止物体坠落的措施 （2）幼儿园生活用房应布置在三层及以下。托儿所生活用房应布置在首层。当布置在首层确有困难时，可将托大班布置在二层，其人数不应超过60人，并应符合有关防火安全疏散的规定 （3）托儿所、幼儿园建筑窗的设计： 1）活动室、多功能活动室的窗台面距地面高度≤0.60m 2）当窗台面距楼地面高度<0.90m时，应采取防护措施，防护高度应从可踏部位顶面起算，≥0.90m 3）窗距离楼地面的高度≤1.80m的部分，不应设内悬窗和内平开窗扇 （4）活动室、寝室、多功能活动室等幼儿使用的房间应设双扇平开门，门净宽≥1.20m （5）幼儿出入的门： 1）当使用玻璃材料时，应采用安全玻璃 2）距离地面0.60m处宜加设幼儿专用拉手 3）门的双面均应平滑、无棱角 4）门下不应设门槛；平开门距楼地面1.20m以下部分应设防止夹手的设施 5）不应设置旋转门、弹簧门、推拉门，不宜设金属门 6）生活用房开向疏散走道的门均应向人员疏散的方向开启，开启的门扇不应妨碍走道的疏散通行 7）门上应设观察窗，观察窗应安装安全玻璃 （6）托儿所、幼儿园的外廊、室内回廊、内天井、阳台、上人屋面、平台、看台及室外楼梯等临空处应设置防护栏杆，栏杆应以坚固、耐久的材料制作。防护栏杆的高度应从可踏部位顶面起算，且净高≥1.30m。防护栏杆必须采用防止幼儿攀登和穿过的构造，当采用垂直杆件做栏杆时，其杆件净距离≤0.09m （7）距离地面高度1.30m以下，婴幼儿经常接触的室内外墙面，宜采用光滑易清洁的材料；墙角、窗台、暖气罩、窗口竖边等阳角处应做成圆角 （8）楼梯、扶手和踏步： 1）楼梯间应有直接的天然采光和自然通风 2）楼梯除设成人扶手外，应在梯段两侧设幼儿扶手，其高度宜为0.60m 3）供幼儿使用的楼梯踏步高度宜为0.13m，宽度宜为0.26m 4）严寒地区不应设置室外楼梯 5）幼儿使用的楼梯不应采用扇形、螺旋形踏步 6）楼梯踏步面应采用防滑材料，踏步踢面不应有漏、空，踏步面应做明显警示标识	A	《托幼规》第3.2.2、4.1.3A、4.1.3B、4.1.5、4.1.6、4.1.8、4.1.9、4.1.10、4.1.11、4.1.12、4.1.13、4.1.16条

(续)

子项	审查内容	违规程度	规范条文
安全性	7) 楼梯间在首层应直通室外 (9) 幼儿使用的楼梯，当楼梯井净宽度>0.11m时，必须采取防止幼儿攀滑的措施。楼梯栏杆应采取不易攀爬的构造，当采用垂直杆件作栏杆时，其杆件净距≤0.09m (10) 幼儿经常通行和安全疏散的走道不应设有台阶，当有高差时，应设置防滑坡道，其坡度不应大于1∶12。疏散走道的墙面距地面2m以下不应设有壁柱、管道、消火栓箱、灭火器、广告牌等凸出物	A	《托幼规》第3.2.2、4.1.3A、4.1.3B、4.1.5、4.1.6、4.1.8、4.1.9、4.1.10、4.1.11、4.1.12、4.1.13、4.1.16条
备注	A类问题：造成安全性问题；B类问题：影响使用功能易造成业主投诉的问题；C类问题：不符合规范的问题；D类问题：违反强制性条文的问题；E类问题：违反地方文件规定的问题		

5.4 体育馆建筑

城市公共体育馆的建设，应坚持以人为本的原则，适应人民群众开展体育活动的基本需求，满足体育比赛的服务功能。同时综合考虑城市公共体育馆设施的共享共用，做到规模合理、功能适用、安全可靠、经济高效、绿色节能、低碳环保和可持续发展。设计应执行《体育建筑设计规范》（JGJ 31—2003）（以下简称《体育规》）和《城市公共体育馆建设标准》（建标 202—2024）（以下简称《体育标》）等标准的规定。设计审查重点在于保证体育馆功能适用和安全可靠，既要满足健身活动及体育比赛的功能要求，还应兼顾体育旅游、体育会展、体育休闲、文化演艺等多样化的综合服务和运营需求。体育馆建筑设计审查主要内容见表5.4-1。

表5.4-1 体育馆建筑设计审查主要内容

子项	审查内容	违规程度	规范条文
适用性	(1) 体育看台应进行视线设计，视点选择要求： 1) 应根据运动项目的不同特点，使观众看到比赛场地的全部或绝大部分，且看到运动员的全身或主要部分 2) 对于综合性比赛场地，应以占用场地最大的项目为基础；也可以主要项目的场地为基础，适当兼顾其他 3) 当看台内缘边线（是指首排观众席）与比赛场地边线及端线（是指视点轨迹线）不平行（即距离不等）时，首排计算水平视距应取最小值或较小值 4) 座席俯视角宜控制在28°~30°范围内 (2) 体育看台各排地面升高要求： 1) 视线升高差（C值）应保证后排观众的视线不被前排观众遮挡，每排C值不应小于0.06m	C	《体育规》第4.3.10、4.3.11、4.4.8、5.5.8、6.1.5、6.2.7、6.4.2、9.0.10条

(续)

子项	审查内容	违规程度	规范条文
适用性	2）在技术、经济合理的情况下，视点位置及 C 值等可采用较高的标准，每排 C 值宜选用 0.12m （3）技术设备用房要求： 1）灯光控制室应能看到主席台、比赛场地和比赛场地上空的全部灯光 2）消防控制室宜位于首层并与比赛场内外联系方便，应有直通室外的安全出口 3）器材库和比赛、练习场地联系方便，器材应能水平或垂直运输，应有较好的通风条件，出入口大小及门的开启方向应符合器材的运输需要 4）当泵房、发电机房、空调机组等设备安放在场馆内时，应避免设备产生的噪声对比赛区和观众区的影响 （4）比赛场地应有良好的排水条件，沿跑道内侧和全场外侧分别设一道环形排水明沟，明沟应有漏水盖板。足球场两端也宜各设一道排水沟与跑道内侧的环形排水沟相连。足球场草地下宜设置排水暗管（或盲沟） （5）当体育馆利用自然采光时，应考虑项目比赛和多功能使用时对光线的要求，配备必要的遮光和防止眩光措施 （6）综合体育馆比赛场地上空净高≥15.00m，训练场地净高≥10m （7）体育馆的混响时间应以 80% 的观众数为满座，并以此作为设计计算和验收的依据	C	《体育规》第 4.3.10、4.3.11、4.4.8、5.5.8、6.1.5、6.2.7、6.4.2、9.0.10 条
安全性	（1）运动场地的对外出入口应不少于两处，其大小应满足人员出入方便、疏散安全和器材运输的要求 （2）体育看台安全出口要求： 1）安全出口应均匀布置，独立的看台至少应有两个安全出口，且体育馆每个安全出口的平均疏散人数不宜超过 400~700 人，体育场每个安全出口的平均疏散人数不宜超过 1000~2000 人 2）安全出口宽度≥1.10m，同时出口宽度应为人流股数的倍数 （3）体育看台栏杆要求： 1）栏杆高度≥0.90m，在室外看台后部危险性较大处严禁低于 1.10m 2）栏杆形式不应遮挡观众视线并保障观众安全。当设楼座时，栏杆下部实心部分不得低于 0.40m 3）横向过道两侧至少一侧应设栏杆 4）当看台坡度较大、前后排高差超过 0.50m 时，其纵向过道上应加设栏杆扶手；用无背座椅时不宜超过 10 排，超过时必须增设横向过道或横向栏杆 5）栏杆的构造做法应经过结构计算，以确保使用安全 （4）比赛场地的出入口要求： 1）至少应有两个出入口，且每个净宽和净高≥4.00m；当净宽和净高有困难时，至少其中一个出入口满足宽度和高度要求 2）供入场式用的出入口，其宽度不宜小于跑道最窄处的宽度，高度≥4.00m 3）供团体操用的出入口，其数量和总宽度应满足大量人员的出入需要，在出入口附近设置相应的集散场地和必要的服务设施 （5）室内田径练习馆要求： 1）室内墙面要要平整光滑，距地面至少 2m 高度内不应有凸出墙面的物件或设施，以保证运动员安全	A	《中小学规》第 4.2.4、4.3.8、4.3.9、5.7.5、5.8.6、6.4.3、8.2.3、8.2.5 条

(续)

子项	审查内容	违规程度	规范条文
安全性	2）在直道终点后缓冲段的尽端应有缓冲挂垫墙，应能承受运动员冲撞力 3）地板电气插孔，临时安装用挂钩或插孔等，应有盖子与地面平 4）从弯道过渡区到下一个直道开始前的弯道外缘应提供一个保护性的跑道 5）如果跑道内缘的垂直下降超过0.10m，就要实施保护性措施 （6）训练房要求： 1）训练房场地四周墙体及门、窗玻璃、散热片灯具等应有一定的防护措施，墙体应平整、结实，2m以下应能承受身体的碰撞，并无任何凸出的障碍物，墙体转角处应无棱角或呈弧形 2）训练房的门应向外开启并设观察窗，其高度、宽度应能适应维修设备的进出 （7）疏散内外门要求： 1）疏散门的净宽度≥1.40m，并应向疏散方向开启 2）疏散门不得做门槛，在紧靠门口1.40m范围内不应设置踏步 3）疏散门应采用推闩外开门，不应采用推拉门，转门不得计入疏散门的总宽度 （8）疏散楼梯要求：踏步深度≥0.28m，踏步高度≤0.16m，楼梯最小宽度≥1.20m，转折楼梯平台深度不应小于楼梯宽度。直跑楼梯的中间平台深度≥1.20m	A	《中小学规》第4.2.4、4.3.8、4.3.9、5.7.5、5.8.6、6.4.3、8.2.3、8.2.5条
备注	A类问题：造成安全性问题；B类问题：影响使用功能易造成业主投诉的问题；C类问题：不符合规范的问题；D类问题：违反强制性条文的问题；E类问题：违反地方文件规定的问题		

5.5 办公建筑

办公建筑设计应满足安全、卫生、适用、高效等方面的基本要求。设计应执行《办公建筑设计标准》（JGJ/T 67—2019）（以下简称《办公标》）等标准的规定。设计审查重点在于确保办公建筑的适用性和安全可靠。办公建筑设计审查主要内容见表5.5-1。

表 5.5-1 办公建筑设计审查主要内容

子项	审查内容	违规程度	规范条文
适用性	（1）办公建筑的电梯及电梯厅设置规定： 1）≥4层或楼面距室外设计地面高度>12.00m的办公建筑应设电梯 2）乘客电梯的数量、额定载重量和额定速度应通过设计和计算确定 3）超高层办公建筑的乘客电梯应分层分区停靠 （2）办公用房的门洞口宽度≥1.00m，高度≥2.10m；严寒和寒冷地区的门厅应设门斗或其他防寒设施 （3）办公建筑走道净高≥2.20m，储藏间净高≥2.00m （4）采用自然通风的办公室或会议室，其通风开口面积不应小于房间地面面积的1/20	C	《办公标》第4.1.5、4.1.7、4.1.8、4.1.11、6.1.4条

(续)

子项	审查内容	违规程度	规范条文
安全性	（1）A类、B类办公建筑耐火等级应为一级，C类办公建筑耐火等级不应低于二级 （2）办公综合楼内办公部分的安全出口不应与同一楼层内对外营业的商场、营业厅、娱乐、餐饮等人员密集场所的安全出口共用 （3）办公建筑疏散总净宽度应按总人数计算，当无法确定总人数时，可按其建筑面积 $9m^2/$ 人计算 （4）机要室、档案室、电子信息系统机房和重要库房等隔墙的耐火极限不应小于2.0h，楼板不应小于1.5h，并应采用甲级防火门	A	《办公标》第5.0.1、5.0.2、5.0.3、5.0.4条
备注	A类问题：造成安全性问题；B类问题：影响使用功能易造成业主投诉的问题；C类问题：不符合规范的问题；D类问题：违反强制性条文的问题；E类问题：违反地方文件规定的问题		

5.6 餐饮、旅馆、商业类建筑

5.6.1 饮食建筑

饮食建筑设计包括单建和附建在旅馆、商业、办公等公共建筑中的饮食建筑，不适用于中央厨房、集体用餐配送单位、医院和疗养院的营养厨房设计。设计应执行《饮食建筑设计标准》（JGJ 64—2017）（以下简称《饮食标》）等标准的规定。设计审查重点在于为消费者提供卫生、安全和舒适的就餐环境，为工作人员提供安全、高效、便捷的工作条件。饮食建筑设计审查主要内容见表5.6-1。

表5.6-1 饮食建筑设计审查主要内容

子项	审查内容	违规程度	规范条文
适用性	（1）位于二层及二层以上的餐馆、饮品店和位于三层及三层以上的快餐店宜设置乘客电梯；位于二层及二层以上的大型和特大型食堂宜设置自动扶梯 （2）建筑物的厕所、卫生间、盥洗室、浴室等有水房间不应布置在厨房区域的直接上层，并应避免布置在用餐区域的直接上层。确有困难布置在用餐区域直接上层时应采取同层排水和严格的防水措施 （3）用餐区域、公共区域和厨房区域的楼地面应采用防滑设计 （4）未单独设置卫生间的用餐区域应设置洗手设施 （5）饮食建筑辅助区域应按全部工作人员最大班人数分别设置男、女卫生间，卫生间应设在厨房区域以外并采用水冲式洁具。卫生间前室应设置洗手设施，宜设置干手消毒设施。前室门不应朝向用餐区域、厨房区域和食品库房	C	《饮食标》第4.1.5、4.1.6、4.1.8、4.2.5、4.4.5条

(续)

子项	审查内容	违规程度	规范条文
安全性	（1）厨房有明火的加工区应采用耐火极限不低于 2.00h 的防火隔墙与其他部位分隔，隔墙上的门、窗应采用乙级防火门、窗 （2）厨房有明火的加工区（间）上层有餐厅或其他用房时，其外墙开口上方应设置宽度≥1.00m、长度不小于开口宽度的防火挑檐；或在建筑外墙上下层开口之间设置高度≥1.20m 的实体墙	A	《饮食标》第 4.3.10、4.13.11 条
备注	A 类问题：造成安全性问题；B 类问题：影响使用功能易造成业主投诉的问题；C 类问题：不符合规范的问题；D 类问题：违反强制性条文的问题；E 类问题：违反地方文件规定的问题		

5.6.2 旅馆建筑

旅馆建筑通常由客房部分、公共部分、辅助部分组成，为客人提供住宿及餐饮、会议、健身和娱乐等全部或部分服务的公共建筑，也称为酒店、饭店、宾馆、度假村。旅馆建筑按经营特点分为商务旅馆、度假旅馆、会议旅馆、公寓式旅馆等。设计应执行《旅馆建筑设计规范》（JGJ 62—2014）（以下简称《旅馆规》）和《宿舍、旅馆建筑项目规范》（GB 55025—2022）（以下简称《宿旅项规》）等标准的规定。设计审查重点在于保证旅馆建筑符合适用、安全、卫生的基本要求。旅馆建筑设计审查主要内容见表 5.6-2。

表 5.6-2 旅馆建筑设计审查主要内容

子项	审查内容	违规程度	规范条文
	（1）严寒和寒冷地区建筑出入口应设门斗或其他防寒措施 （2）单面布房的公共走道净宽≥1.30m，双面布房的公共走道净宽≥1.40m （3）≥3 层的旅馆应设乘客电梯	D	《宿旅项规》第 2.0.19、4.3.2、4.3.3 条
适用性	（1）公寓式旅馆建筑客房中的卧室及采用燃气的厨房或操作间应直接采光、自然通风 （2）客房室内净高规定： 1）客房居住部分净高，当设空调时≥2.40m；不设空调时≥2.60m 2）利用坡屋顶内空间作为客房时，应至少有 8m² 面积的净高≥2.40m 3）卫生间净高≥2.20m 4）客房层公共走道及客房内走道净高≥2.10m （3）客房层服务用房规定： 1）三级及以上旅馆建筑应设工作消毒间，一级和二级旅馆建筑应有消毒设施 2）客房层应设置服务人员卫生间 （4）旅馆建筑公共部分的卫生间应设前室，三级及以上旅馆建筑男女卫生间应分设前室 （5）辅助部分的出入口规定： 1）应与旅客出入口分开设置 2）出入口内外流线应合理并应避免"客""服"交叉，"洁""污"混杂及噪声干扰	C	《旅馆规》第 4.2.3、4.2.9、4.2.13、4.3.6、4.4.1 条

(续)

子项	审查内容	违规程度	规范条文
安全性	开敞阳台、外廊、室内回廊、中庭、内天井、上人屋面及室外楼梯等部位临空处应设置防护栏杆或栏板，防护栏杆或栏板垂直净高≥1.20m	D	《宿旅项规》第2.0.17条
安全性	（1）中庭栏杆或栏板高度≥1.20m，并应以坚固、耐久的材料制作 （2）无障碍客房应设置在距离室外安全出口最近的客房楼层，并应设在该楼层进出便捷的位置 （3）洗衣房污衣井道或污衣井道前室的出入口，应设乙级防火门	A	《旅馆规》第4.1.13、4.2.2、4.4.3条
备注	A类问题：造成安全性问题；B类问题：影响使用功能易造成业主投诉的问题；C类问题：不符合规范的问题；D类问题：违反强制性条文的问题；E类问题：违反地方文件规定的问题		

5.6.3 商店建筑

商店建筑为有店铺的、供销售商品所用的商店，综合性建筑的商店部分也包括在内，包括菜市场、书店、药店等，但不包括其他商业服务行业（如修理店等）的建筑。商店建筑设计内容广泛、涉及面广，设计应执行《商店建筑设计规范》（JGJ 48—2014）（以下简称《商店规》）等标准的规定。设计审查重点在于确保商店建筑设计符合适用、安全、节能等方面的基本要求。商店建筑设计审查主要内容见表5.6-3。

表5.6-3 商店建筑设计审查主要内容

子项	审查内容	违规程度	规范条文
适用性	（1）大型商店宜独立设置无性别公共卫生间，并应符合《无障碍规》的规定 （2）食品类商店仓储区规定： 1）根据商品的不同保存条件，应分设库房或在库房内采取有效隔离措施 2）各用房的地面、墙裙等均应为可冲洗的面层，并不得采用有毒和容易发生化学反应的涂料 （3）大型和中型商店应设置职工专用厕所，小型商店宜设置职工专用厕所 （4）商店建筑的营业厅和人员通行区域的地面、楼面面层材料应耐磨、防滑	C	《商店规》第4.2.14、4.3.3、4.4.3、6.2.2条
安全性	（1）商店建筑的公用楼梯、台阶、坡道、栏杆规定： 1）营业区公用楼梯和室外楼梯梯段最小净宽≥1.40m，专用疏散楼梯梯段最小净宽≥1.20m 2）室内外台阶的踏步高度≤0.15m且不宜小于0.10m，踏步宽度≥0.30m；当高差不足两级踏步时，应按坡道设置，其坡度≤1∶12 3）楼梯、室内回廊、内天井等临空处的栏杆应采用防攀爬的构造，当采用垂直杆件做栏杆时，其杆件净距≤0.11m，开敞中庭栏杆的高度≥1.2m	A	《商店规》第4.1.6、4.1.8、4.2.11、4.2.12、5.1.2、5.1.4、5.2.3、5.2.5条

(续)

子项	审查内容	违规程度	规范条文
安全性	（2）商店建筑内设置的自动扶梯、自动人行道规定： 1）自动扶梯倾斜角度不应大于30°，自动人行道倾斜角度不应超过12° 2）自动扶梯、自动人行道上下两端水平距离3m范围内应保持畅通，不得兼作他用 （3）大型和中型商场内连续排列的饮食店铺的灶台不应面向公共通道，并应设置机械排烟通风设施 （4）大型和中型商场内连续排列的商铺的隔墙、吊顶等装修材料和构造，不得降低建筑设计对建筑构件及配件的耐火极限要求，并不得随意增加荷载 （5）商店的易燃、易爆商品储存库房宜独立设置；当存放少量易燃、易爆商品的储存库房与其他储存库房合建时，应靠外墙布置，并应采用防火墙和耐火极限不低于1.50h的不燃烧体楼板隔开 （6）除为综合建筑配套服务且建筑面积<1000m² 的商店外，综合性建筑的商店部分应采用耐火极限不低于2.00h的隔墙和耐火极限不低于1.50h的不燃烧体楼板与建筑的其他部分隔开；商店部分的安全出口必须与建筑其他部分隔开 （7）商店营业厅的疏散门应为平开门，且应向疏散方向开启，其净宽≥1.40m，并不宜设置门槛 （8）大型商店的营业厅设置在五层及以上时，应设置不少于2个直通屋顶平台的疏散楼梯间。屋顶平台上无障碍物的避难面积不宜小于最大营业层建筑面积的50%	A	《商店规》第4.1.6、4.1.8、4.2.11、4.2.12、5.1.2、5.1.4、5.2.3、5.2.5条
备注	A类问题：造成安全性问题；B类问题：影响使用功能易造成业主投诉的问题；C类问题：不符合规范的问题；D类问题：违反强制性条文的问题；E类问题：违反地方文件规定的问题		

5.7 文化类建筑

5.7.1 图书馆建筑

图书馆建筑设计首先要满足图书馆的功能要求，即文献资料信息的采集、加工、利用和安全防护等，为阅读者、借阅者和馆内工作人员创造良好的环境和工作条件，同时还应结合图书馆的性质和特点及发展趋势，为运用先进的管理模式、现代化的服务手段提供灵活性强、适应性高的空间，突出以"读者为主，服务第一"的设计原则。设计应执行《图书馆建筑设计规范》（JGJ 38—2015）（以下简称《图书馆规》）等标准的规定。设计审查重点在于保证图书馆建筑符合使用、安全、卫生、技术等方面的基本要求。图书馆建筑设计审查主要内容见表5.7-1。

表 5.7-1 图书馆建筑设计审查主要内容

子项	审查内容	违规程度	规范条文
适用性	（1）图书馆的四层及四层以上设有阅览室时，应设置为读者服务的电梯，并应至少设一台无障碍电梯 （2）特藏书库应单独设置。珍善本书库的出入口应设置缓冲间，并在其两侧分别设置密闭门 （3）卫生间、开水间或其他经常有积水的场所不应设置在书库内部及其直接上方 （4）书库的净高≥2.40m。有梁或管线的部位，其底面净高≥2.30m。采用积层书架的书库，结构梁或管线的底面净高≥4.70m （5）二层至五层的书库应设置书刊提升设备，六层及六层以上的书库应设专用货梯 （6）未单独设置卫生间的用餐区域应设置洗手设施 （7）当阅览室（区）设置老年人及残障读者的专用座席时应邻近管理台布置 （8）严寒地区门厅应设门斗或采取其他防寒措施，寒冷地区门厅宜设门斗或采取其他防寒措施 （9）图书馆的公共活动空间或辅助服务空间内应设置饮水供应设施 （10）食堂、快餐室、食品小卖部等应远离书库布置	C	《图书馆规》第4.1.4、4.2.6、4.2.7、4.2.8、4.2.10、4.3.13、4.5.2、4.5.6、5.7.3条
安全性	（1）中心出纳台（总出纳台）应毗邻基本书库设置。出纳台与基本书库之间的通道不应设置踏步，当高差不可避免时，应采用坡度≤1：8的坡道。书库通往出纳台的门应向出纳台方向开启，其净宽≥1.40m，并不应设置门槛，门外1.40m范围内应平坦、无障碍物 （2）超过300座规模的报告厅应独立设置，并应与阅览区隔离，报告厅与阅览区毗邻设置时，应设单独对外出入口 （3）当书库设于地下室时，不应跨越变形缝，且防水等级应为一级 （4）特藏书库建筑耐火等级应为一级。藏书量超过100万册的高层图书馆、书库建筑耐火等级应为一级，其他图书馆、书库建筑耐火等级不应低于二级 （5）基本书库、特藏书库、密集书库与其毗邻的其他部位之间应采用防火墙和甲级防火门分隔 （6）当公共阅览室只设一个疏散门时，其净宽度≥1.20m	A	《图书馆规》第4.4.6、4.5.5、5.3.3、6.1.2、6.1.3、6.1.4、6.2.1、6.4.4条
备注	A类问题：造成安全性问题；B类问题：影响使用功能易造成业主投诉的问题；C类问题：不符合规范的问题；D类问题：违反强制性条文的问题；E类问题：违反地方文件规定的问题		

5.7.2 博物馆建筑

博物馆按藏品和基本陈列内容可划分为历史类博物馆、艺术类博物馆、科学与技术类博物馆、综合类博物馆等四种类型，按建筑规模划分为特大型馆、大型馆、大中型馆、中型馆、小型馆等五类。设计应执行《博物馆建筑设计规范》（JGJ 66—2015）（以下简称《博物馆规》）等标准的规定。博物馆设计审查重点在于保障使用者安全，应满足儿童、青少年、老年人、残障人士、婴幼儿监护人等使用和安全的要求，保护藏品、展品安全，避免人为破坏和自然破坏等。博物馆建筑设计审查主要内容见表5.7-2。

表 5.7-2　博物馆建筑设计审查主要内容

子项	审查内容	违规程度	规范条文
适用性	（1）博物馆建筑内的观众流线与藏（展）品流线应各自独立，不应交叉；食品、垃圾运送路线不应与藏（展）品流线交叉 （2）博物馆建筑的藏品保存场所规定： 1）饮水点、厕所、用水的机房等存在积水隐患的房间，不应布置在藏品保存场所的上层或同层贴邻位置 2）当用水消防的房间需设置在藏品库房、展厅的上层或同层贴邻位置时，应有防水构造措施和排除积水的设施 3）藏品保存场所的室内不应有与其无关的管线穿越 （3）特大型馆、大型馆应设无障碍厕所和无性别厕所 （4）展厅净高规定： 1）展厅净高≥3.5m 2）应满足展品展示、安装的要求，顶部灯光对展品入射角的要求，以及安全监控设备覆盖面的要求。顶部空调送风口边缘距藏品顶部直线距离≥1.0m （5）藏品保存场所的建筑构件、构造规定： 1）屋面排水系统应保证将屋面雨水迅速排至室外雨水管渠或室外，屋面防水等级应为Ⅰ级。当为平屋面时，屋面排水坡度不宜小于5%，夏热冬冷和夏热冬暖地区的平屋面宜设置架空隔热层 2）无地下室的首层地面以及半地下室及地下室的墙、地面应有防潮、防水、防结露措施，地下室防水等级应为一级 （6）展厅应根据展品特征和展陈设计要求，优先采用天然光，且采光设计应符合下列规定： 1）展厅内不应有直射阳光，采光口应有减少紫外辐射、调节和限制天然光照度值和减少曝光时间的构造措施 2）应有防止产生直接眩光、反射眩光、映像和光幕反射等现象的措施 （7）藏品库房室内和对光特别敏感展品的照明应选用无紫外线的光源，并应有遮光装置。展厅内的一般照明应采用紫外线少的光源	C	《博物馆规》第4.1.4、4.1.5、4.1.9、4.2.3、6.0.7、8.1.4、8.2.11条
安全性	（1）博物馆建筑的藏（展）品出入口、观众出入口、员工出入口应分开设置。公众区域与行政区域、业务区域之间的通道应能关闭 （2）为学龄前儿童专设的活动区、展厅等，应设置在首层、二层或三层，并应为独立区域，且宜设置独立的安全出口，设于高层建筑内应设置独立的安全出口和疏散楼梯 （3）锅炉房、冷冻机房、变电所、汽车库、冷却塔、餐厅、厨房、食品小卖部、垃圾间等可能危及藏品安全的建筑、用房或设施应远离藏品保存场所布置 （4）特大型馆、大型馆的安防监控中心出入口宜设置两道防盗门，门间通道长度≥3.0m，门、窗应满足防盗、防弹要求 （5）博物馆建筑设计防火规定： 1）除工艺特殊要求外，建筑内不得设置明火设施，不得使用和储存火	A	《博物馆规》第4.1.3、4.1.6、4.1.12、4.6.2、7.1.5、7.2.2条

(续)

子项	审查内容	违规程度	规范条文
安全性	灾危险性为甲类、乙类的物品 2) 藏品技术区、展品展具制作与维修用房中因工艺要求设置明火设施，或使用、储藏火灾危险性为甲类、乙类物品时，应采取防火和安全措施 3) 食品加工区宜使用电能加热设备，当使用明火设施时，应远离藏品保存场所且应靠外墙设置，应用耐火极限不低于 2.00h 的防火隔墙和甲级防火门与其他区域分隔，且应设置火灾报警和自动灭火装置 （6）藏品保存场所的安全疏散楼梯应采用封闭楼梯间或防烟楼梯间，电梯应设前室或防烟前室。藏品库区电梯和安全疏散楼梯不应设在库房区内	A	《博物馆规》第 4.1.3、4.1.6、4.1.12、4.6.2、7.1.5、7.2.2 条
备注	A 类问题：造成安全性问题；B 类问题：影响使用功能易造成业主投诉的问题；C 类问题：不符合规范的问题；D 类问题：违反强制性条文的问题；E 类问题：违反地方文件规定的问题		

5.7.3　档案馆建筑

档案馆是重要档案的保管基地，是为公众提供档案信息服务的中心，是电子文件中心，同时也是公众查阅公开信息的法定场所。档案馆建筑应在满足档案馆的各项功能的前提下，以建筑为主、设备为辅来保证内部环境的稳定。档案馆可分特级、甲级、乙级三个等级。设计应执行《档案馆建筑设计规范》（JGJ 25—2010）（以下简称《档案馆规》）等标准的规定。档案馆设计审查重点在于确保各类档案、资料的保管安全，查阅方便等基本要求。档案馆建筑设计审查主要内容见表 5.7-3。

表 5.7-3　档案馆建筑设计审查主要内容

子项	审查内容	违规程度	规范条文
适用性	（1）四层及四层以上的对外服务用房、档案业务和技术用房应设电梯。两层或两层以上的档案库应设垂直运输设备 （2）档案库应集中布置、自成一区。除更衣室外，档案库区内不应设置其他用房，且其他用房之间的交通也不得穿越档案库区 （3）档案库区内比库区外楼地面应高出 15mm，并应设置密闭排水口；每个档案库应设两个独立的出入口，且不宜采用串通或套间布置方式；档案库净高不应低于 2.60m （4）阅览室设计规定： 1) 自然采光的窗地面积比≥1:5 2) 应避免阳光直射和眩光，窗宜设遮阳设施 3) 室内应能自然通风 4) 每个阅览座位使用面积：普通阅览室每座≥3.50m²；专用阅览室每座≥4.00m²；若采用单间时，房间使用面积≥12.00m² 5) 阅览桌上应设置电源	C	《档案馆规》第 4.1.4、4.2.2、4.2.5、4.2.6、4.2.7、4.3.2、5.3.3、5.3.4、5.4.1、5.4.2、5.4.3、5.5.1、5.7.2 条

(续)

子项	审查内容	违规程度	规范条文
适用性	6) 室内应设置防盗监控系统 (5) 档案库门应为保温门，窗的气密性能、水密性能及保温性能分级要求应比当地办公建筑的要求提高一级 (6) 档案库每开间的窗洞面积与外墙面积比≤1∶10，档案库不得采用跨层或跨间的通长窗 (7) 馆区内应排水通畅，不得出现积水。室内外地面高差≥0.50m，室内地面应有防潮措施。档案库房防潮、防水，特藏库和无地下室的首层库房、地下库房应采取可靠的防潮、防水措施 (8) 档案库、档案阅览、展览厅及其他技术用房应防止日光直接射入，并应避免紫外线对档案、资料的危害 (9) 库房门与地面的缝隙不应大于5mm，且宜采用金属门	C	《档案馆规》第4.1.4、4.2.2、4.2.5、4.2.6、4.2.7、4.3.2、5.3.3、5.3.4、5.4.1、5.4.2、5.4.3、5.5.1、5.7.2条
安全性	(1) 中心控制室与其他用房的隔墙的耐火极限不应低于2.00h，楼板的耐火极限不应低于1.50h，隔墙上的门应采用甲级防火门 (2) 档案库区中同一防火分区内的库房之间的隔墙均应采用耐火极限不低于3.00h的防火墙，防火分区间及库区与其他部分之间的墙应采用耐火极限不低于4.00h的防火墙，其他内部隔墙可采用耐火极限不低于2.00h的不燃烧体。档案库中楼板的耐火极限不应低于1.50h (3) 供垂直运输档案、资料的电梯应临近档案库，并应设在防火门外。电梯井应封闭，其围护结构应为耐火极限不低于2.00h的不燃烧体 (4) 特藏库宜单独设置防火分区 (5) 档案馆库区建筑及每个防火分区的安全出口不应少于2个 (6) 档案库区缓冲间及档案库的门均应向疏散方向开启，并应为甲级防火门 (7) 库区内设置楼梯时，应采用封闭楼梯间，门应采用不低于乙级的防火门	A	《档案馆规》第4.4.2、6.0.2、6.0.3、6.0.4、6.0.8、6.0.9、6.0.10条
备注	A类问题：造成安全性问题；B类问题：影响使用功能易造成业主投诉的问题；C类问题：不符合规范的问题；D类问题：违反强制性条文的问题；E类问题：违反地方文件规定的问题		

5.7.4 剧场建筑

剧场建筑设计应遵循实用和可持续性发展的原则，并应根据所在地区文化需求、功能定位、服务对象、管理方式等因素，确定其类型、规模和等级。剧场可用于歌舞剧、话剧、戏曲等三类戏剧演出。剧场建筑的规模按观众座席数量划分特大型、大型、中型和小型，剧场建筑的等级根据观演技术要求可分为特等、甲等、乙等三个等级。设计应执行《剧场建筑设计规范》（JGJ 57—2016）（以下简称《剧场规》）等标准的规定。剧场建筑设计审查重点在于确保满足使用功能和安全等方面的基本要求。剧场建筑设计审查主要内容见表5.7-4。

表 5.7-4　剧场建筑设计审查主要内容

子项	审查内容	违规程度	规范条文
适用性	（1）观众厅的视线设计宜使观众能看到舞台面表演区的全部。当受条件限制时，应使位于视觉质量不良位置的观众能看到表演区的80% （2）观众厅视线超高值（C值）≥0.12m （3）对于观众席与视点之间的最远视距，歌舞剧场≤33.00m；话剧和戏曲剧场≤28.00m；伸出式、岛式舞台剧场≤20.00m （4）对于观众视线最大俯角，镜框式舞台的楼座后排≤30°，靠近舞台的包厢或边楼座≤35°，伸出式、岛式舞台剧场的观众视线俯角≤30° （5）对于池座首排座位，除排椅外，与舞台前沿之间的净距≥1.50m，与乐池栏杆之间的净距≥1.00m；当池座首排设置轮椅座席时，至少应再增加0.50m的距离 （6）后台区域应符合无障碍设计要求。出入口、通道、化妆室、盥洗室、浴室、厕所等，应设置无障碍专用设施 （7）排练厅宜按不同剧种使用要求进行设定。尺寸宜与舞台表演区相近，当兼顾不同剧种使用要求时，厅内净高≥6.00m。室内净高>5.00m的排练厅宜设马道 （8）空调机房、风机房、冷却塔、冷冻机房、锅炉房等产生噪声或振动的设施，宜远离观众厅及舞台区域，并应采取有效的隔声、隔振、降噪措施	C	《剧场规》第5.1.1、5.1.3、5.1.5、5.1.6、5.3.2、7.1.3、7.2.1、9.4.5条
安全性	（1）观众厅内走道的布局应与观众席片区容量相适应，并应与安全出口联系顺畅，宽度应满足安全疏散的要求 （2）观众厅纵走道铺设的地面材料燃烧性能等级不应低于B1级材料，且应固定牢固，并做防滑处理 （3）当观众厅座席地坪高于前排0.50m以及座席侧面紧临有高差的纵向走道或梯步时，应在高处设栏杆，且栏杆应坚固，高度≥1.05m，并不应遮挡视线 （4）观众厅应采取措施保证人身安全，楼座前排栏杆和楼层包厢栏杆不应遮挡视线，高度≤0.85m，下部实体部分不得低于0.45m （5）大型、特大型剧场舞台口应设防火幕，中型剧场的特等、甲等剧场及高层民用建筑中超过800个座位的剧场舞台台口宜设防火幕 （6）舞台区通向舞台区外各处的洞口均应设甲级防火门或设置防火分隔水幕，运景洞口应采用特级防火卷帘或防火幕 （7）舞台与后台的隔墙及舞台下部台仓的周围墙体的耐火极限不应低于2.50h （8）当高、低压配电室与主舞台、侧舞台、后舞台相连时，必须设置面积≥6m²的前室，高、低压配电室应设甲级防火门 （9）观众厅吊顶内的吸声、隔热、保温材料应采用不燃材料 （10）舞台内严禁设置燃气设备。当后台使用燃气设备时，应采用耐火极限不低于3.00h的隔墙和甲级防火门分隔，且不应靠近服装室、道具间 （11）当剧场建筑与其他建筑合建或毗连时，应形成独立的防火分区，并应采用防火墙隔开，且防火墙不得开窗洞，当设门时，应采用甲级防火门。防火分区上下楼板耐火极限不应低于1.50h	A	《剧场规》第5.3.1、5.3.5、5.3.7、5.3.8、8.1.1、8.1.2、8.1.4、8.1.5、8.1.7、8.1.9、8.1.13、8.1.14、8.2.2条

(续)

子项	审查内容	违规程度	规范条文
安全性	（12）观众厅的出口门、疏散外门及后台疏散门规定： 1）应设双扇门，净宽≥1.40m，并应向疏散方向开启 2）靠门处不应设门槛和踏步，踏步应设置在距门1.40m以外 3）不应采用推拉门、卷帘门、吊门、转门、折叠门、铁栅门	A	《剧场规》第5.3.1、5.3.5、5.3.7、5.3.8、8.1.1、8.1.2、8.1.4、8.1.5、8.1.7、8.1.9、8.1.13、8.1.14、8.2.2条
备注	A类问题：造成安全性问题；B类问题：影响使用功能易造成业主投诉的问题；C类问题：不符合规范的问题；D类问题：违反强制性条文的问题；E类问题：违反地方文件规定的问题		

5.7.5 电影院建筑

随着电影技术的日益进步，电影工艺设计在电影院设计中的作用更显突出，电影工艺即电影院建筑工艺，是指电影院观众厅和放映机房等功能的技术要求。电影工艺设计专业是电影院建筑设计和电影技术之间交流和沟通的桥梁，建筑设计和工艺设计必须紧密配合，才能设计出合格的电影院。过去电影院设计中出现一些失误，大都是没有电影工艺设计配合所致。电影院建筑的规模按总座位数可划分为特大型、大型、中型和小型。电影院建筑的等级分为特、甲、乙、丙四个等级。设计应执行《电影院建筑设计规范》（JGJ 58—2008）（以下简称《电影院规》）等标准的规定。电影院建筑设计审查重点在于确保满足适用、安全及电影工艺等方面的基本要求。电影院建筑设计审查主要内容见表5.7-5。

表5.7-5 电影院建筑设计审查主要内容

子项	审查内容	违规程度	规范条文
适用性	（1）有噪声的用房不宜与观众厅贴邻设置。当贴邻设置时，应采取消声、隔声及减振措施 （2）当观众厅屋面工程采用轻型屋面时，应采取隔声、减振措施 （3）观众厅规定： 1）观众厅的设计应与银幕的设置空间统一考虑，观众厅的长度不宜大于30m，观众厅长度与宽度的比例宜为（1.5±0.2）：1 2）观众厅体形设计，应避免声聚焦、回声等声学缺陷 3）观众厅净高度不宜小于视点高度、银幕高度与银幕上方的黑框高度（0.5~1.0m）三者的总和 （4）观众厅与放映机房之间隔墙应做隔声处理，中频（500~1000Hz）隔声量≥45dB；相邻观众厅之间隔声量为低频≥50dB，中高频≥60dB；观众厅隔声门的隔声量≥35dB。设有声闸的空间应做吸声减噪处理 （5）设有空调系统或通风系统的观众厅，应采取防止厅与厅之间串音的措施。空调机房等设备用房宜远离观众厅。空调或通风系统均应采用消声降噪、隔振措施	C	《电影院规》第4.1.11、4.1.12、4.2.1、5.3.4、5.3.5、5.3.6、5.3.7条

(续)

子项	审查内容	违规程度	规范条文
安全性	(1) 当观众厅内有下列情况之一时，座位前沿或侧边应设置栏杆，栏杆应坚固，其水平荷载≥1kN/m，并不应遮挡视线： 1) 紧临横走道的座位地坪高于横走道 0.15m 时 2) 座位侧向紧邻有高差走道或台阶时 3) 边走道超过地平面，并临空时 (2) 放映机房应有一外开门通至疏散通道，其楼梯和出入口不得与观众厅的楼梯和出入口合用 (3) 室内装修不得遮挡消防设施标志、疏散指示标志及安全出口，并不得妨碍消防设施和疏散通道的正常使用 (4) 观众厅装修的龙骨必须与主体建筑结构连接牢固，吊顶与主体结构吊挂应有安全构造措施，顶部有空间网架或钢屋架的主体结构应设有钢结构转换层。容积较大、管线较多的观众厅吊顶内，应留有检修空间，并应根据需要设置检修马道和便于进入吊顶的人孔和通道，且应符合有关防火及安全要求 (5) 放映机房应采用耐火极限不低于 2.0h 的隔墙和不低于 1.5h 的楼板与其他部位隔开。顶棚装修材料不应低于 A 级，墙面、地面材料不应低于 B1 级 (6) 观众厅疏散门不应设置门槛，在紧靠门口 1.40m 范围内不应设置踏步。疏散门应为自动推开门式外开门，严禁采用推拉门、卷帘门、折叠门、转门等 (7) 观众厅内疏散走道宽度规定： 1) 中间纵向走道净宽≥1.0m 2) 边走道净宽≥0.8m 3) 横向走道除排距尺寸以外的通行净宽≥1.0m	A	《电影院规》第 4.2.8、4.4.8、4.6.1、4.6.2、6.1.7、6.2.2、6.2.7 条
备注	A 类问题：造成安全性问题；B 类问题：影响使用功能易造成业主投诉的问题；C 类问题：不符合规范的问题；D 类问题：违反强制性条文的问题；E 类问题：违反地方文件规定的问题		

5.7.6 展览建筑

随着我国经济持续发展，展览业在我国发展迅速，已逐步形成一个新兴产业。近年来，全国各省市陆续建造了一批现代化的展览建筑。由于展览建筑的投资大，影响面广且技术难度高，针对展览功能、安全及展览工艺等方面的要求，将直接关系展览建筑的质量和社会效益。展览建筑的规模按基地以内的总展览面积可划分为特大型、大型、中型和小型。展览建筑的等级分为甲等、乙等和丙等。设计应执行《展览建筑设计规范》（JGJ 218—2010）（以下简称《展览规》）等标准的规定。展览建筑设计审查重点在于在确保满足展览工艺要求前提下，使展览建筑设计更合理、更经济。展览建筑设计审查主要内容见表 5.7-6。

表 5.7-6 展览建筑设计审查主要内容

子项	审查内容	违规程度	规范条文
适用性	（1）展厅净高应满足展览使用要求。甲等展厅净高≥12.00m，乙等展厅净高≥8.00m，丙等展厅净高≥6.00m （2）展厅内展位通道尺寸规定： 1）甲等、乙等展厅主要展位通道净宽≥5.00m，次要展位通道净宽≥3.00m 2）丙等展厅展位通道净宽≥3.00m （3）展览建筑的展厅和人员通行的区域的地面、楼面面层材料应耐磨、防滑 （4）展览建筑的展厅不宜采用大面积的透明幕墙或透明顶棚 （5）展览建筑展厅内的展览区域的照明均匀度≥0.70，展厅内其他区域的照明均匀度≥0.50	C	《展览规》第 4.2.5、4.2.7、6.1.2、6.2.2、6.2.4 条
安全性	（1）展厅不应设置在建筑的地下二层及以下的楼层 （2）设有展厅的建筑内不得储存甲类和乙类属性的物品。室内库房、维修及加工用房与展厅之间，应采用耐火极限不低于 2.00h 的隔墙和 1.00h 的楼板进行分隔，隔墙上的门应采用乙级防火门 （3）展览建筑内的燃油或燃气锅炉房、油浸电力变压器室、充有可燃油的高压电容器和多油开关室等不应布置于人员密集场所的上一层、下一层或贴邻，并应采用耐火极限不低于 2.00h 的隔墙和 1.50h 的楼板进行分隔，隔墙上的门应采用甲级防火门 （4）使用燃油、燃气的厨房应靠展厅的外墙布置，并应采用耐火极限不低于 2.00h 的隔墙和乙级防火门窗与展厅分隔，展厅内临时设置的敞开式的食品加工区应采用电能加热设施 （5）展厅内任何一点至最近安全出口的直线距离≤30.00m，当单、多层建筑物内全部设置自动灭火系统时，其展厅的安全疏散距离可增大 25% （6）展厅内的疏散走道应直达安全出口，不应穿过办公、厨房、储存间、休息间等区域	A	《展览规》第 4.1.2、5.2.6、5.2.8、5.2.9、5.3.4、5.3.5 条
备注	A 类问题：造成安全性问题；B 类问题：影响使用功能易造成业主投诉的问题；C 类问题：不符合规范的问题；D 类问题：违反强制性条文的问题；E 类问题：违反地方文件规定的问题		

5.8 医疗类建筑

5.8.1 综合医院建筑

综合医院的建设应坚持以人为本，在满足各项功能需要的同时，注重改善患者的就医条件和医务人员的工作环境，做到功能完善、布局合理、流程科学、环境舒适、绿色智慧。设计应执行《综合医院建筑设计标准》（GB 51039—2014）（2024 版）（以下简称

《医院标》）和《综合医院建设标准》（建标 110—2021）（以下简称《医院建标》）等标准的规定。设计审查重点在于保证综合医院建筑符合安全、适用、满足医疗工艺等方面的基本要求。综合医院建筑设计审查主要内容见表 5.8-1。

表 5.8-1 综合医院建筑设计审查主要内容

子项	审查内容	违规程度	规范条文
适用性	（1）综合医院三层及三层以上的医疗用房应设电梯，且不得少于两台，其中一台应为无障碍电梯。病房楼应单设污物梯。污物梯和供患者使用的电梯应采用病床梯 （2）候诊区等公共空间应充分考虑特殊患者需要，采用吸声建筑材料或采用降噪措施，并宜设置无性别卫生间等相关设施 （3）病房、手术室等区域应设置医患交流室、医务人员休息室等。医务人员工作区宜设置医务人员专用卫生间等必要保障设施		《医院建标》第 35、37、38 条
适用性	（1）医院出入口不应少于 2 处，人员出入口不应兼作尸体或废弃物出口 （2）病房建筑的前后间距应满足日照和卫生间距要求，且不宜小于 12m （3）门诊、急诊、急救和住院主要出入口处，应有机动车停靠的平台，并应设雨篷 （4）用于疏散主楼梯宽度≥1.65m，踏步宽度≥0.28m，高度≤0.16m （5）通行推床的通道，净宽≥2.40m。有高差者应用坡道相接，坡道坡度应按无障碍坡道设计 （6）卫生间设置要求： 1）患者使用的卫生间隔间的平面尺寸，不应小于 1.10m×1.50m，门应朝外开，门闩应能里外开启。卫生间隔间内应设输液吊钩 2）患者使用的公共卫生间宜设开敞式迷宫入口前区，并应设非手动开关的洗手设施 3）应设置无性别、无障碍专用卫生间 （7）候诊区域设置要求：利用走道单侧候诊时，走道净宽≥2.4m，两侧候诊时，走道净宽≥3.0m （8）病房设置要求： 1）单排病床通道净宽≥1.10m，双排病床（床端）通道净宽≥1.40m 2）病房应设置与走道直接连通的门 3）病房门净宽≥1.10m，门扇宜设观察窗 （9）推床通过的手术室门，净宽≥1.40m，且宜设置自动启闭装置。手术室可采用天然光源或人工照明，当采用天然光源时，窗洞口面积与地板面积之比不得大于 1/7，并应采取遮阳措施	C	《医院标》第 4.2.2、4.2.6、5.1.2、5.1.5、5.1.6、5.1.13、5.2.3、5.3.4、5.5.5、5.7.5 条
安全性	（1）防火分区要求： 1）对于护理单元，应根据防火分区的建筑面积大小和疏散路线采用防火隔墙再分隔。当同层有 2 个及 2 个以上护理单元时，在通向公共走道的护理单元入口处应设相应级别防火门 2）护理单元、产房、手术部、重症监护室、精密贵重医疗设备用房等，均应采用耐火极限不低于 2.00h 的防火隔墙与其他部分隔开，防火隔墙上	A	《医院标》第 5.24.2、5.24.3、5.24.6、10.2.8、10.2.9 条

(续)

子项	审查内容	违规程度	规范条文
安全性	设置的门、窗应采用相应级别的防火门、窗 （2）医院建筑及其中每个防火分区的安全出口设置应符合《建通规》《建规》的有关规定 （3）手术室、重症医学等的移动门和影像科等大型医疗设备屏蔽防护门，作为疏散门时，应与火灾自动报警系统联动并采取相应措施，使疏散门能在火灾时从内部方便打开，且在打开后能自行关闭 （4）分子筛制氧机组制氧站的设置应符合下列要求： 1）制氧站应独立设置 2）氧气汇流排间与机器间的隔墙耐火极限≥1.50h，氧气汇流排间与机器间之间的联络门应采用甲级防火门 3）氧气储罐与机器间的隔墙耐火极限≥1.50h，氧气储罐与机器间之间的联络门应采用甲级防火门 （5）采用液氧供氧方式时，大于500L的液氧罐应放在室外	A	《医院标》第5.24.2、5.24.3、5.24.6、10.2.8、10.2.9条
备注	A类问题：造成安全性问题；B类问题：影响使用功能易造成业主投诉的问题；C类问题：不符合规范的问题；D类问题：违反强制性条文的问题；E类问题：违反地方文件规定的问题		

5.8.2 传染病医院建筑

传染病医院的建筑设计应遵照控制传染源、切断传染链、隔离易感人群的基本原则，并应符合传染病医院的医疗流程。设计应执行《传染病医院建筑设计规范》（GB 50849—2014）（以下简称《传染病医规》）等标准的规定。设计审查重点在于保证传染病医院满足使用功能需要，符合安全卫生、节能环保等基本要求。传染病医院建筑设计审查主要内容见表5.8-2。

表5.8-2 传染病医院建筑设计审查主要内容

子项	审查内容	违规程度	规范条文
适用性	（1）门诊、急诊和住院部等主要出入口处，应设置带雨棚的机动车停靠处，并应设置无障碍通道 （2）两层的医疗用房宜设电梯，三层及三层以上的医疗用房应设电梯，且不得少于2台。当病房楼高度超过24m时，应单设专用污物梯。供病人使用的电梯和污物梯，应采用专用病床规格电梯 （3）通行推床的室内走道净宽≥2.4m。有高差者应用坡道相接，坡道坡度应符合无障碍坡道要求 （4）卫生间的设置规定： 1）卫生间应设前室，病人使用的公用卫生间宜采用不设门扇的迷宫式前室，并应配备非手动开关龙头的洗手盆 2）男、女公共卫生间应各设一个无障碍隔间或另设一间无性别无障碍卫生间	C	《传染病医规》第5.1.2、5.1.4、5.1.7、5.1.13、5.2.4、5.2.5、5.2.6、5.3.2、5.4.4、5.4.7、5.4.8、5.5.2、5.5.9条

(续)

子项	审查内容	违规程度	规范条文
适用性	3）卫生间应设输液吊钩 （5）门诊部应按肠道、肝炎、呼吸道门诊等不同传染病种分设不同门诊区域，并应分科设置候诊室、诊室 （6）平面布局中，病人候诊区应与医务人员诊断工作区分开布置，并应在医务人员进出诊断工作区出入口处为医务人员设置卫生通过室 （7）接诊区、筛查区应单设医务人员卫生通过室 （8）急诊部入口处应设置筛查区（间），并应在急诊部入口毗邻处设置隔离观察病区或隔离病室 （9）中心（消毒灭菌）供应室设置要求： 1）按洁净区、清洁区、污染区分区布置，并应按生产加工单向工艺流程布置 2）应为进入洁净区与清洁区的工作人员分别设置卫生通过室 （10）检验科应在检验工作区出入口处分别设置男女医务人员卫生通过室 （11）病理科应在病理科工作区出入口处设置男女卫生通过室 （12）住院部平面布置应划分污染区、半污染区与清洁区，并应划分洁污人流、物流通道 （13）呼吸道传染病病区，在医务人员走廊与病房之间应设置缓冲前室，并应设置非手动式或自动感应龙头洗手池，过道墙上应设置双门密闭式传递窗	C	《传染病医规》第5.1.2、5.1.4、5.1.7、5.1.13、5.2.4、5.2.5、5.2.6、5.3.2、5.4.4、5.4.7、5.4.8、5.5.2、5.5.9条
安全性	（1）重症监护病区应在其出入口处设置缓冲间 （2）医疗废弃物暂存间应设置围墙与其他区域相对分隔，位置应位于院区下风向处 （3）手术室、无菌室、层流病房等洁净度要求高的用房，其室内装修应满足易清洁、耐消毒液擦洗的要求，手术室地面应采用导电或防静电地板，放射科、脑电图等用房的地面应防潮、绝缘、防静电 （4）太平间、病理解剖室、医疗垃圾暂存处的地面与墙面，均应采用耐洗涤消毒材料，地面与墙裙均应采取防昆虫、防鼠雀以及其他动物侵入的措施 （5）生化检验室和中心实验室的部分化验台台面、通风柜台面、血库的配血室和洗涤室的操作台台面，以及病理科的染色台台面，均应采用耐腐蚀、易冲洗、耐燃烧的面层，相关的洗涤池和排水管也应采用耐腐蚀材料 （6）中心供氧站应设在医院洁净区内，采用液氧供氧方式时，大于500L的液氧罐应放在室外。室外液氧罐与办公室、病房、公共场所及繁华道路的距离应大于7.5m （7）负压吸引站应布置在医院污染区内，防护要求与传染病区的防护等级一致	A	《传染病医规》第5.6.3、5.7.4、5.8.2、5.8.4、5.8.5、10.2.2、10.2.5条
备注	A类问题：造成安全性问题；B类问题：影响使用功能易造成业主投诉的问题；C类问题：不符合规范的问题；D类问题：违反强制性条文的问题；E类问题：违反地方文件规定的问题		

5.9 交通客运站建筑

客运站建筑设计包括汽车客运站和港口客运站，不适用于汽车货运站、城市公共汽车站、水路货运站、城镇轮渡站、游艇码头等建筑设计。设计应执行《交通客运站建筑设计规范》（JGJ/T 60—2012）（以下简称《客运站规》）等标准的规定。设计审查重点在于保证客运站建筑符合适用性和安全性等方面的基本要求。适用是指方便各种类别的旅客使用，功能流线合理。安全是指旅客人身财产的安全，包括候车候船、登车登船及运行中的安全，强调安检措施。客运站建筑设计审查主要内容见表 5.9-1。

表 5.9-1 客运站建筑设计审查主要内容

子项	审查内容	违规程度	规范条文
适用性	（1）汽车进、出站口规定： 1）一、二级汽车客运站进站口、出站口应分别设置，三、四级汽车客运站宜分别设置，进站口、出站口净宽≥4.0m，净高≥4.5m 2）汽车进站口、出站口与旅客主要出入口之间应设≥5.0m 的安全距离，并应有隔离措施 3）汽车进站口、出站口与公园、学校、托幼、残障人使用的建筑及人员密集场所的主要出入口距离≥20.0m 4）汽车进站口、出站口与城市干道之间宜设有车辆排队等候的缓冲空间，并应满足驾驶员行车安全视距的要求 （2）汽车客运站内道路应按人行道路、车行道路分别设置。双车道宽度≥7.0m；单车道宽度≥4.0m，主要人行道路宽度≥3.0m （3）普通旅客候乘厅的使用面积应按旅客最高聚集人数计算，且每人不应小于 1.1m² （4）港口客运站候乘厅检票口与客运码头间，可根据需要设置平台、廊道或其他登船设施，并应设避雨设施，净高≥2.4m。登船设施的安全防护栏杆高度≥1.2m （5）发车位为露天时，站台应设置雨棚。雨棚宜能覆盖到车辆行李舱位置，雨棚净高不得低于 5.0m （6）在客货滚装码头附近应设置乘船车辆待检停车场、安全检测设备和汽车待装停车场。汽车待装停车场应符合下列规定： 1）汽车待装停车场的停车数量不应小于同时发船所载车辆数量的 2 倍 2）汽车待装停车场应为候船驾驶员设置必要的服务设施 （7）当采用自然通风时，候乘厅净高≥3.6m，售票厅净高≥3.6m （8）候乘厅室内空间应采取吸声降噪措施，背景噪声的允许噪声值（A 声级）不宜大于 55dB	C	《客运站规》第 4.0.4、4.0.5、6.2.2、6.2.6、6.7.9、6.8.2、8.0.1、8.0.2、8.0.3 条
安全性	（1）交通客运站的耐火等级，一、二、三级站不应低于二级，其他站级不应低于三级 （2）交通客运站与其他建筑合建时，应单独划分防火分区	A	《客运站规》第 7.0.2、7.0.3、7.0.6、7.0.7 条

子项	审查内容	违规程度	规范条文
安全性	（3）交通客运站内旅客使用的疏散楼梯踏步宽度≥0.28m，踏步高度≤0.16m	A	《客运站规》第7.0.2、7.0.3、7.0.6、7.0.7条
	（4）候乘厅及疏散通道墙面不应采用具有镜面效果的装修饰面及假门		
备注	A类问题：造成安全性问题；B类问题：影响使用功能易造成业主投诉的问题；C类问题：不符合规范的问题；D类问题：违反强制性条文的问题；E类问题：违反地方文件规定的问题		

5.10 车库建筑

车库建筑按所停车辆类型分为机动车库和非机动车库，按建设方式可划分为独立式和附建式。近年来，随着人民生活水平的提高，城市大量住宅新建了与大楼配套的汽车库，且大都为地下汽车库。设计应执行《车库建筑设计规范》（JGJ 100—2015）（以下简称《车库规》）和《汽车库、修车库、停车场设计防火规范》（GB 50067—2014）（以下简称《汽修规》）等标准的规定。设计审查重点在于确保车库建筑设计采取有效的防火措施，满足停车方便、安全可靠、经济合理等基本要求。车库建筑设计审查主要内容见表5.10-1。

表5.10-1 车库建筑设计审查主要内容

子项	审查内容	违规程度	规范条文
适用性	（1）机动车库车辆出入口宽度，双向行驶时≥7.0m，单向行驶时≥4.0m （2）车辆出入口及坡道的最小净高规定：微型车、小型车≥2.20m，净高是指从楼地面面层（完成面）至吊顶、设备管道、梁或其他构件底面之间的有效使用空间的垂直高度 （3）对于有防雨要求的出入口和坡道处，应设置不小于出入口和坡道宽度的截水沟和耐轮压沟盖板以及闭合的挡水槛。出入口地面的坡道外端应设置防水反坡（车库出入口和坡道处应充分考虑多种构造措施，防止雨水倒灌） （4）机动车库的楼地面应采用强度高、具有耐磨防滑性能的不燃材料，并应在各楼层设置地漏或排水沟等排水设施。地漏（或集水坑）的中距不宜大于40m。敞开式车库和有排水要求的停车区域应设不小于0.5%的排水坡度和相应的排水系统 （5）通往地下的机动车坡道应设置防雨和防止雨水倒灌至地下车库的设施。敞开式车库及有排水要求的停车区域楼地面应采取防水措施 （6）全自动机动车库的设备操作位置应能看到人员和车辆的进出，当不能满足要求时，应设置反射镜、监控器等设施 （7）非机动车库不宜设在地下二层及以下，当地下停车层地坪与室外地坪高差大于7m时，应设机械提升装置	C	《车库规》第4.2.4、4.2.5、4.4.1、4.4.3、4.4.7、5.1.5、6.1.3、6.2.2、6.2.3、6.3.4条

(续)

子项	审查内容	违规程度	规范条文
适用性	(8) 非机动车库出入口宜与机动车库出入口分开设置，且出地面处的最小距离不应小于7.5m。当中型和小型非机动车库受条件限制，其出入口坡道需与机动车出入口设置在一起时，应设置安全分隔设施，且应在地面出入口外7.5m范围内设置不遮挡视线的安全隔离栏杆 (9) 自行车和电动自行车车库出入口净宽≥1.80m，机动轮椅车和三轮车车库单向出入口净宽不应小于车宽加0.60m (10) 非机动车库的停车区域净高≥2.0m	C	《车库规》第4.2.4、4.2.5、4.4.1、4.4.3、4.4.7、5.1.5、6.1.3、6.2.2、6.2.3、6.3.4条
安全性	(1) 汽车库不应与托儿所、幼儿园、老年人建筑、中小学校的教学楼、病房楼等组合建造。当符合下列要求时，汽车库可设置在托儿所、幼儿园、老年人建筑、中小学校的教学楼、病房楼等的地下部分： 　1) 汽车库与托儿所、幼儿园、老年人建筑、中小学校的教学楼、病房楼等建筑之间，应采用耐火极限不低于2.00h的楼板完全分隔 　2) 汽车库与托儿所、幼儿园、老年人建筑、中小学校的教学楼、病房楼等的安全出口和疏散楼梯应分别独立设置 (2) 汽车库、修车库的人员安全出口和汽车疏散出口应分开设置。设置在工业与民用建筑内的汽车库，其车辆疏散出口应与其他场所的人员安全出口分开设置 (3) 与住宅地下室相连通的地下汽车库、半地下汽车库，人员疏散可借用住宅部分的疏散楼梯；当不能直接进入住宅部分的疏散楼梯间时，应在汽车库与住宅部分的疏散楼梯之间设置连通走道，走道应采用防火隔墙分隔，汽车库开向该走道的门均应采用甲级防火门 (4) 停车场的汽车疏散出口≥2个；停车数量不大于50辆时，可设置1个	A	《汽修规》第4.1.4、6.0.1、6.0.7、6.0.15条
备注	A类问题：造成安全性问题；B类问题：影响使用功能易造成业主投诉的问题；C类问题：不符合规范的问题；D类问题：违反强制性条文的问题；E类问题：违反地方文件规定的问题		

5.11 物流建筑

随着技术与经济全球化快速发展，市场需求和技术进步推动物流业的服务功能在不断深化和拓展，使得物流产业分工不断精细化、差异化和多元化，形成了不同的业态，随之出现了服务功能各异的物流建筑。如今，物流建筑已不是以往单纯的仓库库房概念，物流服务与物流加工需求明显增加，所以仅按以往单一的仓库建筑进行物流建筑设计，已经不能完全适应不同功能建筑的设计需求。物流建筑按其使用功能特性，可分为作业型物流建筑、存储型物流建筑、综合型物流建筑。存储型物流建筑应按库房建筑要求设计，作业型与综合型物流建筑应按厂房建筑要求设计，且其存储区应按库房建筑要求设计。物流建筑设计应执行《物流建筑设计规范》（GB 51157—2016）（以下简称《物流规》）等标准的规定。设计审查重点在于满足安全适用、经济合理、技术先进、保证工程质量等基本要求。物流建筑设计审查主要内容见表5.11-1。

表5.11-1 物流建筑设计审查主要内容

子项	审查内容	违规程度	规范条文
适用性	(1) 对于物流建筑场区道路的最小宽度,单车道≥4.0m,双车道≥7.5m (2) 停车场出入口不宜少于2个,且出入口之间的净距应大于10.0m,条件困难或停车小于100辆时,可只设1个出入口,但其进出通道的宽度≥7.0m (3) 物流建筑不宜采用大面积反射玻璃幕墙 (4) 当单层或多层物流建筑内设车辆装卸停车位,且每层车辆装卸停车位大于50辆时,车辆出入口不应少于2个,且出入口之间的净距应大于10m (5) 符合下列条件的物流建筑,应设检修人员上下屋面的检修钢梯: 1) 檐口高度≥6.0m 2) 屋面设有天窗 3) 屋面装有机电设备 (6) 物流建筑内通道的净空高度不得低于通道大门洞口高度 (7) 物流建筑的屋面坡度规定:压型钢板自防水屋面坡度≥5%,腐蚀环境中坡度>10%;钢结构柔性卷材防水屋面坡度≥3%,多雨地区宜适当增大;架空隔热屋面坡度≥2%且不宜大于5% (8) 存储型物流建筑的外窗台高度不宜低于2.2m;窗台高度低于2.2m的外窗,应设安全防护设施 (9) 铁路专用线站台面距轨面高度应为1.1m,站台边缘至相邻铁路中心线的距离应为1.75m (10) 对于物流建筑中储存有易爆和易燃危险品的房间,其地面应采用不发火地面 (11) 医药物流建筑应配备操作人员的更衣室、盥洗室,当有洁净要求时,应增设消毒池及风淋室等 (12) 除害熏蒸处理房应设置接触感染物品人员和工具的洗消间 (13) 施药室的建筑面积≥6m²,并应满足防爆、防火、防盗要求。控制室面积≥15m² (14) 控制室与熏蒸室和施药室之间的隔墙上应设置密封防爆的玻璃观察窗,且观察窗的设置应利于全面观察熏蒸室和施药室内排气设备的运行情况	C	《物流规》第8.1.7、8.2.6、9.1.5、9.2.9、9.2.10、9.3.3、9.4.1、9.4.17、9.5.2、9.6.7、9.8.15、9.8.26、9.8.28、9.8.29条
安全性	(1) 危险品库应按《危品分编》划分的九类危险品进行建筑分隔。化学性质不同或防护、灭火方法要求不同的危险品,不得在同一物流建筑房间内储存 (2) 火灾危险性属于丙类、丁类、戊类的杂类危险品库可与甲类、乙类物品库组建,但应采用防火墙分隔。甲类、乙类物品库的建筑面积应符合《建规》的规定 (3) 航空货运站的危险品库同时符合下列条件时,可建在主体站房内:	A	《物流规》第9.8.31、9.8.33、9.8.34、9.8.37、9.8.38、9.9.2、15.4.1、15.5.3条

(续)

子项	审查内容	违规程度	规范条文
安全性	1）不储存《建规》中规定的甲类物品中的第3、4项及航空货物禁止运输的物品 2）物品在同一物流建筑内滞留时间不超过48h 3）建筑面积≤180m²，且不超过主体站房建筑面积的5% 4）靠外墙布置并采用防火墙分隔，设有直通室外的独立出口 5）储存有甲类、乙类物品的隔间采取泄爆措施 （4）放射性危险品库的地面、门及墙、屋顶等建筑围护结构，应具有防止射线穿透的措施 （5）危险品库的建筑地面应至少高于室外地面0.15m。宜在出入口处加设有箅子的室外排水沟。对于存储液体危险品的库房，室内地面标高应至少低于房间门口标高0.15m，并应采取防止液体渗漏至地下的措施 （6）搬运车辆的充电间（区）规定： 1）充电间（区）应远离明火、高温、潮湿和人员密集作业场所 2）不得在充电间（区）内设置车辆或电池的解体、焊装等维修场地 3）充电区不应设在上方可能有落物或因管道破裂泄漏液体的区域 4）充电区净高度≥5m，与其他区域的安全距离≥5m 5）充电间（区）应采用不发火地面，门窗、墙壁、顶板（棚）、地面等应采用耐酸（碱）腐蚀的材料或防护涂料 6）物流建筑内的充电间应采用防火墙和楼板与其他区域隔开，通向物流建筑的门应采用甲级防火门	A	《物流规》第9.8.31、9.8.33、9.8.34、9.8.37、9.8.38、9.9.2、15.4.1、15.5.3条
防火要求	（1）物流建筑的安全疏散应符合《建规》中有关厂房和仓库疏散的规定。当丙2类作业型物流建筑层高超过6m，且设有自动喷水灭火系统时，其任一点至安全出口的最大疏散距离不应超过规定值的1.25倍（重点审查对丙2类作业型物流建筑内，设自动喷水灭火系统时，其安全疏散距离可增加25%） （2）对于一级、二级耐火等级的作业型物流建筑，疏散距离难以满足规定时，可采用疏散通道进行疏散。疏散通道应符合下列规定： 1）可设置在楼地面或建筑上部空间；当设在建筑上部时，应采取封闭形式，其承重构件和围护材料应为不燃材料，且耐火极限不应低于0.5h 2）由建筑内任一点至疏散通道的入口水平距离≤25.0m，由疏散通道任一点至安全出口的水平距离不超过《物流规》第15.4.1条的规定 3）疏散通道内应设自动喷水灭火设施 （3）除存储型冷链物流建筑外，大型、超大型丙类存储型物流建筑的二层及以上各层应沿建筑长边设置灭火救援平台，平台的长度和宽度分别不应小于3.0m和1.5m，平台之间的水平间距≤40.0m，平台宜与室内楼面连通，并应设置消防救援窗口或乙级防火门	C	《物流规》第15.4.1、15.4.2、15.5.3条
备注	A类问题：造成安全性问题；B类问题：影响使用功能易造成业主投诉的问题；C类问题：不符合规范的问题；D类问题：违反强制性条文的问题；E类问题：违反地方文件规定的问题		

5.12 冷库建筑

冷库是采用人工制冷降温并具有保冷功能的仓储建筑，包括库房、制冷机房、变配电间等，主要用于食品的冷冻加工和冷藏，是一种有严格的隔热性、密封性和抗冻性要求的特殊建筑。冷库建筑设计应执行《冷库设计标准》(GB 50072—2021)（以下简称《冷库标》）等标准的规定。设计审查重点在于确保冷库设计安全可靠、节约能源、环境友好、经济合理、先进适用等基本要求。冷库建筑设计审查主要内容见表 5.12-1。

表 5.12-1 冷库建筑设计审查主要内容

子项	审查内容	违规程度	规范条文
适用性	（1）库房应设穿堂或站台，温度应根据冷藏工艺需要确定 （2）库房公路站台规定： 1）站台边缘停车侧面应装设缓冲橡胶条块，并应涂有黄、黑相间防撞警示色带 2）站台上应设罩棚，靠站台边缘一侧如有结构柱时，柱边距站台边缘净距≥0.6m，罩棚挑檐挑出站台边缘的部分≥1.00m，净高应与运输车辆的高度相适应，并应设有组织排水 3）根据需要宜设封闭站台，封闭站台应与冷库穿堂合并或结合布置 4）封闭站台的高度、门洞数量应与货物吞吐量相适应，控温封闭站台应设置相应的冷库门和连接冷藏车的密闭软门套 5）在站台的适当位置应布置上、下站台的台阶和坡道，台阶处宜设置防护栏杆 （3）库房铁路站台规定： 1）站台边缘顶面应高出轨顶面 1.1m，边缘距铁路中心线的水平距离应为 1.75m 2）站台长度应与铁路专用线装卸作业段的长度相同 3）站台上应设罩棚，罩棚柱边与站台边缘净距不应小于 2m，檐高和挑出长度应符合铁路专用线的界限规定 4）在站台的适当位置应布置满足使用需要的上、下台阶和坡道，台阶处宜设置防护栏杆 （4）多层、高层库房应设置电梯等垂直运输设备 （5）冷藏间不应与带水作业的加工间及温度高、湿度大的房间相邻布置 （6）非控温穿堂或站台的冻结物冷藏间门口应配置风幕或耐低温的透明塑料门帘等，宜设置回笼间 （7）当冷库底层冷间设计温度低于 0℃时，地面应采取防止冻胀的措施；当地面下为岩层时，可不做防止冻胀处理 （8）当围护结构两侧设计温差大于或等于 5℃时，应在保温隔热层温度较高的一侧设置隔汽层 （9）氨制冷机房应至少有 1 个建筑长边不与其他建筑贴邻，并开设可满足自然通风的外门窗	C	《冷库标》第 4.2.10、4.2.11、4.2.12、4.2.13、4.2.17、4.2.19、4.3.13、4.4.1、4.6.3 条

（续）

子项	审查内容	违规程度	规范条文
安全性	（1）两座一、二级耐火等级的库房贴邻布置时，贴邻布置的库房总长度≤150m，两座库房冷藏间总占地面积≤10000m^2，并应设置环形消防车道。相互贴邻的库房外墙均应为防火墙，屋顶承重构件和屋面板的耐火极限不应低于1.00h （2）建筑高度超过24.0m的装配式冷库之间及与其他高层建筑的防火间距≥15.0m （3）库房占地面积>1500m^{2}时，应至少沿库房两个长边设置消防车道。高层冷库应至少沿一个长边或在周边长度的1/4且不小于一个长边长度的底边布置至少2块消防车登高操作场地（注意对高层冷库建筑的消防登高场地连续布置不做要求，但规定数量不应少于2块） （4）库房与氨制冷机房及其控制室或变配电所贴邻布置时，相邻侧的墙体应至少有一面为防火墙，且较低一侧建筑屋顶耐火极限≥1.00h （5）冷藏间与穿堂或封闭站台之间的隔墙应为防火隔墙，且防火隔墙的耐火极限≥3.00h。防火隔墙上的冷库门表面应为不燃材料，芯材的燃烧性能等级不应低于B1级。当防火隔墙上冷库门洞口的净宽度>2.1m，净高度>2.7m时，冷库门的耐火完整性≥0.50h （6）冷库库房的楼梯间应设在穿堂附近，并应采用不燃材料建造，通向穿堂的门应为乙级防火门；楼梯间应在首层直通室外，当层数不超过4层且建筑高度≤24m时，直通室外的门与楼梯间出口之间的距离≤15m （7）建筑面积大于1000m^{2}的冷藏间应至少设2个冷库门，建筑面积不大于1000m^{2}的冷藏间应至少设1个冷库门 （8）氨制冷机房规定： 1）氨制冷机房的控制室应采用耐火极限不低于3.00h的防火隔墙隔开，隔墙上的观察窗应采用固定甲级防火窗，连通门应采用开向制冷机房的甲级防火门 2）变配电所与氨制冷机房或控制室贴邻共用的隔墙应采用防火墙，该墙上应只穿过与配电有关的管道、沟道，穿过部位周围应防火封堵	A	《冷库标》第4.1.6、4.1.7、4.1.8、4.1.11、4.2.3、4.2.16、4.2.18、4.6.2条
备注	A类问题：造成安全性问题；B类问题：影响使用功能易造成业主投诉的问题；C类问题：不符合规范的问题；D类问题：违反强制性条文的问题；E类问题：违反地方文件规定的问题		

第 6 章
总平面图设计常见问题

总平面图是体现整个建筑基地的总体布局，具体展示新建建筑的位置、朝向以及与周边环境（如原有建筑物、道路、绿化、地形）等基本情况的图纸，主要用来定位新建房屋、施工放线、布置施工现场等。总平面图一般包括建筑总平面图（包括建筑轮廓和绿地范围）、建筑竖向定位图（主要表达基地内各种标高、竖向设计）和道路放线图（主要是基地新建道路的施工放线图）。建筑总平面图中容易出错的内容有建筑防火间距、建筑日照间距（分为对自身的遮挡以及对周边日照范围内的遮挡及影响）、建筑退距（主要是地上、地下建筑控制线以及相应的黄、蓝、紫线等退距）、消防车道及救援场地的布置（对后续的景观绿化影响较大）。建筑总平面图要满足主体工艺流程和用地指标及建筑容积率；满足国家、地方和行业等各种标准规范规定；满足城市道路交通规则；满足管线道路短捷、交通出行便利、人车分流合理、消防安全可靠、环保绿化美观、舒适健康宜人、居住功能齐全和工程经济合理等要求。

6.1 总平面设计深度问题

（1）送审的设计文件中，总平面图设计深度不够，或缺少建筑总平面图。

【工程实例】某健康产业园化学制药厂区，用地面积约为 27495.0m²，厂区内布置有研发综合楼、危化品仓库（甲类）、综合制剂车间（丙类）、原料药生产车间（甲类）等。厂区总平面图如图 6.1-1 所示。

【原因分析】产业园化学制药厂区总平面图深度不满足《设计深度规定》第 4.2.4 条关于总平面图应包括内容要求，缺少建筑物之间距离、消防车道布置、道路转弯半径、场地范围的测量坐标等。

【处理措施】审查要求重新补充总平面图。按照《建规》要求厂区内明确设消防车道，标注建筑物之间防火间距等。总平面图的设计深度应满足《设计深度规定》中第 4.2 节要求。对大部分建设项目，至少应提供建筑总平面图和竖向布置图，当工程设计内容较简单时，竖向布置图、消防总平面图可与总平面图合并为建筑总平面图，当路网复杂时，

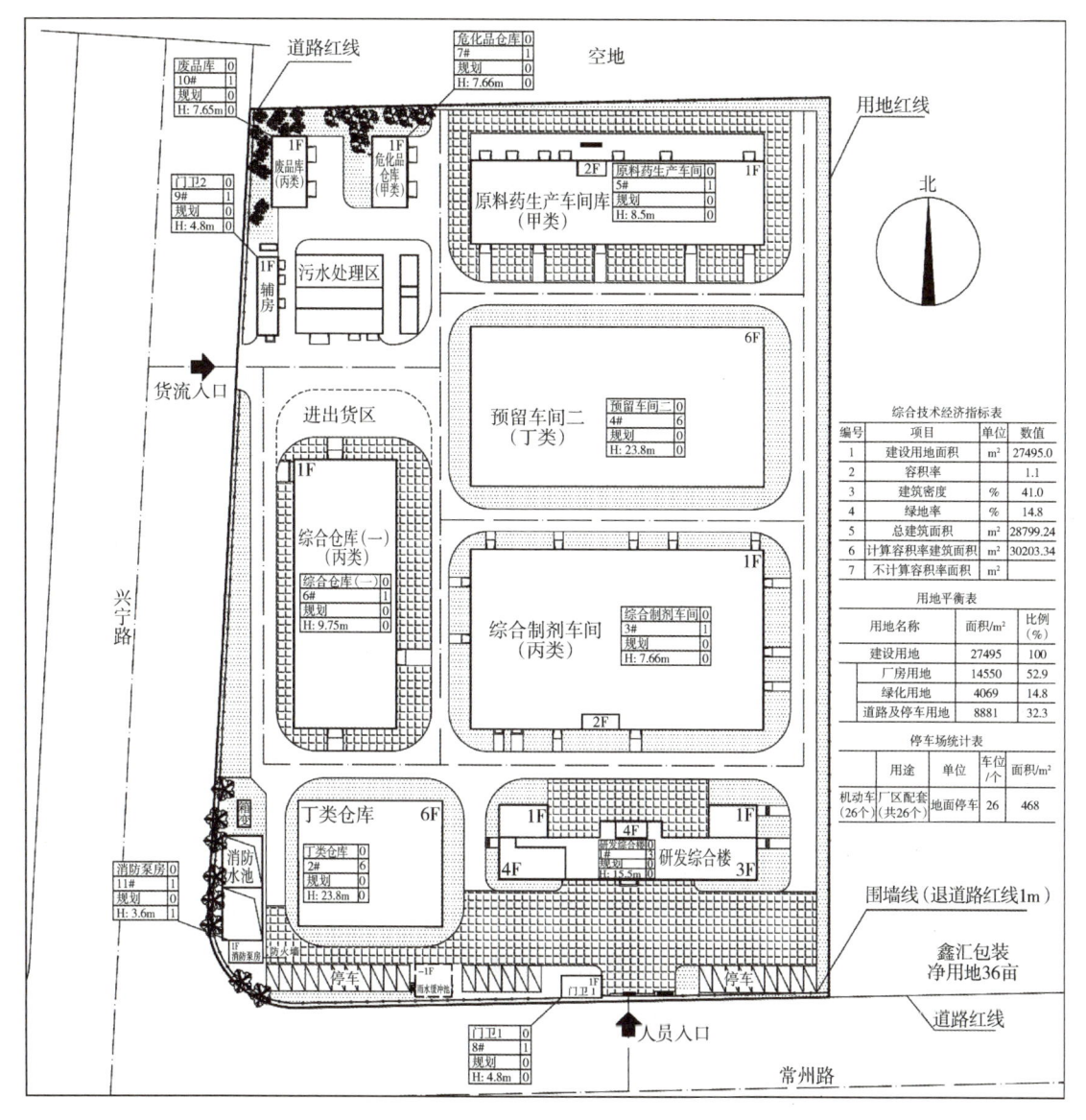

图 6.1-1 某健康产业园化学制药厂区总平面图

应提交道路平面图。

【条文延伸】 建筑总平面图应包括的主要内容：

1) 保留的地形和地物。

2) 测量坐标网、坐标值。

3) 场地范围的测量坐标（或定位尺寸），道路红线、建筑控制线、用地红线等的位置。

4) 场地四邻原有及规划的道路、绿化带等的位置（主要坐标或定位尺寸）、尺寸及控制标高，周边场地用地性质以及主要建筑物、构筑物、地下建筑物等的位置、名称、性质、高度、层数、间距、防火类别、耐火等级。

5）建筑物、构筑物（人防工程、地下建筑、油库、贮储池、化粪池或初沉池、海绵设施等隐蔽工程以虚线表示）的名称或编号、层数、建筑规划高度、消防高度、定位（坐标或相互关系尺寸）、出入口等。

6）广场、人员集散场地、停车场、运动场地、道路、围墙、无障碍设施、生活垃圾收集站房、排水沟、挡土墙、护坡等的定位（坐标或相互关系尺寸、道路转弯半径）。

7）指北针或风玫瑰图。

8）建筑物、构筑物使用编号时，应列出建筑物和构筑物名称编号表。

9）注明尺寸单位、比例、建筑正负零的绝对标高、坐标及高程系统（如为场地建筑坐标网时，应注明与测量坐标网的相互关系）、补充图例等。

【基本概念】1）用地红线。用地红线是指各类建筑工程项目用地的使用权属范围的边界线，其围合的面积是用地范围。如果征地范围内无城市公共设施用地，征地范围即为用地范围。征地范围内如有城市公共设施用地，如城市道路用地或城市绿化用地，则扣除城市公共设施用地后的范围就是用地范围。

2）道路红线。道路红线是城市道路（含居住区级道路）用地的规划控制边界线，一般由城市规划行政主管部门在用地条件中注明。道路红线总是成对出现，两条红线之间的线性用地为城市道路用地，由城市市政和道路交通部门统一建设管理。

3）建筑控制线。建筑控制线也称建筑红线或建筑线，是有关法规或详细规划确定的建筑物、构筑物的基底位置不得超出的界线，是基地中允许建造建筑物的基线。实际上，一般建筑控制线都会从道路红线后退一定距离，用来安排台阶、建筑基础、道路、停车场、广场、绿化及地下管线和临时性建筑物、构筑物等设施。当基地与其他场地毗邻时，建筑控制线可根据功能、防火、日照间距等要求，确定是否后退用地红线，如图6.1-2所示。

4）相互关系。一般情况下，由道路中心线至基地的顺序为道路红线、用地红线和建筑红线；用地红线内任何建筑物，包括建筑凸出物以及地下建筑不得越过用地红线；基地外如有道路，一般都会有道路红线，但用地红线与道路红线之间有可能出现三种关系：①分离。即道路红线在用地红线外侧，并与用地红线相隔一定距离，这两条线之间的用地功能由城市规划部门确定，属于城市用地，建设单位不得占用。②重合。即道路红线与用地红线是一条线。③分割。即道路红线横穿用地红线。这种情况一般比较少见，主要是由于建设方取得基地的使用权后，一段时期内没有进行项目建设，在此期间城市规划部门由于道路拓宽或道路移位重新划定了道路红线，使得用地红线内一部分用地成为道路用地。但道路红线内，仍是不允许占用的。

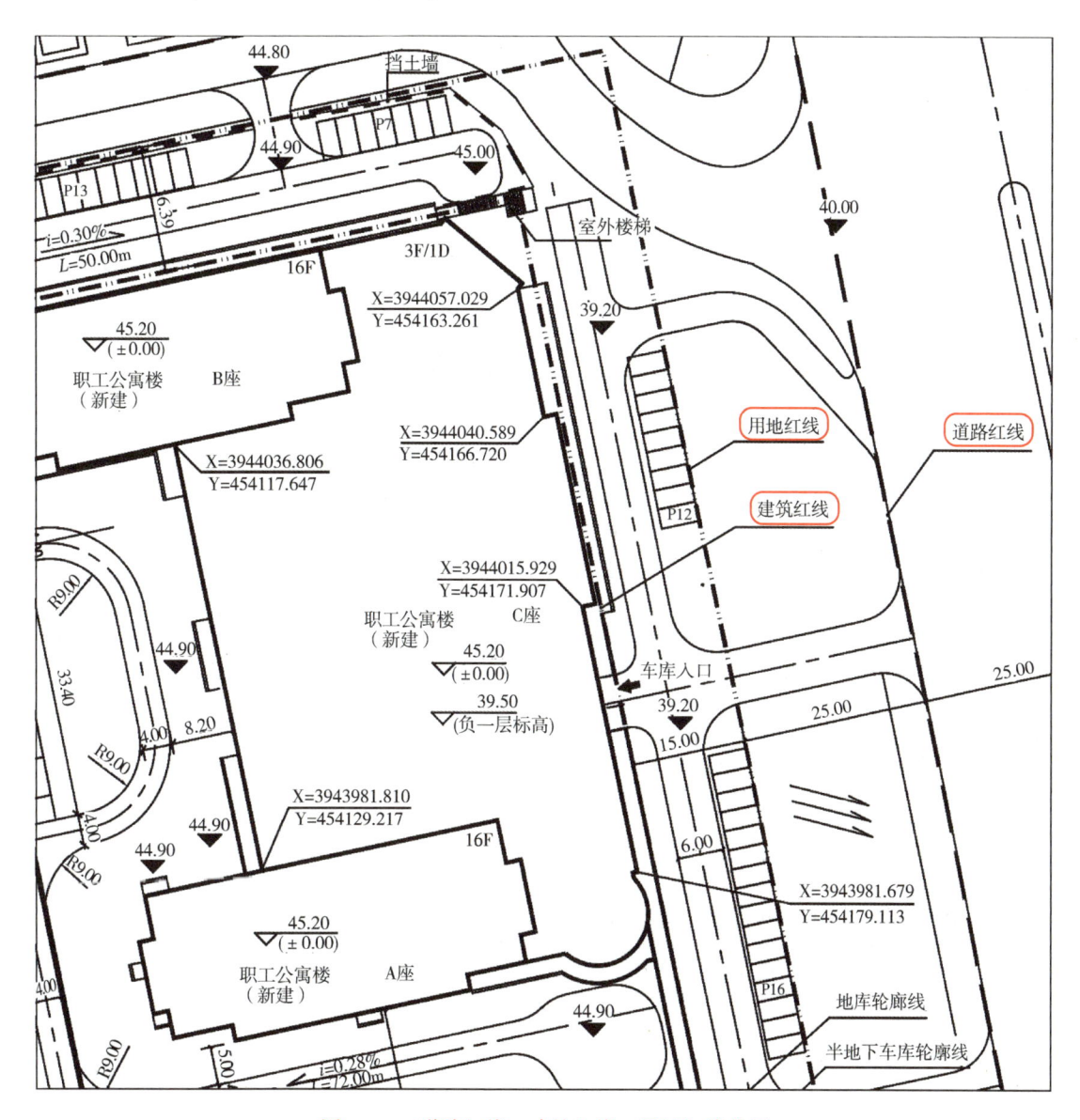

图 6.1-2　道路红线、建筑红线、用地红线位置

（2）送审文件中，对一些特殊地段，如拟建地块周边已建有高层建筑，建设项目未提供日照分析图，相邻建筑（已建或已批准的建筑物）未在日照分析图上做出反映。

【工程实例】某学校实训基地项目，规划建设 1#-a 和 1#-b 公共实训楼，其中 1#-a（4 层）建筑高度 18.5m，1#-b（6 层）建筑高度 27.30m。基地北侧建有 3#和 4#教职工周转房，其中3#住宅（17层）建筑高度52.47m，4#住宅（6层）建筑高度19.43m，如图6.1-3所示。

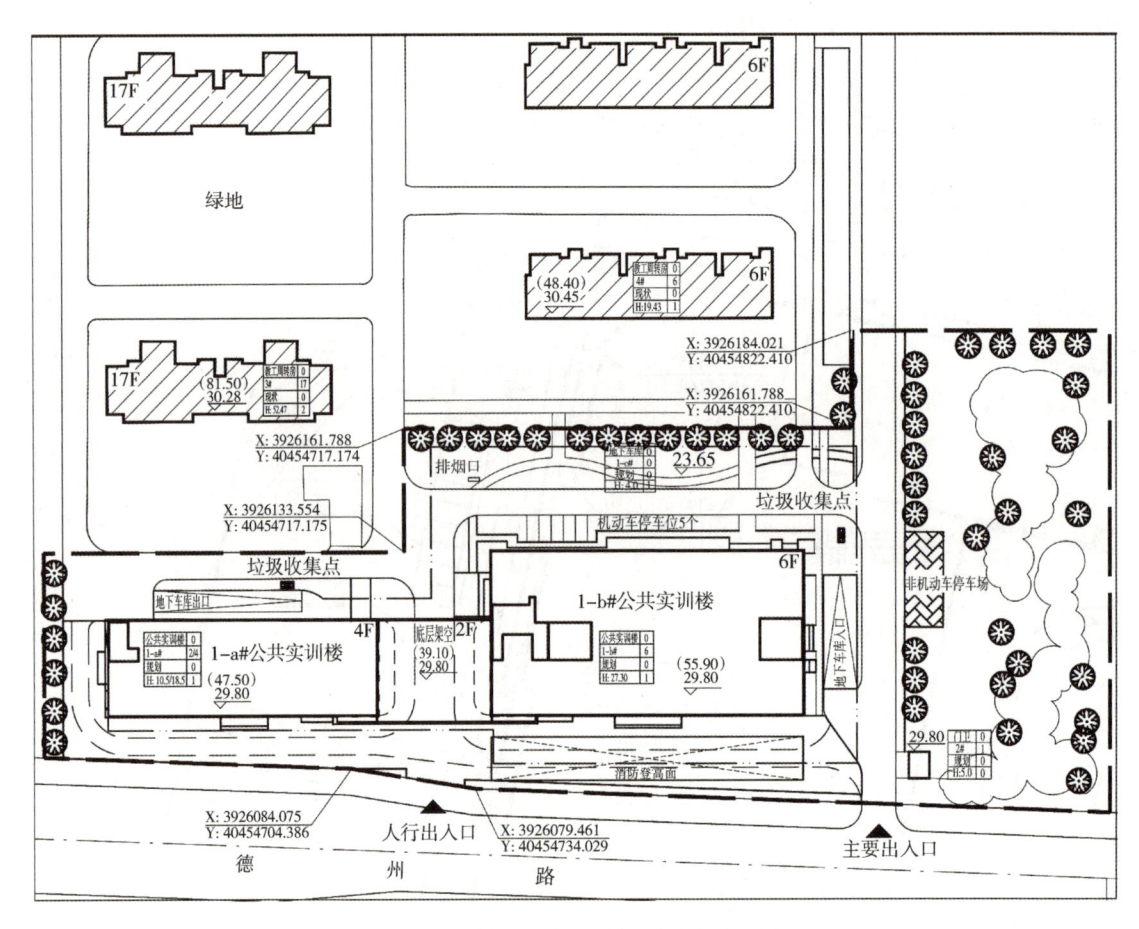

图6.1-3 某学校实训基地项目总平面图

【原因分析】新建公共实训楼影响原教职工周转房的日照时数，应按照《居规标》第4.0.9条对住宅日照时长进行分析及计算。

【处理措施】审查意见提出应对原教职工周转房进行日照分析，并提供日照分析图和日照计算报告书，如图6.1-4、图6.1-5所示，日照分析报告内容应包括项目信息、分析条件、建筑状况、分析结果等资料。经过分析计算，被遮挡周转房日照时长满足规范要求，如图6.1-6所示。

【条文延伸】1）对于老弱病残群体使用的建筑房间，国家标准规定了相应的日照时长，如托儿所、幼儿园的活动室、寝室及具有相同功能的区域，应布置在当地最好朝向，冬至日底层满窗日照≥3h；中小学普通教室冬至日满窗日照≥2h；医院病房建筑的前后间距应满足日照和卫生间距要求，且≥12m。

第6章 总平面图设计常见问题

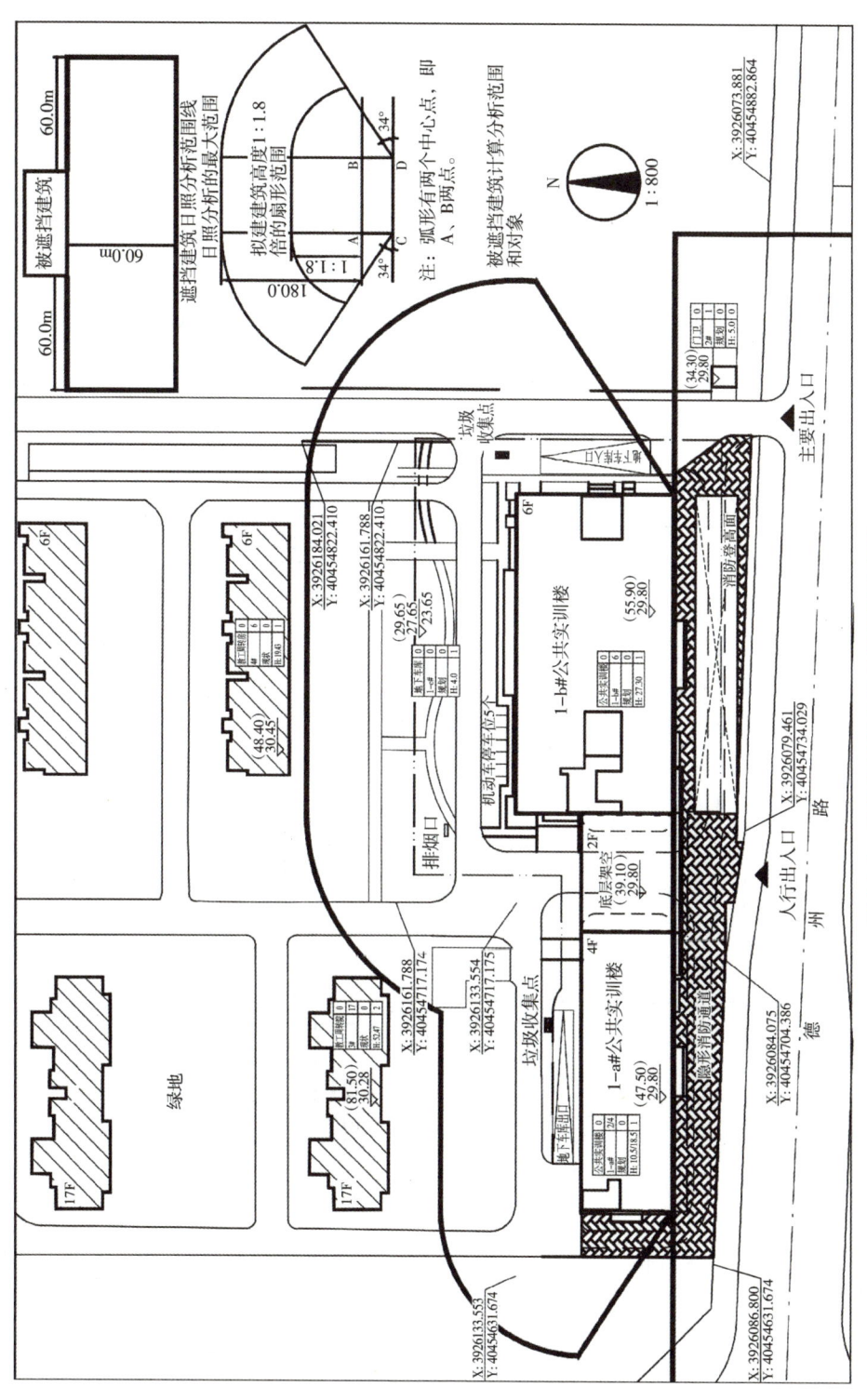

图 6.1-4 某学校实训基地日照遮挡分析图

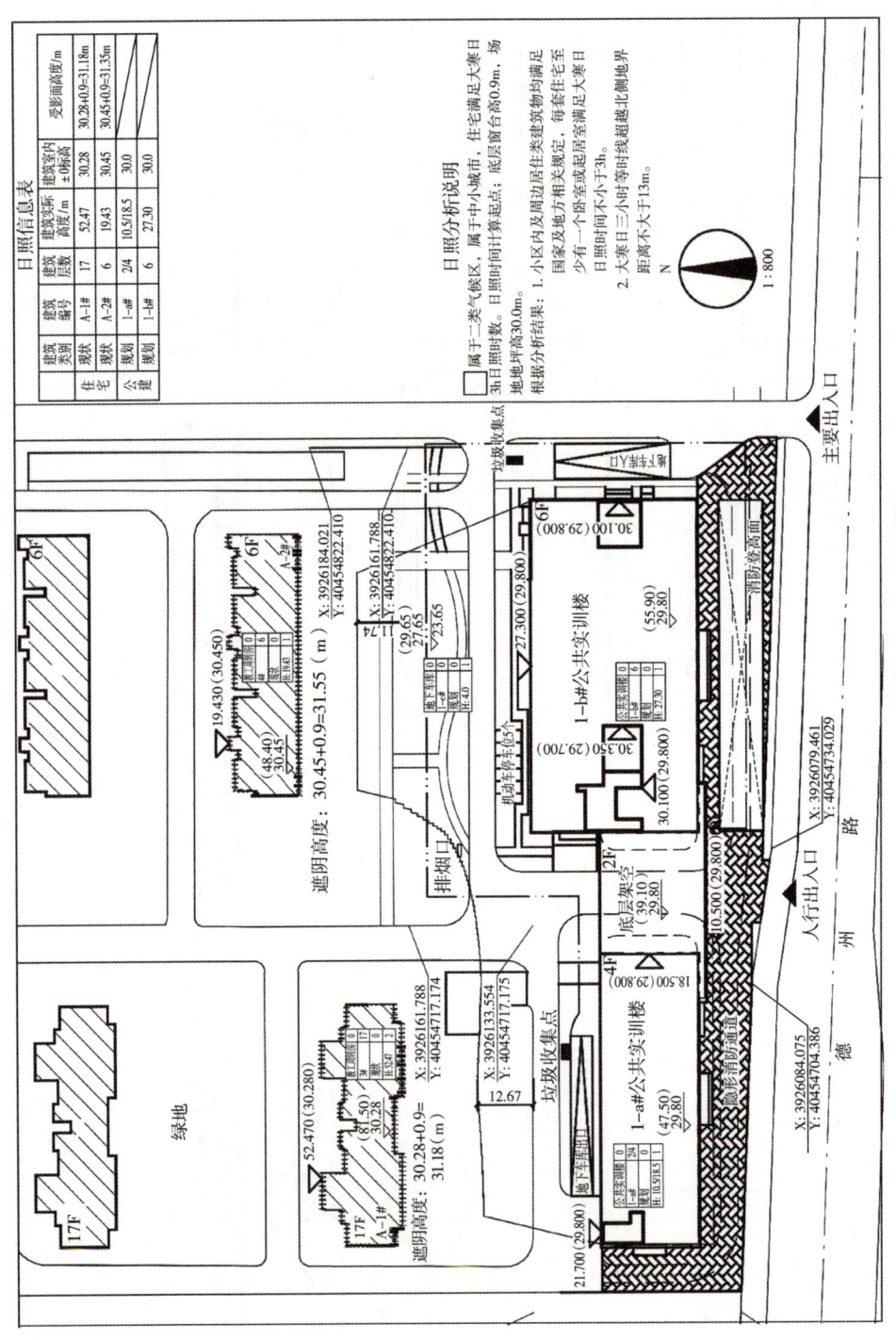

图6.1-5 某学校实训基地日照等时线分析图

被遮挡建筑基本情况表：

	建筑编号	建筑层数	建筑高度/m	折算后高度/m	建筑室内±0.00标高/m	日照分析基准线高度/m	使用性质	是否同时作为遮挡建筑
现状	A-1#	17	52.47	82.75	30.28	30.28+0.9=31.18	住宅	是
现状	A-2#	6	19.43	49.88	30.45	30.45+0.9=31.35	住宅	否

注：建筑折算高度=建筑室内坪高度+建筑高度　受影面高度=建筑室内坪高度+窗台高度。

拟建遮挡建筑基本情况表：

	建筑编号	建筑层数	建筑高度/m	折算后高度/m	建筑室内±0.00标高/m	是否同时作为遮挡建筑	使用性质
规划	1-a#	2/4	10.50/18.50	40.30/48.30	29.80	是	实训楼
规划	1-b#	6	27.30	57.10	29.80	是	实训楼

注：建筑折算高度=建筑室内坪高度+建筑高度　受影面高度=建筑室内坪高度+窗台高度。

分析结论：

	建筑编号	建筑层数	建筑高度/m	折算后高度/m	建筑室内±0.00标高/m	日照分析基准线高度/m	是否同时作为遮挡建筑	使用性质	分析结论
现状	A-1#	17	52.47	82.75	30.28	30.28+0.9=31.18	是	住宅	满足
现状	A-2#	6	19.43	49.88	30.45	30.45+0.9=31.35	否	住宅	满足

注：建筑折算高度=建筑室内坪高度+建筑高度　受影面高度=建筑室内坪高度+窗台高度。

图 6.1-6　某学校实训基地日照分析计算

2）老年人居住建筑日照标准不应低于冬至日日照时数 2h；在原设计建筑外增加任何设施不应使相邻住宅原有日照标准降低，既有住宅建筑进行无障碍改造加装电梯除外；旧区改建项目内新建住宅建筑日照标准不应低于大寒日日照时数 1h。

6.2　竖向平面图设计问题

（1）总平面施工图中，存在竖向平面图设计不全，建筑物与道路、道路与围墙、建筑物与周围建筑物间距不详，场地道路广场设计、道路断面、路面结构、地面排水组织及室外工程设计不详等。

【工程实例】某学校项目，占地面积约为 46112.6m^2，包括教学楼、宿舍楼、幼儿园、下沉操场、景观水池等。学生宿舍下面为地下车库。校区竖向设计图如图 6.2-1 所示。

【原因分析】竖向布置图中未给出地下车库的顶板面标高及覆土高度限制，未标注运动场地的设计标高和景观水池的控制性标高。设计深度不满足《设计深度规定》第 4.2.5

图 6.2-1 某小学校区竖向设计图

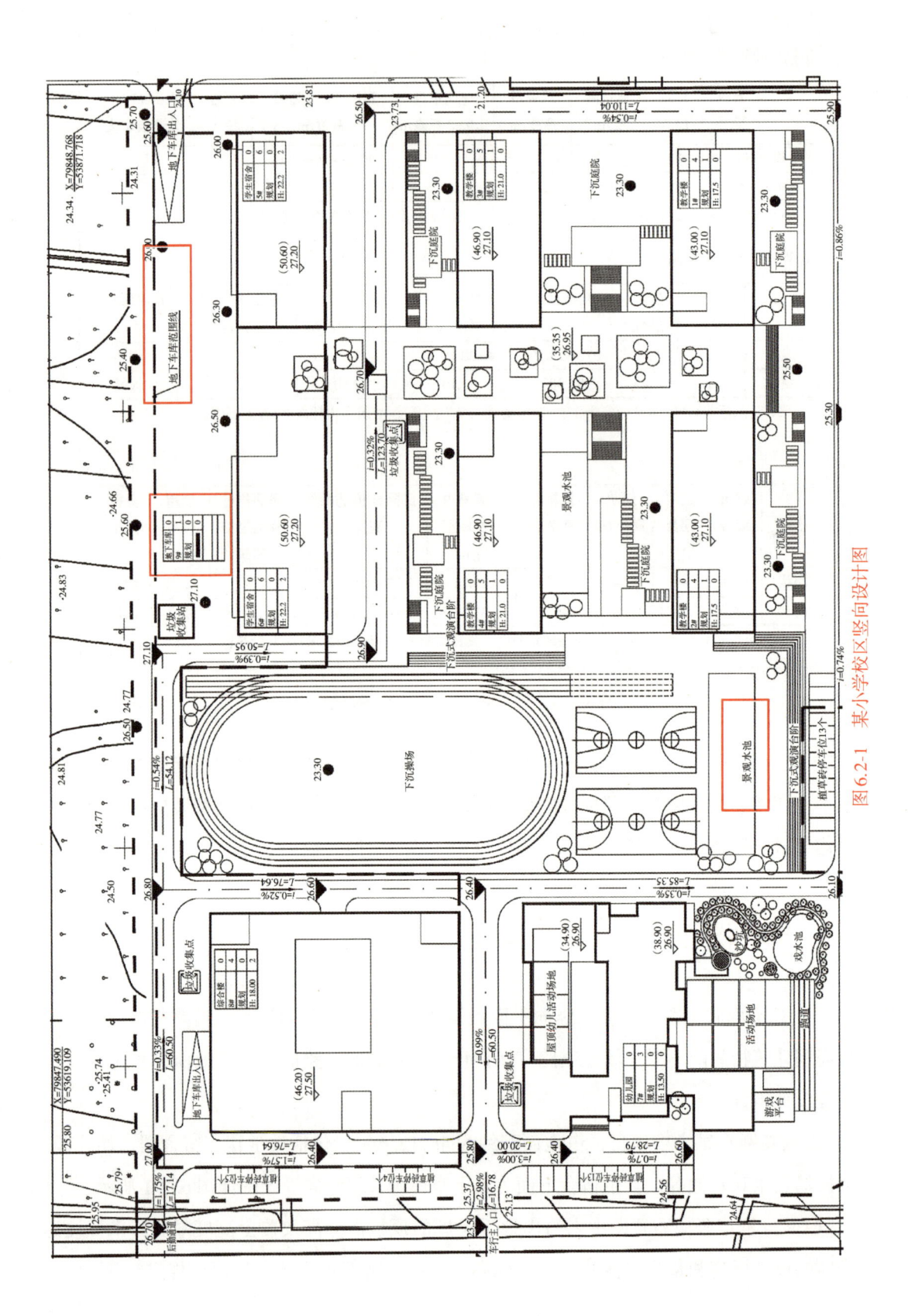

条要求。

【处理措施】 审查要求重新补充竖向布置图。

【条文延伸】 竖向布置图应包括的主要内容：

1）场地测量坐标网、坐标值。

2）场地四邻的道路、水面、地面的关键性标高。

3）建筑物、构筑物名称或编号、室内外地面设计标高、地下建筑的顶板面标高及覆土高度限制。

4）广场、停车场、运动场地的设计标高，以及景观设计中，水景、地形、台地、院落的控制性标高。

5）道路、坡道、排水沟的起点、变坡点、转折点和终点的设计标高（路面中心和排水沟顶及沟底）、纵坡度、纵坡距、关键性坐标，道路表明双面坡或单面坡、立道牙或平道牙，必要时标明道路平曲线及竖曲线要素；建筑出入口、地下车库出入口室外地坪标高。

6）挡土墙、护坡或土坎顶部和底部的主要设计标高及护坡坡度。

7）用坡向箭头或等高线表示道路、地面设计坡向，当对场地平整要求严格或地形起伏较大时，宜用设计等高线表示，地形复杂时应增加剖面表示设计地形。

8）指北针或风玫瑰图。

9）注明尺寸单位、比例、建筑正负零的绝对标高、坐标及高程系统（如为场地建筑坐标网时，应注明与测量坐标网的相互关系）、补充图例等。

（2）单体设计时室外入口标高未考虑总平面图中场地的坡度。

【工程实例】 某大学校区教职工公寓楼局部总平面图如图6.2-2所示，场地东西向总高差10.0m左右，B3#楼东西向高差1.4m，场地设计时坡度按3.0%考虑。

【原因分析】 1）本单体工程两个出入口室外相对标高分别为－0.75和－0.60，如图6.2-3所示，相差150.0mm，按照总图中场地坡度3%计算，东西向两个入口应相差1.0m左右。

2）建筑物工程管线埋置深度与室外地面实际标高不符。

3）低处无障碍入口坡道悬在空中，形同虚设。

【处理措施】 施工图审查时经常碰到上述情况，单体建筑设计时统一按平地设计，未考虑场地坡度。审查意见中应提出要求设计院提供总平面图，校核总平面图中场地坡度和绝对标高与单体是否一致。

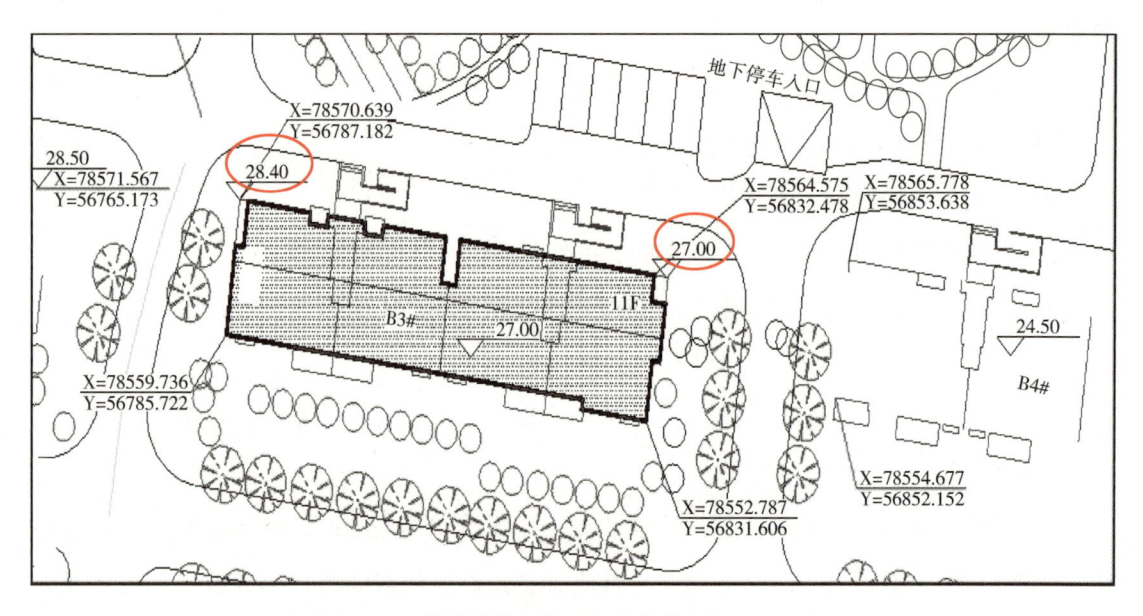

图 6.2-2 某大学校区教职工公寓楼局部总平面图

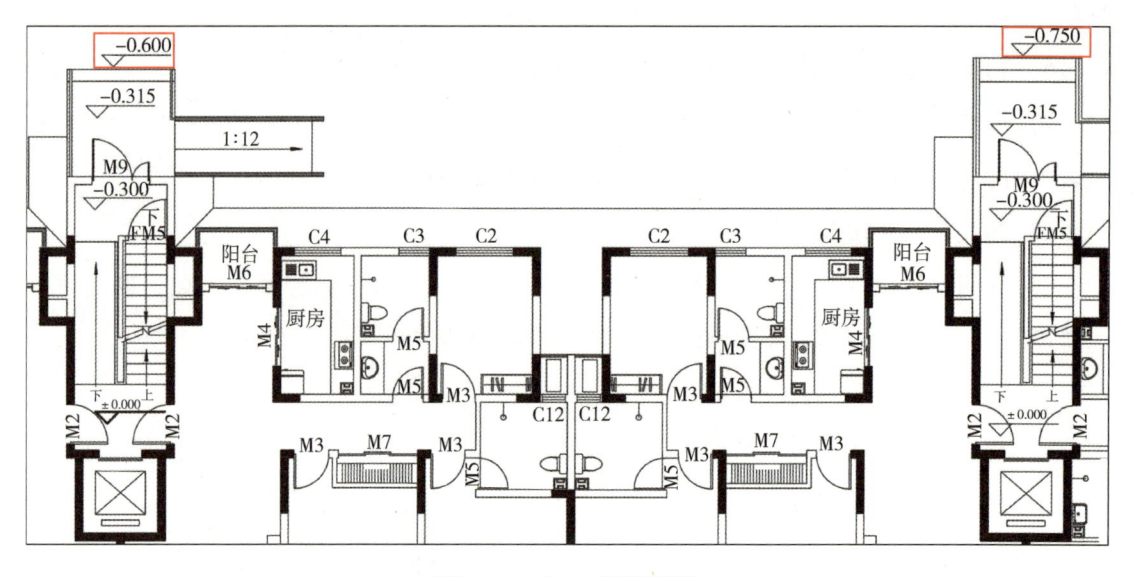

图 6.2-3 B3#一层平面图

(3) 没有系统的场地竖向设计，场地标高混乱，导致场地内排水不顺畅，造成场地内积水或雨水倒灌地下车库的现象。

【工程实例】某住宅小区总平面图中，室外道路标高为 19.60m，从道路入口两边沿斜坡进入地下车库，入口标高 19.60~17.50m，斜坡长度为 35.4m，如图 6.2-4 所示。

【原因分析】地下车库入口标高低于室外路面标高，未采取相应措施，导致路面积水倒流入车库，不符合《民建标》第 5.3.5 条规定。

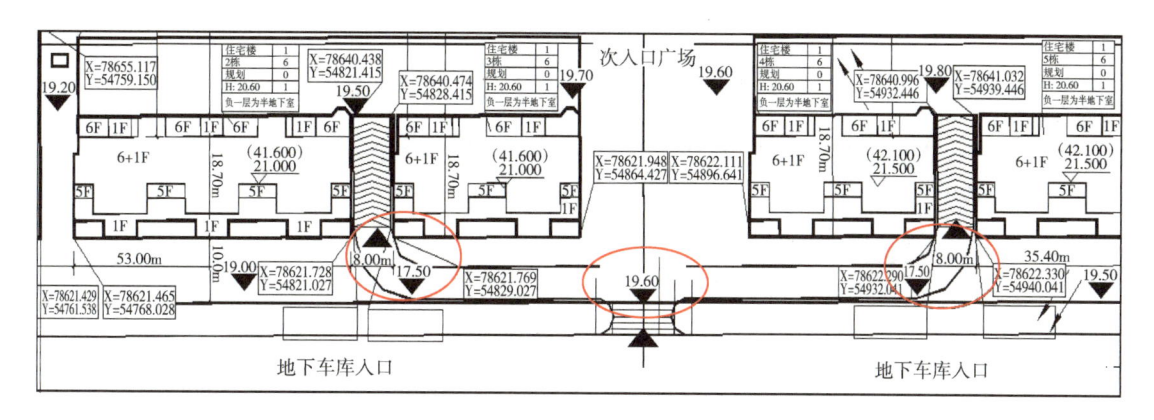

图 6.2-4　某小区地下车库入口平面图

【处理措施】审查意见中提出应在车库坡道设计中采取措施防止室外地面雨水回流。

【条文延伸】《车库规》第 4.4.7 条：通往地下的机动车坡道应设置防雨和防止雨水倒灌至地下车库的设施。敞开式车库及有排水要求的停车区域楼地面应采取防水措施。

（4）未对管线进行综合设计，导致管线之间相互碰撞、重叠，无法施工或给施工带来复杂麻烦，也给今后使用留下安全隐患。

【处理措施】审查意见提出应补充管道综合图，管线密集的地段宜适当增加断面图，表明管线与建筑物、构筑物、绿化之间及管线之间的距离，并注明主要交叉点上下管线的标高或间距，并符合《设计深度规定》第 4.2.7 条要求。

【条文延伸】管道综合图应包括的主要内容：

1）总平面布置。

2）场地范围的坐标（或注尺寸）、道路红线、建筑控制线、用地红线等的位置。

3）保留、新建的各管线（管沟）、储水池、检查井、化粪池或初沉池、海绵设施构筑物、储罐等的平面位置，注明各管线、储水池、污水设施（如化粪池或初沉池、污水处理站、中水处理站等）、储罐等与建筑物、构筑物的距离和管线间距。

4）场外管线接入点的位置。

5）管线密集的地段宜适当增加断面图，表明管线与建筑物、构筑物、绿化之间及管线之间的距离，并注明主要交叉点上下管线的标高或间距。

6）指北针或风玫瑰图。

7）应标明变电所、发电机房、通信机房、广电机房等位置。

8）注明尺寸单位、比例、图例、施工要求。

【基本概念】1）管线综合布置是根据各专业管线的施工图设计方案，并考虑了下列七种管线：①雨水管道（YS）；②污水管道（WS）；③给水管道（GS）；④燃气管道（RQ）；⑤热力管道（RL）；⑥电力电缆（DL）；⑦电信电缆（DX）。

2）管线综合布置的基本原则：①管线一般和道路中心线或建筑线平行；②各种管线之间的距离或管线与建筑物之间的水平距离要满足技术及安全上的要求。

3）各专业管线交叉处按以下原则执行：①压力流管道让重力流管道；②小管道让大管道；③易弯曲的管道让不易弯曲的管道；④临时管线让永久管线。

4）所有车行道下覆土深度不满足0.70m的管线覆土部分均需加强处理。

5）各管线水平净距及垂直净距以现行标准规范为依据，统筹兼顾，合理安排。管线竖向布置由地面起原则上依次为电信管、电力管、给水管、供热管、燃气管、雨水管、污水管。

6）各种管道施工时另见其他设计图纸。因管线较多，个别管线之间距离较近时应根据各专业管线的要求对其采取保护措施（如给水管与污水管过近时，应对给水管进行保护）。

7）各管线（排水管除外）穿过路面时均须穿混凝土套管，给水、供热混凝土套管内径不应小于管外径（Dx）的1.2倍，电力、电信、燃气套管详见各专业设计。

(5) 山地地区竖向平面设计时，不研读地形，使道路和建筑垂直于等高线布置。

设计时忽视了山地布置房屋时尽量采用天然基础的经济性，把大片挖方区域布置为高层建筑的地下车库，或者单体建筑的净深过大占了多条等高线，造成大量挖方。

山地建筑总平面布局一般应遵循依山就势的原则。建筑布置顺应等高线，避免垂直于等高线。顺应等高线的优点在于可以减少土方量，节省造价。山区竖向设计一般遵循的原则：

1）建筑体量宜小不宜大。建筑荷载大选挖方地段，荷载小选填方地段，地下室设计宜选凹地。

2）标志性建筑宜选凸地。

3）道路设计要同等高线，线形宜曲不宜直。

4）边坡开挖循地质，少修挡墙多护坡。

5）台阶设计就地势。

6.3 消防总平面设计问题

(1) 总平面图中消防车登高操作场地设置不足。

【工程实例】某医院病房楼，建筑高度40.20m，东西长115.5m，南北宽25.5m，在病房楼南北侧靠近入口处设有两个长度和宽度分别为 15m×10m 的消防车登高操作场地，消防总平面图局部如图 6.3-1 所示。

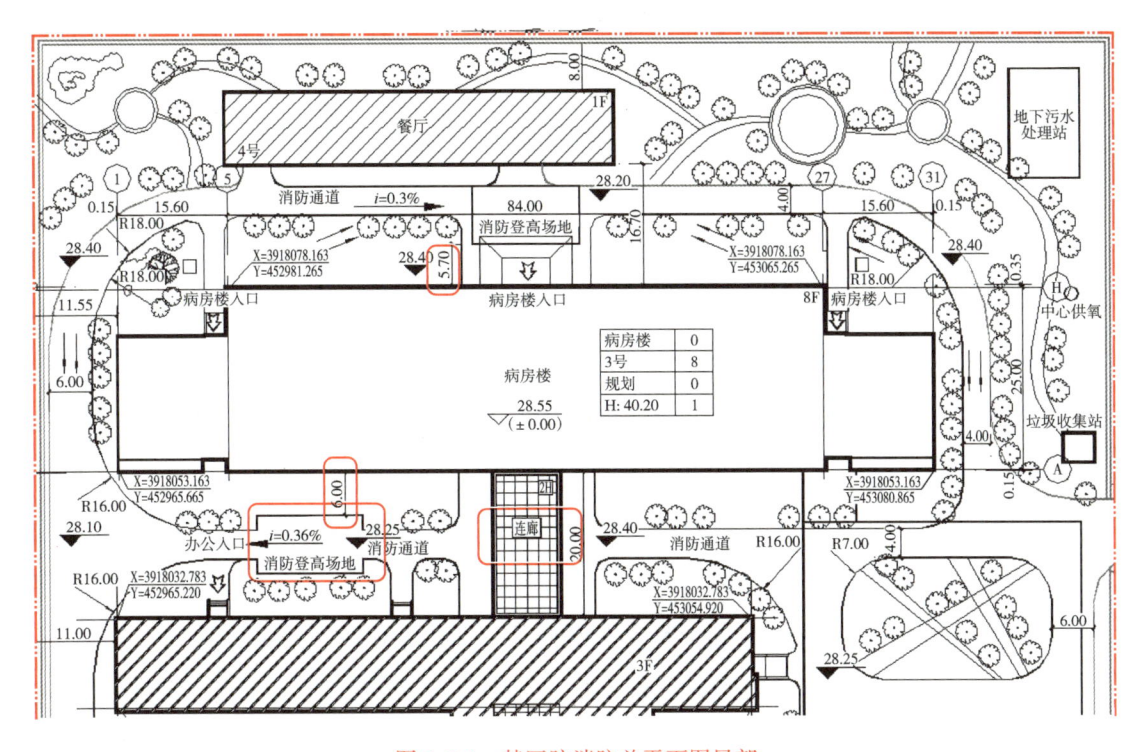

图 6.3-1 某医院消防总平面图局部

【原因分析】审查中发现提供的总平面图中未按规定设置消防车道和消防车登高操作场地，有的消防平面虽然设置操作场地了，但却不满足《建通规》第 3.4.6 节的要求。

【处理措施】救援场地布置的基本原则是应保证消防车的救援作业范围能覆盖该建筑的全部消防扑救面。上述实例中消防车救援场地布置显然不满足要求。审查意见中提出在病房楼的南北面增设操作场地。由于建筑场地受多方面因素限制，设计时要尽量利用建筑周围地面，使建筑周边具有更多的救援场地，特别是在建筑物的长边方向。

【条文延伸】1）消防总平面图应包括的主要内容：①建筑防火类别、耐火等级、主体及裙房消防高度、停车场（库）的规模位置，以及场地内原有建、构筑物保留或拆除的情况。②建筑防火间距。③消防车道、登高操作场地的位置、尺寸、坡度、转弯半径及构造。④建筑扑救面。⑤消防水池、消防取水口、消防泵房、消防水箱、消防控制室、柴油发电机房、变配电室位置示意，各设备用房的服务对象、名称应和产权认定相符合。⑥图例及其他相关说明，如消防标识要求、特殊的救援条件、复杂的消防高度计算及防火间距不足时采取的防火措施等。

2)《建通规》第3.4.7条，消防车登高操作场地规定：①场地与建筑之间不应有进深大于4m的裙房及其他妨碍消防车操作的障碍物或影响消防车作业的架空高压电线。②场地及其下面的建筑结构、管道、管沟等应满足承受消防车满载时压力的要求。③场地的坡度应满足消防车安全停靠和消防救援作业的要求。

(2) 救援场地靠建筑外墙一侧至建筑外墙的距离不合适。

【工程实例】 某综合性医院，分三期建设。一期为门诊楼，二期为病房楼（位于门诊楼西侧），均已建成，为满足城市建设发展需求，该医院在原建筑基础上向东扩建三期工程。西侧二期原病房楼部分借用南侧医院外小区道路，同时连通病房楼与门诊部分，形成环形消防车道，如图6.3-2所示。

【原因分析】 1) 一期与二期之间登高操作场地两侧建筑外墙间距最小距离为10.0m，仅满足消防操作场地要求，不满足与建筑外墙距离不少于5.0m的要求。

2) 原有门诊楼北面设置的登高操作场地一与门诊楼外墙间距离大于10m。审查中发现布置的救援场地距建筑外墙太近或太远，不符合《建规》第7.2.2条规定。救援场地距离建筑外墙太近或太远都不利于消防救援工作。

【处理措施】 改扩建项目由于受场地限制，布置消防救援场地比较困难，往往难以满足现行规范要求。审查意见中提出，若无法修改，建议按照改造项目进行消防专项审查或进行消防评审。

【条文延伸】《建规》第7.2.4.4条规定，场地应与消防车道连通，场地靠建筑外墙一侧的边缘距离建筑外墙不宜小于5m，且不应大于10m，场地的坡度不宜大于3%。

(3) 救援场地对应的建筑登高操作面无直通楼梯间的入口。

【工程实例】 某住宅小区，布置有8#、9#、10#三栋高层住宅楼，其中10#住宅楼高度52.90m，住宅楼2个入口在北向，南向布置消防车登高操作场地，如图6.3-3所示。

【原因分析】 消防登高操作场设置在10#住宅楼南边，给消防救援人员进入住宅楼救人带来困难，不符合《建规》第7.2.3条规定。

【处理措施】 为使消防员能尽快安全到达着火层，在建筑与消防车登高操作场地相对应的范围内设置直通室外的楼梯或直通楼梯间的入口十分必要，特别是高层建筑和地下建筑。灭火救援时，消防员一般要通过建筑物直通室外的楼梯间或出入口，从楼梯间进入着火层对该层及其上、下部楼层进行灭火救人。审查意见中提出建议，救援场地应设置在住宅楼北边，靠近入口处，方便救援人员进入。

第 6 章 总平面图设计常见问题

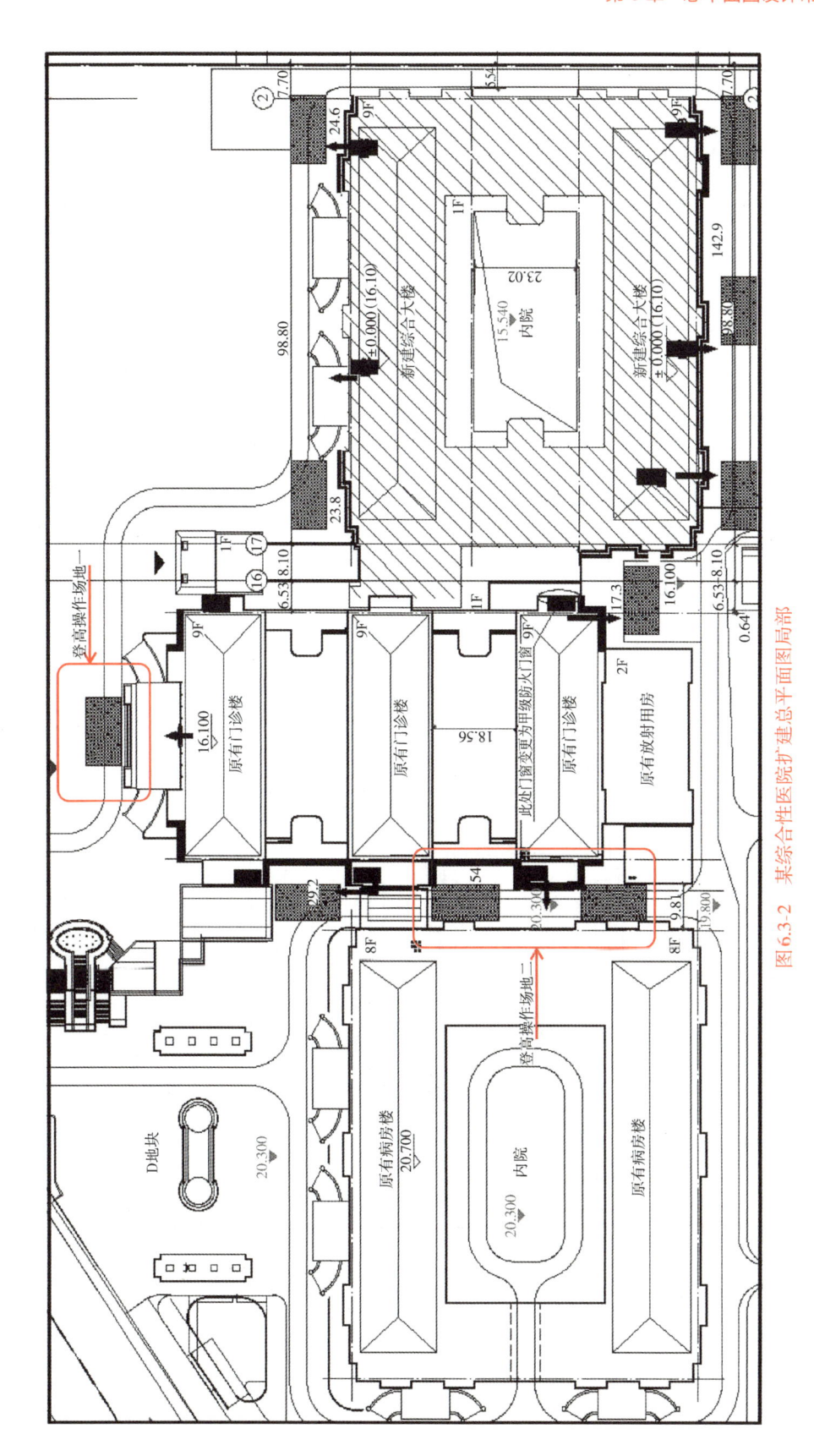

图 6.3-2 某综合性医院扩建总平面图局部

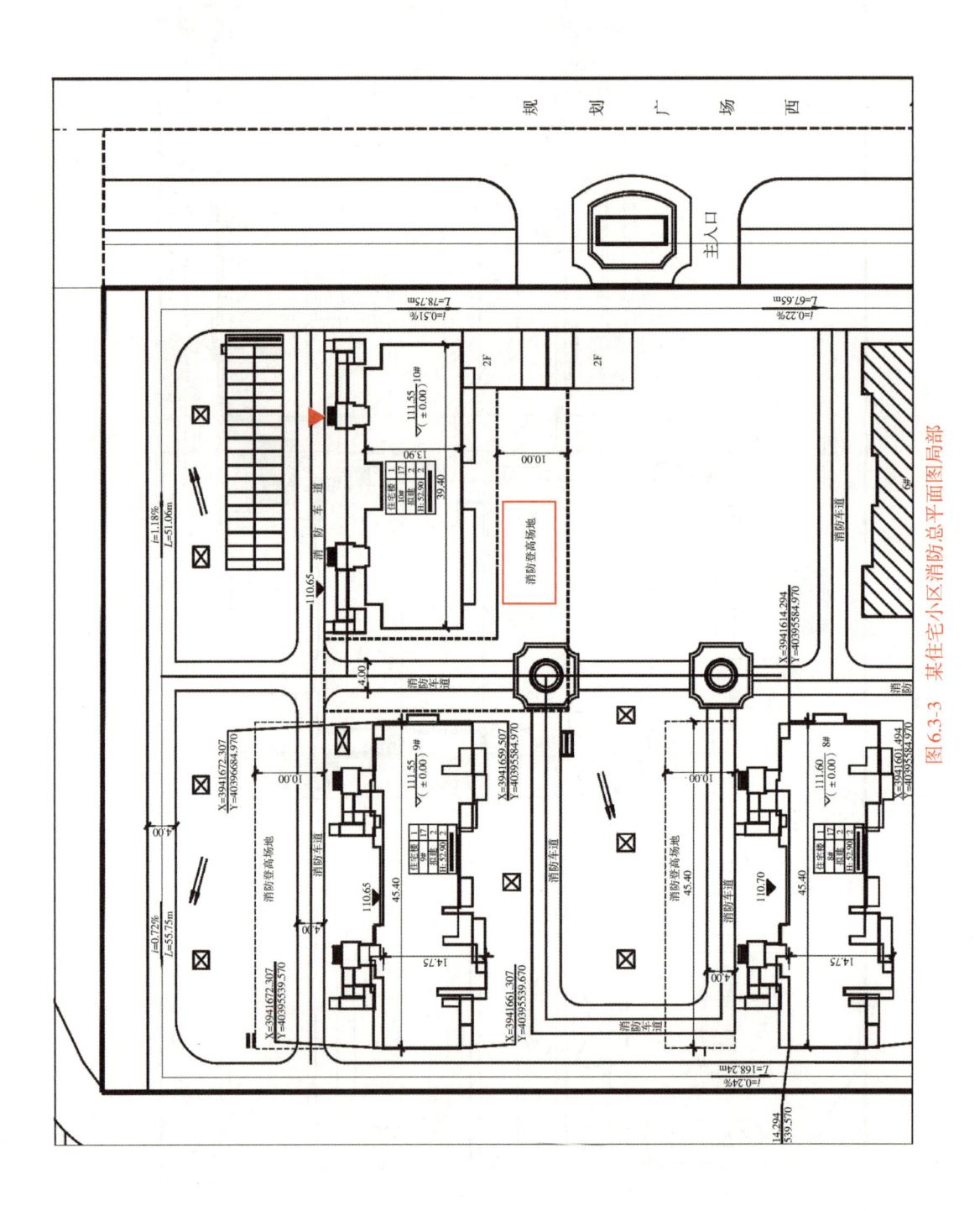

图 6.3-3 某住宅小区消防总平面图局部

【条文延伸】《建规》第 7.2.3 条规定，建筑物与消防车登高操作场地相对应的范围内，应设置直通室外的楼梯或直通楼梯间的入口。

（4）消防救援场地共用部分停车场问题。

【工程实例】某医院总平面中布置有门诊综合楼（H = 57.20m）、养老中心（H = 64.40m）和病房楼（H = 64.40m）等建筑物，设置了消防车道和消防救援场地，门诊楼南侧消防救援场地借用部分植草砖铺装的停车场，如图 6.3-4 所示。

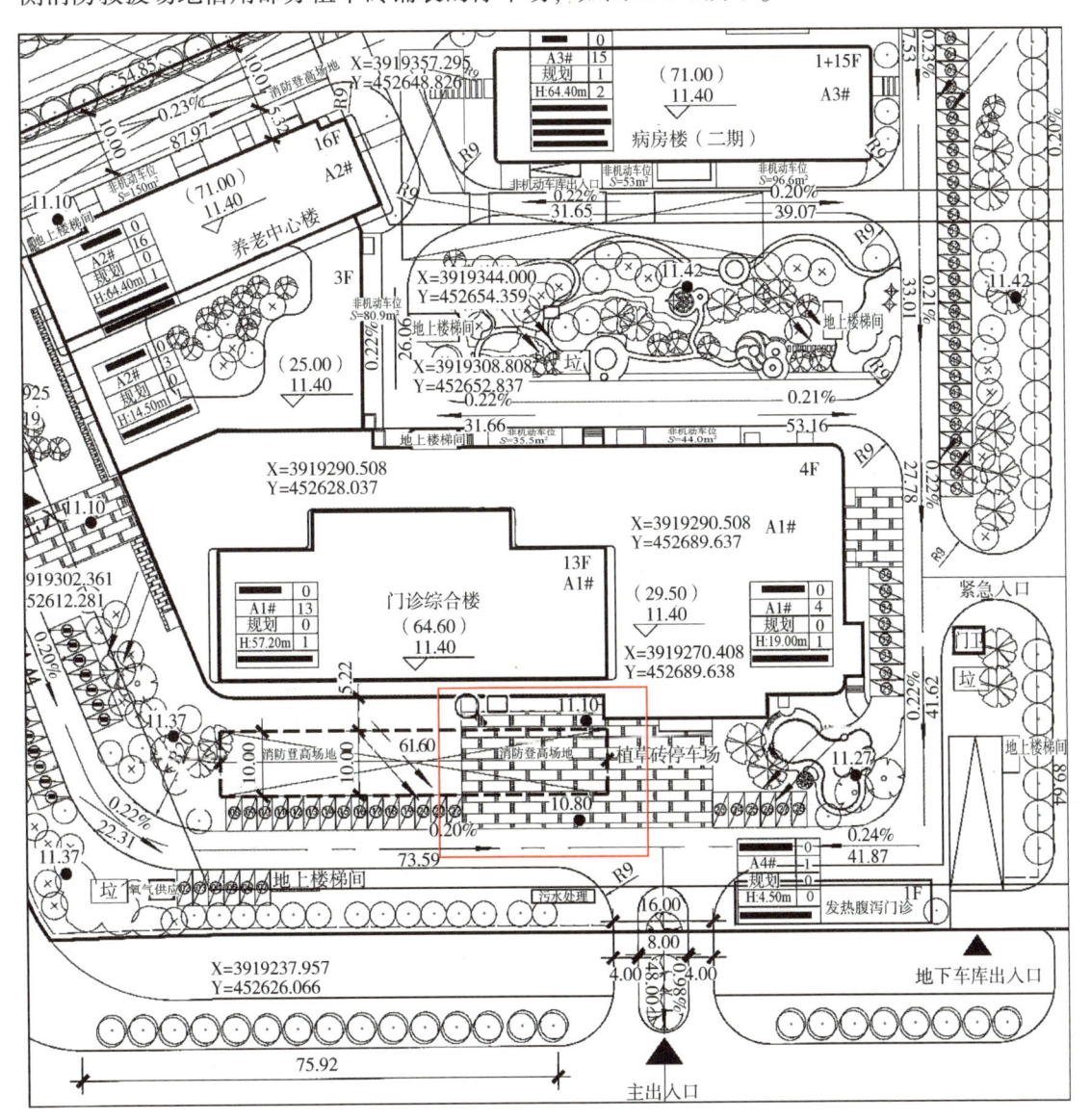

图 6.3-4 某医院总平面图布置救援场地

【原因分析】用植草砖铺设的消防救援场地，混凝土植草砖含有 30%～50%空隙率，不满足《建通规》第 3.4.7 条对场地的要求。

【处理措施】审查意见提出应修改部分停车场,确保南侧消防车救援场地满足沿门诊楼一个长边设置的要求。消防车登高操作场地是供消防车到达火场后,为满足举高类消防车停靠、展开和从建筑外部实施灭火与救援行动要求而在建筑周围设置的场地,场地及其下面的建筑结构、管道和管沟等应满足承受消防车满载时压力的要求。在实际工程建设的规划和设计阶段,应根据建筑的高度、规模、建筑总平面布局,合理布置消防救援场地。

【条文延伸】《建通规》第3.4.7.2条规定,消防车登高操作场地及其下面的建筑结构、管道、管沟等应满足承受消防车满载时压力的要求。

6.4 总平面布置安全问题

(1) 建筑物及附属设施凸出道路红线或用地红线建造。

【工程实例】某住宅小区,规划总用地面积76776m²,布置有1#~17#多层住宅,配套建设幼儿园、文体馆和邻里中心。其中幼儿园布置于场地的西南角,幼儿活动场地部分超出用地红线,如图6.4-1所示。

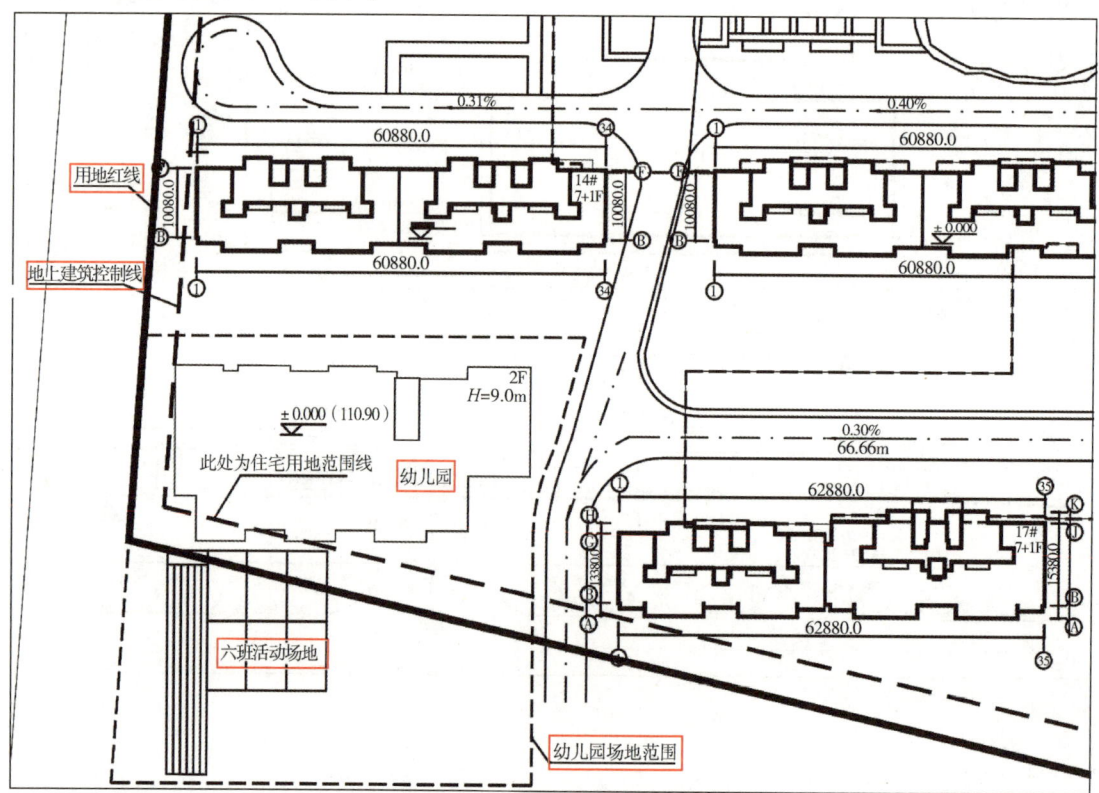

图6.4-1 某住宅小区幼儿园布置图

【原因分析】违反《民通规》第4.2.1条关于建筑物及其附属设施不应凸出道路红线或用地红线建造的规定（强制性条文）。

【处理措施】审查意见中提出要求开发商提供规划部门补充批文，否则应重新调整幼儿园方案。道路红线和用地红线是规划主管部门依据相关法规给出的建筑基地控制线，地面以上的建筑物及其附属设施不允许超出这个界线。总平面布置时应严格遵守。因场地特殊情况或其他原因需布置在红线之外时，应征得政府规划部门的同意，并取得相关批准文件。

【条文延伸】1）建筑除建筑连接体、地铁相关设施以及管线、管沟、管廊等市政设施外，建筑物及其附属设施不应凸出道路红线或用地红线。其中建筑物及其附属设施等地上设施包括门廊、连廊、阳台、室外楼梯、凸窗、空调机位、雨篷、挑檐、装饰构架、固定遮阳、台阶、坡道、花池、围墙、平台、散水明沟、进风口及排风口、地下室出入口、集水井、采光井等。

2）除地下室、地下车库出入口，以及窗井、台阶、坡道、雨篷、挑檐等设施外，建筑物的主体不应凸出建筑控制线。建筑控制线是规划主管部门依据相关法规等对地面建（构）筑物主体布置提出的控制线，地面以上的建筑物主体包括裙楼的外墙边线不允许超出这个界线。除地下室、窗井、建筑入口的台阶、坡道、雨篷等以外，建筑物的主体不得凸出建筑控制线建造。

（2）建筑基地内车行道、人行道宽度较窄，不满足规范要求。

【工程实例】某住宅小区项目，规划总用地面积66444.7m^2，布置有A-1#~A-13#多层住宅，配套建设商业、卫生站等。其中住宅小区内，单车道宽度3.00m，如图6.4-2所示。

【原因分析】违反《民建标》第5.2.2条关于住宅区内道路宽度的规定。

【处理措施】审查意见中提出住宅区内单车道设计路面宽应不小于4.00m，双车道路面宽应不小于6.0m，并应满足住宅区内交通流量要求，避免住宅区内部车辆通行不畅。

【条文延伸】基地道路设计基本规定：

1）单车道路宽≥4.00m，住宅区内双车道路宽≥6.00m，其他基地道路宽≥7.00m。

2）当道路边设停车位时，应加大道路宽度且不应影响车辆正常通行。

3）人行道路宽度≥1.50m，并应符合《无障碍规》的相关规定。

4）道路转弯半径≥3.00m，消防车道应满足消防车最小转弯半径要求。

5）尽端式道路长度大于120.00m时，应在尽端设置不小于12.00m×12.00m的回车场地。

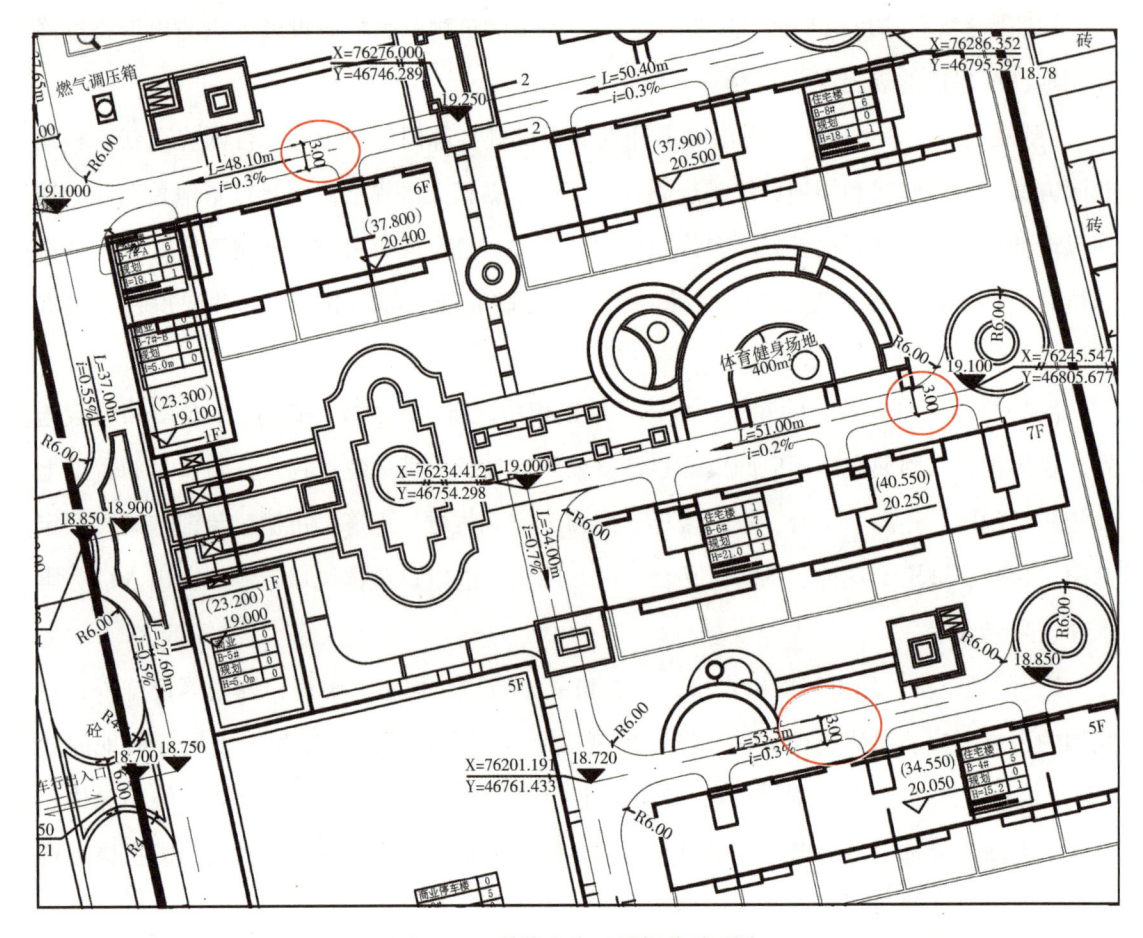

图 6.4-2 某住宅小区局部总平面图

(3) 建筑基地机动车出入口位置距城市主干道交叉口距离不满足要求。

【工程实例】建于某中等城市的高层综合业务楼,东邻济宁路,南邻莒州路二条主干道,基地主要汽车出口开向南边的莒州路,距离道路红线交叉点 46.00m,如图 6.4-3 所示。

【原因分析】《民建标》第 4.2.4 条规定基地机动车出入口距城市主干路交叉口(自道路红线交叉点起沿线)距离≥70.00m。

【处理措施】审查意见中提出应重新调整机动车出入口位置(向西偏移 24.00m),使之满足不小于 70.00m 的规定。

【条文延伸】建筑基地机动车出入口位置,应符合所在地控制性详细规划,并应符合下列规定:

1) 中等城市、大城市的主干路交叉口,自道路红线交叉点起沿线 70.00m 范围内不应设置机动车出入口。

2) 距人行横道、人行天桥、人行地道(包括引道、引桥)的最近边缘线≥5.00m。

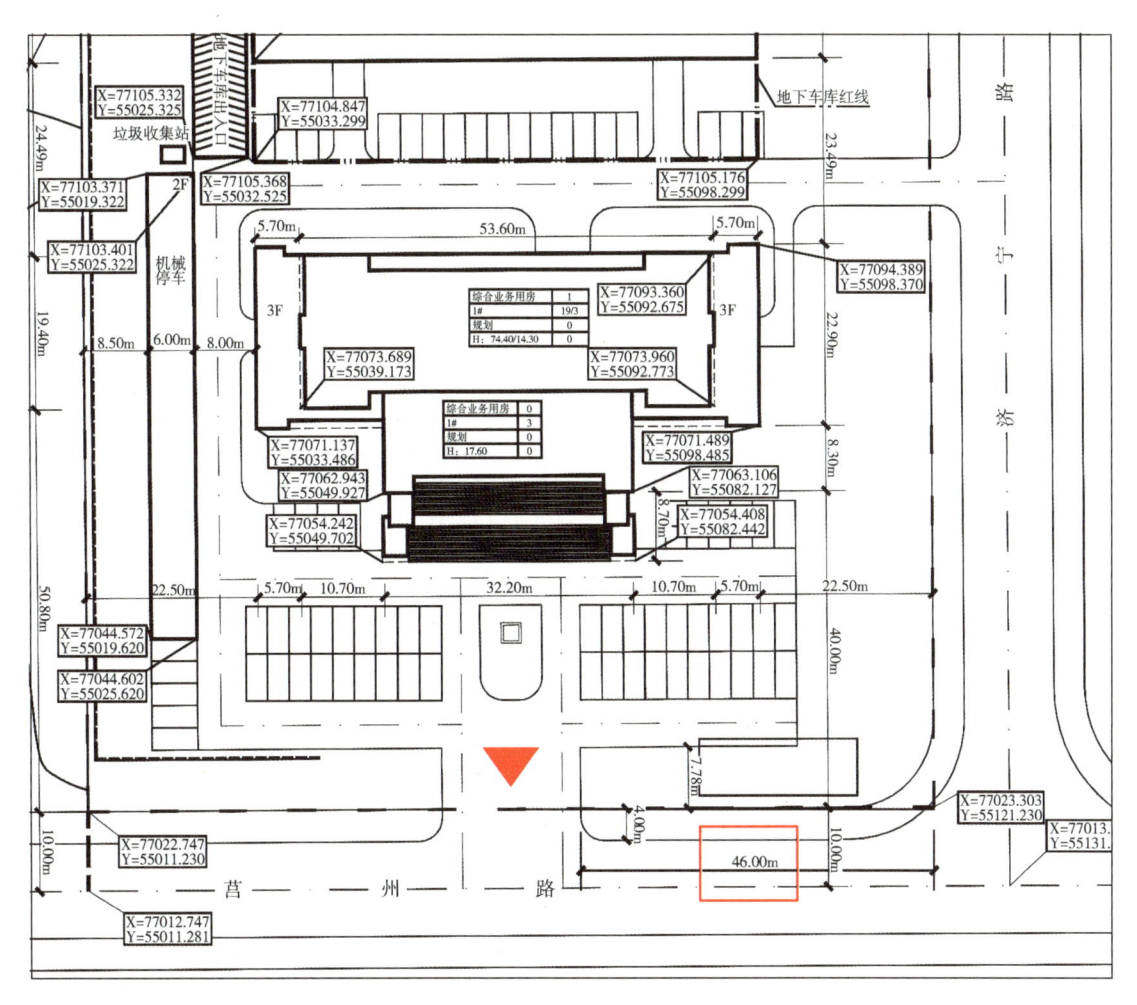

图 6.4-3　某综合业务楼总平面图

3）距地铁出入口、公共交通站台边缘≥15.00m。

4）距公园、学校及有儿童、老年人、残疾人使用建筑的出入口最近边缘≥20.00m。

(4) 幼儿园主要出入口直接面向城市干道开口，出入口前未设置人员安全集散和车辆停靠空间。

【工程实例】某城中村改造项目，在住宅小区东北角布置有六班幼儿园，位于城市干道吉林路和安康路交叉口处，如图6.4-4所示。

【原因分析】托儿所、幼儿园出入口设在城市主要道路一侧时，在接送幼儿时间停留车辆较多，严重影响城市道路交通，因此《托幼规》第3.2.7条规定，托幼建筑出入口不应设置在城市主要道路一侧。如果设在次要道路一侧，其出入口应退道路红线，并应留有一定的人员停留和停车的场地，防止影响城市道路交通。

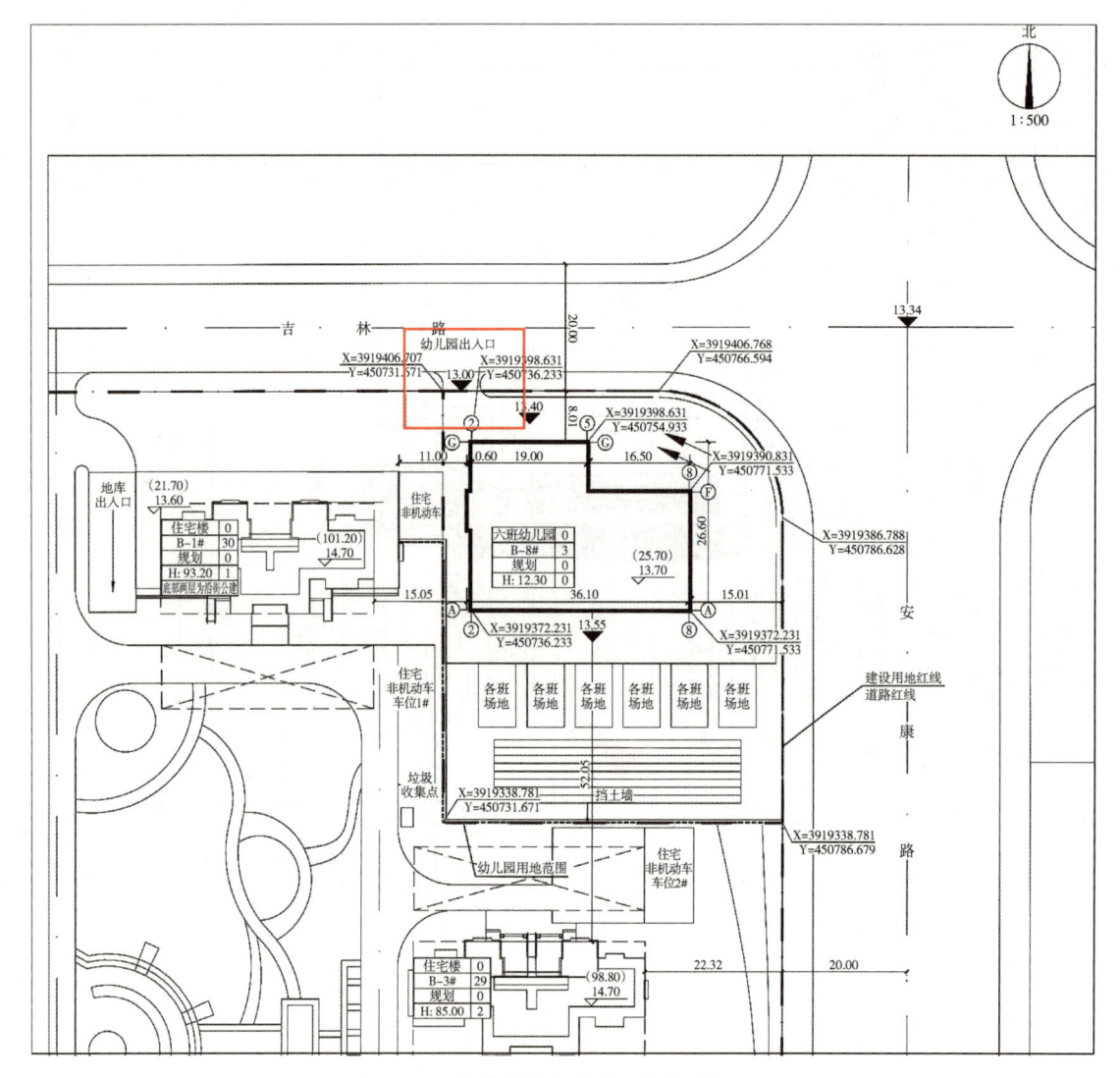

图 6.4-4　某城中村改造项目幼儿园布置图

【处理措施】审查意见中提出应重新调整托幼建筑出入口位置，并应在出入口位置留有一定的人员停留和停车的场地，具体面积可根据实际情况确定。

【条文延伸】1)《托幼规》第 3.2.4 规定：托儿所、幼儿园场地内绿地率不应小于 30%，宜设置集中绿化用地。绿地内不应种植有毒、带刺、有飞絮、病虫害多、有刺激性的植物。

2）第 3.2.6 条规定：托儿所、幼儿园基地周围应设围护设施，围护设施应安全、美观，并应防止幼儿穿过和攀爬。在出入口处应设大门和警卫室，警卫室对外应有良好的视野。

3）第 3.2.7 条规定：托儿所、幼儿园出入口不应直接设置在城市干道一侧；其出入口应设置供车辆和人员停留的场地，且不应影响城市道路交通。

第 7 章 建筑节能设计常见问题

我国地域广阔，从严寒地区、寒冷地区、夏热冬冷地区、夏热冬暖地区到温和地区，各地气候条件差别很大，太阳辐射量也不一样，采暖与制冷的需求各有不同。即使在同一个严寒地区，其寒冷时间与严寒程度也有相当大的差别，因而，审查时需要注意不同地区其节能设计执行的地方标准与国家标准的不同点，而且各个省市节能设计时必须执行当地的一些地方标准和政府文件要求。如 2022 年 4 月 1 日起实施的国家标准《建筑节能与可再生能源利用通用规范》（GB 55015—2021）规定新建居住建筑平均能耗水平应在 2016 年执行节能设计标准的基础上再降低 30%，其中要求严寒寒冷地区居住建筑平均节能率为 75%。而山东省早在 2015 年就已经实施了居住建筑节能 75% 的设计标准，2023 年 5 月 1 日起实施的山东省《居住建筑节能设计标准》（DB37/T 5026—2022）是在原标准（节能 75%）的基础上再降低 30% 的能耗（能效提升 30%），即居住建筑节能率达到了 82.5%（约等于 83%），按照国家对建筑节能阶段的划分，山东省已率先实施第五步节能。

7.1 居住建筑节能设计问题

（1）送审的节能设计文件中，节能设计依据与设计内容不符。

【工程实例】某职业学校学生公寓，位于山东省某市，属于寒冷 A 区，建筑高度 22.2m，地上 6 层，为多层非住宅楼居住建筑，如图 7.1-1 所示。按照公共建筑进行节能设计，节能设计表如图 7.1-2 所示。

【原因分析】按照《节能通规》和《山东居能标》第 1.0.2 条规定，学生公寓应按照居住建筑进行节能设计。

【处理措施】审查意见提出，从节能角度来说，学生公寓属于居住建筑，应按照《山东居能标》进行节能设计。

【条文延伸】1）《严寒节能标》第 1.0.2 条注：本标准适用于纳入基本建设监管程序的各类居住建筑，包括住宅、集体宿舍、住宅式公寓、商住楼的住宅部分，以及居住面积超过总建筑面积 70% 的托儿所、幼儿园等建筑。

1 建筑概况	
工程名称	□□职业技术学院新校区 21-2#学生公寓
工程地点	山东-□□
气候子区	寒冷 A 区
建筑类型	学生宿舍
建筑面积	地上 14057 ㎡ 地下 0 ㎡
建筑层数	地上 6 地下 0
建筑高度	22.2m
北向角度	117°
结构类型	框架结构
采暖期天数	98d
采暖期室外平均温度	2.10℃

2 设计依据

1.《建筑节能与可再生能源利用通用规范》(GB 55015—2021)
2.《严寒和寒冷地区居住建筑节能设计标准》(JGJ 26—2018)
3.《民用建筑热工设计规范》(GB 50176—2016)
4.《建筑幕墙、门窗通用技术条件》(GB/T 31433—2015)

图 7.1-1 某职业学校 21-2#学生公寓建筑概况

2)《山东居能标》第 1.0.2 条注：集体宿舍、住宅式公寓、住宅与非住宅组合建造的住宅部分应执行本标准。对于养老院、福利院、敬老院等老年人照料设施的建筑，按照公共建筑进行节能设计。当公寓式建筑若作为办公或酒店用房使用，且以空调能耗为主时，应执行公共建筑节能设计标准。旅馆虽然供人居住，但附属设施较多，功能比较复杂，而且现在普遍设置集中空调系统，和医院的病房楼情况类似，因此均应执行公共建筑节能设计标准。居住建筑中的底部有公共建筑的部分（含商业服务网点），其建筑面积大于地上总面积的 20%，且大于 1000㎡ 时，应执行公共建筑节能设计标准，否则按本标准执行。

(2) 按照国家节能设计标准进行设计，不符合地方节能标准要求。

【工程实例】位于山东省内某住宅区项目，属于寒冷 A 区，其中 1#住宅楼建筑高度 76.30m，地上 26 层，剪力墙结构，节能设计表如图 7.1-3 所示。

【原因分析】按照国家标准《节能通规》和《严寒节能标》规定的指标进行节能设计计算，住宅建筑平均节能率为 75%，而按照山东省标《山东居能标》进行节能设计，住宅建筑节能率可达到 83%。因此，依据国标和省标设计，围护结构热工性能参数差别很大，现对比如下：

第7章 建筑节能设计常见问题

公共建筑节能设计表

工程名称		工程编号		建筑面积(m²)				结构类型	
☑ 职业技术学院21-2#学生公寓				14057.00				砌体 □ 框架 ☑ 剪力墙 □ 钢结构 □ 其他(框架剪力墙) □	
建筑外表面积(m²)	建筑体积(m³)	体形系数 S							
10813.96	52114.78	0.21						窗墙面积比	东立面:0.35 西立面:0.35 南立面:0.50 北立面:0.30
围护结构部位		S≤0.3		0.3<S≤0.4		规定值	设计值		做法说明
		传热系数K限值 [W/(m²·K)]	太阳得热系数SHGC (东、南、西向/北向)	传热系数K限值 [W/(m²·K)]	太阳得热系数SHGC (东、南、西向/北向)	传热系数K限值 [W/(m²·K)]	传热系数K限值 [W/(m²·K)]		
屋面		≤0.40	—	≤0.35	—	≤0.20	0.23		135mm厚泰柏夹芯屋面板体系详06J130 P140-3,老09J130 P140-3
外墙(包括非透明幕墙)		≤0.50	—	≤0.45	—		0.31		100mm厚岩棉板(其保温材料外墙外保温系统构造(三)>19CJ83-3)
与室外空气接触的架空或外挑楼板		≤0.50	—	≤0.45	—				
供暖空调房间与非供暖空调房间的楼板		≤1.0	—	≤1.0	—				
供暖空调房间与非供暖空调房间的隔墙		≤1.20	—	≤1.20	—				
	C_0≤0.2	≤2.50	—	≤2.50	—	≤0.70	0.85	选用做法传热系数K	200mm加气混凝土砌块墙两侧分别抹5厚轻化浆
	0.2<C_0≤0.3	≤2.50	≤0.48/—	≤2.40	≤0.48/—		1.7	太阳得热系数SHGC (东、南、西向/北向)	
单一朝向外窗 (包括透明幕墙)	0.3<C_0≤0.4	≤2.00	≤0.40/—	≤1.80	≤0.40/—				70系列隔热铝合金开窗 (5+12A+5+12A+5Low-E)
	0.4<C_0≤0.5	≤1.90	≤0.40/—	≤1.70	≤0.40/—			0.24	
	0.5<C_0≤0.6	≤1.80	≤0.35/—	≤1.60	≤0.35/—				
屋顶透明部分		≤2.40		≤2.40					
围护结构部位		保温材料层热阻R[(m²·K)/W]				保温材料层热阻R[(m²·K)/W]			
周边地面		≥0.50				挤塑聚苯板保温层厚50			
供暖、空调地下室外墙(室内外温差较大的地方)		≥0.90							
其他		≥0.90				0.89			
建筑节能设计判定方法		☑ 直接判定法 设计建筑(kWh/m²)				□ 指标判定法 参照建筑(kWh/m²)			□ 对比判定法
权衡节能计算结果									

图7.1-2 某职业学校21-2#学生公寓节能设计表

居住建筑节能设计审查备案登记表

工程名称	1#住宅楼	结构类型	剪力墙	热工计算建筑面积(m²)	10668.6		设计人		专业负责人	
工程编号		层数	地上26层,地下层	附合形式	封阳□ 不封阳■		校核人		审核人	
体形系数S	0.35	窗墙面积比	南:0.39 北:0.26 东:0.22 西:0.22							

围护结构部位		节能做法	传热系数 [W/(m²·K)]	
			限值	设计值
屋面		120mm厚钢筋混凝土+137.5mm厚挤塑聚苯酯保温层(缝隙凡屋面保温层等于25%)	0.25	0.24
外墙	外墙平均传热系数	275mm厚自保温砖块+15.0mm厚A级保温棉	0.45	K_m=0.42
	外墙主断面	40mm厚XSP石墨聚苯板+35mm厚A级保温棉		K_{zd}=0.34
	热桥	15.0mm厚岩棉保温材料/15.0mm厚岩棉保温浆料		K_{rq}=0.36
	分隔采暖与非采暖空间的隔墙		1.50	0.72
	分隔采暖与非采暖空间的户门	多功能门	2.00	1.50
	阳台门		1.70	1.50
变形缝墙(两侧墙体保温或建筑保温材料基实度不小于300mm)		15.0mm厚岩棉保温材料/15.0mm厚岩棉保温浆料	0.60	0.72
住宅地变分户墙			—	—
凸窗不透明顶板、底板、侧板			—	—
外门湖口室外用途墙体			—	—
楼板	架空或外挑楼板		0.50	0.49
	分隔采暖与非采暖空间的楼板	55mm厚挤塑聚苯板(XPS)	1.60	—
	周边墙面		1.80	1.82
外墙	半地下室、地下室与土壤接触的外墙	60mm厚挤塑聚苯板(XPS)		

	类型		设计值		限值		保温层总阻R[(m²·K)/W]	遮阳系数设计值S_C
			平窗	凸窗	平窗	凸窗		
外窗	70系列断桥铝合金中空玻璃窗(5+15Ar+5Low-E)	窗墙面积比C_0						
		≤0.3	1.5	—	2.2	—		0.54
		0.3<C_0≤0.5	1.5	—	2.0	—		0.54

	外窗气密性等级		7级《GB/T 7106-2008》
供暖能耗(kWh/M2)	参照建筑	21.88	判定方法
	设计建筑	19.99	结论:满足 直接判定□, 权衡判断■

图7.1-3 某住宅小区1#住宅楼节能设计表

1) 围护结构热工性能参数对比（寒冷地区）。从表 7.1-1 可以看出，《山东居能标》中对屋面、外墙和外窗等热工参数提高比例较大。

表 7.1-1 寒冷地区围护结构热工性能参数对比

围护结构部位		《节能通规》《严寒节能标》		《山东居能标》	提高比例
		传热系数 $K/[W/(m^2·K)]$		传热系数 $K/[W/(m^2·K)]$	
		寒冷 A 区	寒冷 B 区		
屋面		≤0.25	≤0.30	≤0.15↑	40%，50%
外墙		≤0.35/0.45	≤0.35/0.45	≤0.20/0.30↑	43%，33%
架空或外挑楼板		≤0.35/0.45	≤0.35/0.45	≤0.20/0.30↑	43%，33%
分隔供暖与非供暖空间的楼板		≤1.50	≤1.50	≤0.45↑	70%
供暖房间与室外接触的外门		≤2.00	≤2.00	≤1.50↑	25%
分隔供暖与非供暖空间的隔墙		≤1.50	≤1.50	≤1.50	0
分隔供暖与非供暖空间的户门		≤2.00	≤2.00	≤2.00	0
围护结构部位		保温材料层热阻 $R/(m^2·K/W)$			
与土壤接触的地面		≥1.60	≥1.50	≥1.60↑	0，7%
地下室及半地下室与土壤接触的外墙		≥1.80	≥1.60	≥1.80↑	0，13%
外窗	窗墙面积比 C_m≤0.30	≤1.80/2.20	≤1.80/2.20	≤1.40/1.50↑	22%，32%
	0.3<窗墙面积比 C_m≤0.50	≤1.50/2.00	≤1.50/2.00	≤1.30/1.40↑	13%，30%
天窗		≤1.80	≤1.80	≤1.30/1.50↑	28%，17%

2) 权衡限值对比。《山东居能标》规定除居住建筑体型系数、窗墙面积比和部分围护结构传热系数不能满足限值要求时可进行权衡判断，但进行权衡判断的设计建筑，其窗墙面积比及部分围护结构热工性能不得低于表 7.1-2 基本要求。其他围护结构热工限值必须满足要求。与此不同的是，《节能通规》和《严寒节能标》新增了多个围护结构权衡的准入条件，当不满足规定性指标限值要求时，可以进行权衡计算，但是仍需满足权衡的准入条件。

表 7.1-2 《节能通规》《严寒节能标》和《山东居能标》权衡限值对比

围护结构		《节能通规》	《严寒节能标》	《山东居能标》
屋面 K		不得降低	不得降低	≤0.15
外墙 K		≤0.60	≤0.60	≤0.35
架空或外挑楼板 K		≤0.60	≤0.60	≤0.40
外窗 K		≤2.50	≤2.50	≤1.50
太阳得热系数 SHGC		不可权衡	不可权衡	≤0.36
窗墙面积比 C_Q	北	≤0.40	≤0.40	≤0.40
	东、西	≤0.45	≤0.45	≤0.45
	南	≤0.60	≤0.60	≤0.60

3）其他指标要求对比。除围护结构热工性能参数限值对比之外，将其他要求进行归纳总结，见表7.1-3。表中列出《严寒节能标》《节能通规》和《山东居能标》的差异点。

表 7.1-3　寒冷地区居住建筑其他参数热工限值的对比

类别		《节能通规》	《严寒节能标》	《山东居能标》
体型系数		≤0.57/0.33	≤0.57/0.33	≤0.55/0.33
窗墙面积比 C_Q	北	≤0.30	≤0.30	≤0.30
	东、西	≤0.35	≤0.35	≤0.35
	南	≤0.50	≤0.50	≤0.50
天窗比例		≤15%	≤15%	≤15%
门窗气密性		≥6级	≥6级	≥7级
主要功能房间窗地面积比		≥1/7	无要求	≥1/7

【处理措施】审查意见提出，住宅建筑应按照《山东居能标》进行节能设计。

【条文延伸】《节能通规》第3.1.4、3.1.17条，居住建筑的窗墙面积比按开间计算，其中每套住宅应允许一个房间在一个朝向上的窗墙面积比不大于0.60；居住建筑外窗玻璃的可见光透射比≥0.40。

（3）节能计算书、节能专篇等设计文件中住宅建筑的主要使用房间的窗地比不符合标准要求。

【工程实例】某多层住宅楼，建筑高度15.30m，框架结构，中间单元书房面积7.28m²，书房窗口尺寸0.7m×1.4m，标准层平面图如图7.1-4所示。

【原因分析】住宅单元中间户书房窗地比为1/7.4，不满

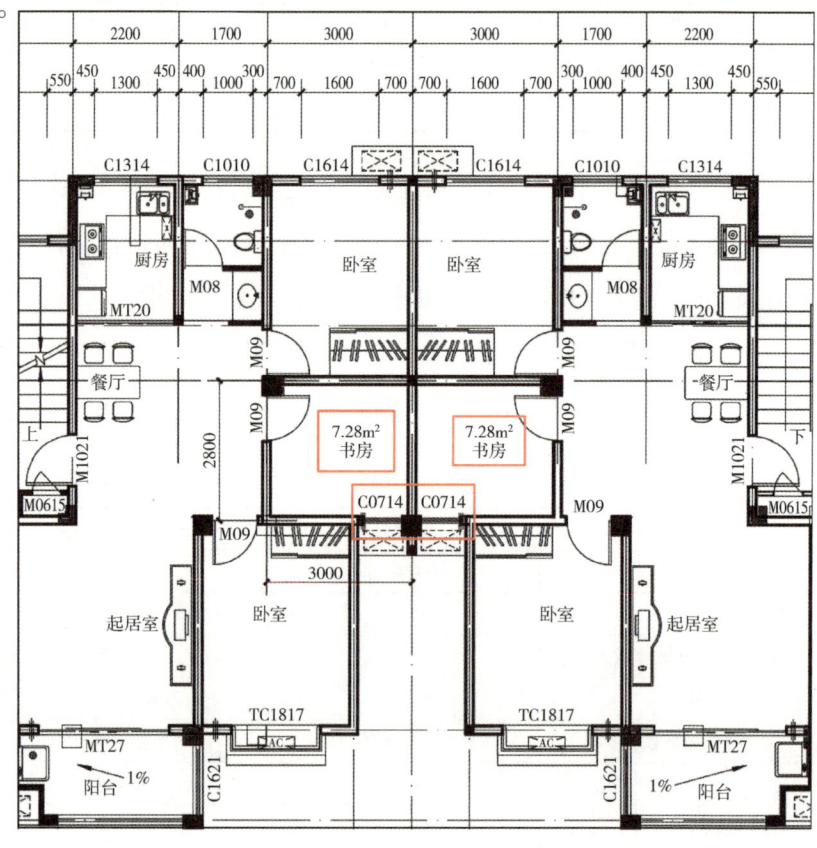

图 7.1-4　某多层住宅楼标准层平面图

足《节能通规》第 3.1.18 条对书房的窗地面积比不应小于 1/7 的规定。居住建筑的主要使用房间如卧室、书房、起居室等的窗地面积比必须满足规范规定的最低要求,且不参与权衡判定。

【处理措施】审查意见提出,住宅书房的房间窗地面积比不应小于 1/7。应调整外墙窗洞尺寸。最终版施工图把书房窗户调为 C0914,窗地比为 1/5.8,满足规范要求。

【条文延伸】《节能通规》第 3.1.18 条,居住建筑的主要使用房间(卧室、书房、起居室等)的房间窗地面积比不应小于 1/7。

7.2 公共建筑节能设计问题

(1)送审的节能设计文件中,提供的建筑碳排放计算分析报告不满足要求。

【工程实例】某校区行政楼,地上建筑面积 11986m^2,建筑高度 39.3m,地上 10 层,如图 7.2-1 所示,对该行政楼进行碳排放分析计算,计算结果如图 7.2-2 所示。

1 建筑概况	
工程名称	学院新校区11#校行政楼
工程地点	山东
地理位置	北纬:35.40° 东经:119.50°
建筑寿命/年	50
建筑面积/m²	地上11986 地下1524
建筑层数	地上10 地下1
建筑高度/m	地上39.3 地下5.9
建筑体积/m³	48740.66
建筑外表面积/m²	9033.03
北向角度	110.7°
结构类型	框架结构
外墙太阳辐射吸收系数	0.75
屋顶太阳辐射吸收系数	0.75
控温期	全年控温

2 标准依据

1.《绿色建筑评价标准》(GB/T 50378—2019)
2.《建筑碳排放计算标准》(GB/T 51366—2019)
3.《建筑节能与可再生能源利用通用规范》(GB 55015—2021)
4.《民用建筑绿色性能计算标准》(JGJ/T 449—2018)

图 7.2-1 某职业学校行政楼建筑概况

9 计算结果

9.1 建筑运行碳排放

电力	类别	设计建筑碳排放量 /[kgCO$_2$/(m^2·a)]	参照建筑碳排放量 /[kgCO$_2$/(m^2·a)]
	供冷(E_c)	6.59	15.80
	供暖(E_h)	0.03	3.24
	空调风机(E_f)	2.01	—
	照明	9.54	10.73
	插座设备	16.75	16.75
其他(E_o)	电梯	0.66	0.66
	生活热水（扣减了太阳能）	0.00	0.00
	其他合计	0.66	0.66
化石燃料	所属类别	设计建筑碳排放量 /[kgCO$_2$/(m^2·a)]	参照建筑碳排放量 /[kgCO$_2$/(m^2·a)]
无	供暖：热源锅炉	0.00	—
烟煤Ⅱ	供暖：市政热力	3.57	—
无	生活热水（扣减了太阳能）	0.00	0.31
燃气	炊事	—	—
可再生	类别	设计建筑碳减排量 /[kgCO$_2$/(m^2·a)]	参照建筑碳减排量 /[kgCO$_2$/(m^2·a)]
	太阳能热水(E_s)	0.81	
可再生能源(E_r)	光伏(E_p)	6.16	
	风力(E_w)	0.00	
碳排放合计		33.00	47.50
相对参照建筑降碳比例(%)		30.53（目标值：40）	
相对参照建筑碳排放强度降低值/[kgCO$_2$/(m^2·a)]		14.50（目标值：7）	

10 结论

综合以上计算结果，本项目的建筑运行碳排放强度在2016年执行的节能设计标准的基础上降低了30.53%，碳排放强度降低了14.50kgCO$_2$/(m^2·a)。建筑运行碳排放指标不满足《建筑节能与可再生能源利用通用规范》(GB 55015—2021)第2.0.3条的要求。

图7.2-2 某职业学校行政楼碳排放计算结果

【原因分析】该行政楼碳排放计算结果不满足《节能通规》第2.0.3条规定。

【处理措施】按照《节能通规》第2.0.3条规定，新建的公共建筑碳排放强度应分别在2016年执行的节能设计标准的基础上平均降低40%，碳排放强度平均降低7[kgCO$_2$/(m^2·a)]以上。审查意见提出，应调整建筑的节能做法，按照《碳排标》重新进行碳排放计算，并提供计算书。

【条文延伸】1)《节能通规》第2.0.1条规定：新建居住建筑和公共建筑平均设计能耗水平应在2016年执行的节能设计标准的基础上分别降低30%和20%。不同气候区平均节能率应符合下列规定：①严寒和寒冷地区居住建筑平均节能率应为75%；②除严寒和寒冷地区外，其他气候区居住建筑平均节能率应为65%；③公共建筑平均节能率应为72%。

2)《节能通规》第 2.0.5、2.0.7 条规定:新建、扩建和改建建筑以及既有建筑节能改造均应进行建筑节能设计。建设项目可行性研究报告、建设方案和初步设计文件应包含建筑能耗、可再生能源利用及建筑碳排放分析报告。施工图设计文件应明确建筑节能措施及可再生能源利用系统运营管理的技术要求;当工程设计变更时,建筑节能性能不得降低。

(2) 公共建筑当建筑高度超过 150m 或单栋建筑地上建筑面积大于 20 万 m^2 时,未提供节能设计专项论证报告。

【原因分析】按照山东省标《山东公能标》第 1.0.5 条规定,应进行节能专项论证。

【处理措施】许多地方节能标准对大型公建有一些特殊要求,应由业主在初步设计阶段组织专家对节能设计进行专项论证,专项论证结论可作为施工图节能设计的依据,并在节能设计专篇说明中特别列出。

【条文延伸】《山东公能标》第 1.0.5 条规定,当建筑高度超过 150m 或单栋建筑地上建筑面积大于 20 万 m^2 时,应组织专家对其节能设计专项论证。

(3) 建筑屋顶透光部分面积不大于屋顶总面积的 20%,但屋顶透光部分面积大于其下部相对应空间楼地面面积的 70%,未进行权衡判定。

【工程实例】某广场综合体项目,建于山东省某市,屋面长 228.5m,宽 87.6m,屋顶总建筑面积约 2 万 m^2,中庭部分设有玻璃采光顶,采光顶面积约 $3500m^2$,中庭部分面积约 $4900m^2$,如图 7.2-3 所示,提供节能计算书未进行权衡判定。

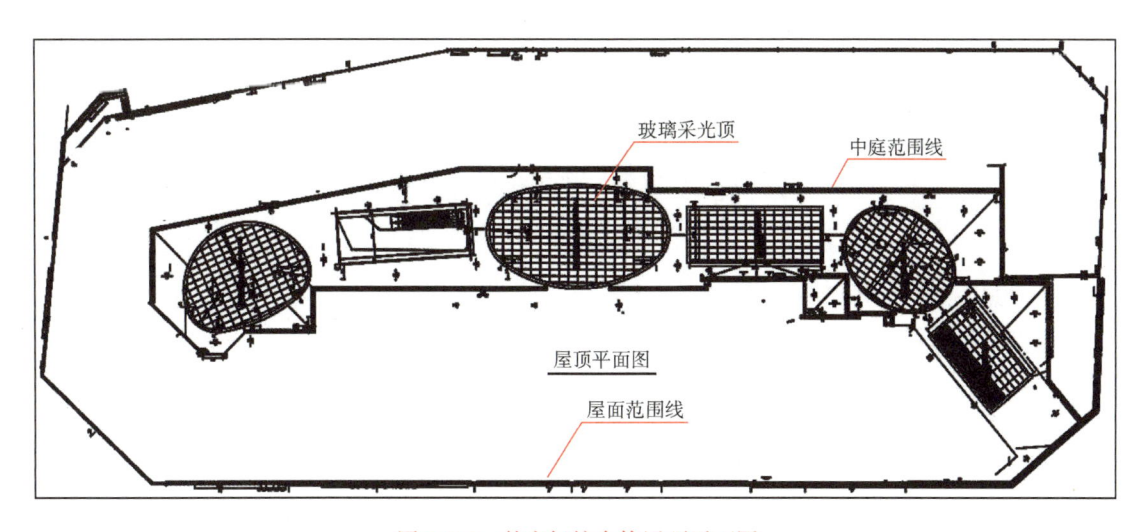

图 7.2-3 某广场综合体屋顶平面图

【原因分析】满足《节能通规》第3.1.6条规定，但不满足《山东公能标》第3.2.5条规定，应进行权衡判定。

【处理措施】审查意见提出，由于屋顶透光部分面积大于其下部相对应中庭空间楼地面面积的70%，因此应按照《山东公能标》第3.2.5条规定的方法进行权衡判断。

【条文延伸】《山东公能标》第3.2.5条，甲类公共建筑的屋顶透光部分面积不应大于屋顶总面积的20%，且屋顶透光部分面积不得大于其下部相对应空间楼地面面积的70%。当不能满足本条规定时，应进行权衡判断。对于那些需要视觉采光效果而加大屋顶和其相对应空间（含中庭）屋顶的透光部分面积的建筑，如果设计建筑满足不了规定性指标要求，突破了限值，就需要权衡判断。屋顶相对应空间（含中庭）透光部分面积的大小对建筑能耗影响很大，且屋顶透光部分的传热系数远大于屋面，应严格控制。

7.3　工业建筑节能设计问题

（1）送审的厂房（仓库）施工图设计文件中，未进行节能设计。

【原因分析】违反《工建节能标》第1.0.1、1.0.2条规定。

【处理措施】审查意见提出，厂房（仓库）应按照《工建节能标》规定进行节能设计。施工图应提供节能专篇内容和节能计算书。

【条文延伸】1)《工建节能标》第1.0.1条注，工业建筑和公共建筑、居住建筑一样，属于建筑物类型之一，在建筑节能方面有共同部分，工业建筑节能和公共建筑节能更相近，因此，也需执行设计分类、节能设计参数、建筑及其围护结构热工设计等。

2)《节能通规》不适用于没有设置供暖、空调系统的工业建筑。

（2）一类厂房（仓库）为了节省材料，按照二类工业建筑进行节能设计。

【原因分析】违反《工建节能标》第3.1.1条规定。

【处理措施】审查意见提出，厂房（仓库）应按照一类工业建筑进行节能设计。施工图应提供节能专篇内容和节能计算书。

【条文延伸】工业建筑分类：

1）一类工业建筑，冬季以供暖能耗为主，夏季以空调能耗为主，通常无强污染源及强热源。代表性行业有计算机、通信和其他电子设备制造业，食品制造业，烟草制品业，仪器仪表制造业，医药制造业，纺织业等。凡是有供暖空调系统能耗的工业建筑，均执行一类工业建筑相关要求。

2）二类工业建筑，以通风能耗为主，通常有强污染源或强热源。代表性行业有金属冶炼和压延加工业，石油加工、炼焦和核燃料加工业，化学原料和化学制品制造业，机械制造等。强污染源是指生产过程中散发较多的有害气体、固体或液体颗粒物的源项，要采用专门的通风系统对其进行捕集或稀释控制才能达到环境卫生的要求。强热源是指在工业加工过程中，具有生产工艺散发的个体散热源，如热轧厂房。

第8章
建筑设计总说明中常见问题

建筑施工图设计总说明是施工图设计文件的重要组成部分，也是建设项目的纲领性文件之一。住房和城乡建设部印发的《建筑工程设计文件编制深度规定》（2016版）（以下简称《设计深度规定》）中规定了施工图设计文件的编制深度，要求设计文件齐全、完整，文字说明准确、清晰。但从近几年施工图审查的情况来看，不同设计院，甚至同一设计院的不同设计人员对建筑设计说明的写法往往也不统一。再加上各设计院设计水平良莠不齐，许多送审的施工图设计总说明中违反强制性条文时有发生。有些直接套用别的设计说明，建筑做法未加修改，张冠李戴，导致施工时常常变更图纸，延误了工期，给甲方造成损失。究其主要原因是设计人员不够重视，达不到标准化、规范化。

8.1 与深度有关的一些问题

（1）说明内容表达得不确切，内容不完善。

【原因分析】许多建筑设计人员认为建筑设计总说明就是建筑专业施工图的补充技术说明，这种理解是错误的。从设计方案选择到初步设计完成再经过多次反复修改、调整，最终的设计成果则是建筑施工图及其总说明。设计总说明及施工图是指导建筑工程施工唯一有效的技术文件，是工程竣工、验收的重要依据。

【处理措施】建筑设计总说明应包括两部分：一部分为技术说明，如技术数据、技术说法，以及对施工图的补充说明等；另一方面为非技术说明，如工程概况等。建筑设计总说明应概括整个工程设计，而不是针对工程设计图纸来说的。所以在非技术性说明中，尤其是在工程设计概况中，应对设计工程在总体上有一个全面而精练的交代。在工程设计概况中除了写明工程设计的主要经济技术指标和主要使用功能外，还应表明设计人员的创意和构思。在工程设计概况中除了重点阐述设计构思之外，还应对重大技术设计方面的问题进行简要说明，说明中应包括建筑节能、绿建、防火、防水、无障碍设计、室内环境设计等。

【条文延伸】《设计深度规定》第4.3.3条，设计说明应包括的主要内容：

1）依据文件名称和文号（如初步设计评审、消防专项评审报告、节能专项论证、环境影响评价报告），设计主要依据的法规和所采用的主要标准规范（包括标准名称、编号、年号和版本号）及设计合同等。

2）项目概况。主要包括建筑名称、建设地点、建设单位、建筑面积、建筑基底面积、项目设计规模等级、设计使用年限、建筑层数和建筑高度、建筑防火分类和耐火等级、人防工程类别和防护等级、人防建筑面积、屋面防水等级、地下室防水等级、主要结构类型、抗震设防烈度等，以及能反映建筑规模的主要技术经济指标，如住宅的套型和套数（包括套型总建筑面积等）、旅馆的客房间数和床位数、医院的床位数、车库的停车泊位数等。

3）工程的相对标高与总图绝对标高的关系。

4）建筑做法说明及门窗表。

5）门窗性能说明（防火、隔声、防护、抗风压、保温、隔热、气密性、水密性等）。

6）幕墙工程说明。

7）电梯说明（功能、额定载重量、额定速度、停站数、提升高度等）。

8）建筑防火设计说明（包括防火分区、安全疏散、疏散人数和宽度计算、防火构造、消防救援窗设置等）。

9）无障碍设计说明。

10）建筑节能设计专篇。

11）当项目按绿色建筑要求建设时，应有绿色建筑设计专篇内容。

12）当项目按装配式建筑要求建设时，应有装配式建筑设计专篇内容。

13）防水设计专篇内容。

14）建筑质量通病防治措施内容（参照不同地区要求）。

15）危大工程需明确的内容。

（2）说明中文字表述套话多、专业术语表述不严谨。

【原因分析】有些说明在"设计依据"一项中常常会表述为"本工程设计根据国家现行规范、标准和有关规定进行设计"。这种"套话"不结合工程实际情况提出具体的设计依据是十分不妥的。

【处理措施】建筑设计除了严格执行国家现行标准、规范外，还应根据实际情况做出切实可行的技术措施，在"设计依据"一项中应将有关的法律法规、现行国家规范、标准、地方标准等详细列出，这样做一方面使设计者做到心中有数，另一方面也给审查人员提供审图所依据的规范标准，不至于在一些重要技术设计环节中因依据不同而出现分歧或矛盾，甚至漏审错审，特别对一些特殊行业的行业标准必须一一列出。

(3) 设计依据中引用规范有误，规范版本未按现行版本更新，或引用的规范版本前后不一致。

【原因分析】审查中发现的主要问题是有关规范名称及编号有误，有的依据规范或选用图集已废止，有的规范版本已更新而未注明。

【处理措施】应及时更新规范标准、图集。有些新旧规范改动较大，可能导致施工图不合格，无法通过审查。

(4) 建筑设计说明未对项目的设计范围、设计内容进行说明，涉及"二次设计""专项设计"等设计内容不明确。

【原因分析】需要专业公司进行二次设计的部分，如玻璃幕墙、钢结构雨篷、钢结构采光顶等，未明确具体设计内容、材料要求等。

【处理措施】应对分包设计单位明确设计要求，确定技术接口的深度。

(5) 装饰装修项目、改造项目未明确具体的设计范围，未表达与原有建筑、结构以及机电设备系统的关系。

【原因分析】原有建筑进行改造或二次装修的部分范围，设计说明中往往未交代清楚，给装修消防审查带来困难，也可能导致漏审强条，遗留安全隐患。

【处理措施】建筑装修改造应补充提交改造项目设计说明，说明应明确依据规范、改造范围、改造内容及相关技术指标和注意事项。

【条文延伸】《维护改造通规》第5.2.1、5.2.2条规定，既有建筑改造应编制改造项目设计方案，方案应明确改造范围、改造内容及相关技术指标；在既有建筑的改造设计中，若改变了改造范围内建筑的间距，以及与之相关的改造范围外建筑的间距时，其间距不应低于消防间距标准的要求。

(6) 设计说明中常见的一些书写错误问题。

【原因分析】审图中经常发现有些设计人员对一些参数还沿用旧的表达形式，例如抗震设防烈度写为"七度"，工程防水等级写为"Ⅱ级"，门窗气密性等级写为"三级"，建筑耐火等级写为"防火等级"等。

【处理措施】1) 抗震设防烈度划分为"6度，7度，8度，9度"等。

2) 工程防水等级依据工程类别和工程防水使用环境类别分为"一级、二级、三级"，一级防水所对应的防水等级最高，二级防水次之，三级防水最低。

3) 外门窗气密性等级一般划分为"1~8级",住宅建筑外窗的气密性等级不应低于规定的7级。

8.2 与安全有关的一些问题

(1) 设计说明中安全防护设计缺少上人屋面、中庭等位置防护栏杆高度的说明,或设计说明的内容与设计图纸不一致。

【原因分析】 有些设计说明中对阳台、外廊、室内回廊、内天井、上人屋面及室外楼梯等临空处设置防护栏杆高度未说明,或统一注明不低于1.05m,详图中有的防护栏杆标注为1.10m,有的标注为1.20m,不符合《民建标》第6.7.3条和《民通规》第6.6.1条规定。

【处理措施】 应按照不同建筑类别,临空部位高度等综合考虑栏杆的高度,且当底面有宽度≥0.22m,高度≤0.45m的可踏部位时,应从可踏部位顶面起算。

【条文延伸】 1)《民建标》第6.7.3条规定,阳台、外廊、室内回廊、内天井、上人屋面及室外楼梯等临空处应设置防护栏杆,并应符合下列规定:①栏杆应以坚固、耐久的材料制作,并应能承受《工程结构通用规范》及其他国家现行相关标准规定的水平荷载。②当临空高度<24.00m时,栏杆高度≥1.05m,当临空高度≥24.00m时,栏杆高度≥1.10m。上人屋面和交通、商业、旅馆、医院、学校等建筑临开敞中庭的栏杆高度≥1.20m。③杆高度应从所在楼地面或屋面至栏杆扶手顶面垂直高度计算,当底面有宽度≥0.22m,高度≤0.45m的可踏部位时,应从可踏部位顶面起算。④公共场所栏杆离地面0.10m高度范围内不宜留空。

2)《民通规》第6.6.1条,阳台、外廊、室内回廊、中庭、内天井、上人屋面及楼梯等处的临空部位应设置防护栏杆(栏板),并应符合下列规定:①栏杆(栏板)应以坚固、耐久的材料制作,应安装牢固,并应能承受相应的水平荷载。②栏杆(栏板)垂直高度不应小于1.10m。栏杆(栏板)高度应按所在楼地面或屋面至扶手顶面的垂直高度计算,如底面有宽度≥0.22m,且高度≤0.45m的可踏部位,应按可踏部位顶面至扶手顶面的垂直高度计算。

(2) 设计说明缺少室内和室外建筑地面防滑等级的设计要求。

【原因分析】 违反《防滑规程》第3.0.3条规定。

【处理措施】 建筑防滑地面工程是一项保证人身安全,关系到社会和谐稳定的工程,凡是人们行走的地面都应具备防滑的功能。地面防滑工程设计应根据相关地面使用功能、施工气候条件及工程防滑部位确定地面防滑等级，选择相应的防滑地面类型和材料。

【条文延伸】1）《防滑规程》第3.0.3条规定，建筑地面防滑安全等级应分为四级。室外地面、室内潮湿地面、坡道及踏步防滑等级分为 A_w（高）、B_w（中高）、C_w（中）、D_w（低）四级。

2）《防滑规程》第3.0.5、4.1.5条规定，对主要由老人、儿童使用的建筑、潮湿地面以及易使人滑倒的地面，其防滑等级应提高一级；对于老年人居住建筑、托儿所、幼儿园及活动场所、建筑出入口及平台、公共走廊、电梯门厅、厨房、浴室、卫生间等易滑地面，防滑等级应选择不低于中高级防滑等级。幼儿园、养老院等建筑室内外活动场所，宜采用柔（弹）性防滑地面。

(3) 墙体及楼板预留孔洞未明确防火封堵要求。

【原因分析】违反《建通规》第6.3.3条规定。

【处理措施】为有效阻止火势在竖井内的蔓延，防止产生烟囱效应而加剧火势并导致快速蔓延至多个楼层，除不允许在层间隔断的竖井外，需在竖井的每层楼板处用相当于楼板耐火极限的不燃材料和防火封堵组件等分隔和封堵。防火封堵材料的耐火性能不应低于防火分隔部位的耐火性能要求。各类建筑内敷设的各类管线在穿越防火墙、防火隔墙、防火分隔楼板处及其他防火分隔部位处的孔洞和缝隙，均需要采用防火封堵组件封堵，以确保防火分隔的有效性。

【条文延伸】《建通规》第6.3.3、6.3.4、6.3.5条规定：

1）除通风管道井、送风管道井、排烟管道井、必须通风的燃气管道竖井及其他有特殊要求的竖井可不在层间的楼板处分隔外，其他竖井应在每层楼板处采取防火分隔措施，且防火分隔组件的耐火性能不应低于楼板的耐火性能。

2）电气线路和各类管道穿过防火墙、防火隔墙、竖井井壁、建筑变形缝处和楼板处的孔隙应采取防火封堵措施。防火封堵组件的耐火性能不应低于防火分隔部位的耐火性能要求。

3）通风和空气调节系统的管道、防烟与排烟系统的管道穿过防火墙、防火隔墙、楼板、建筑变形缝处，建筑内未按防火分区独立设置的通风和空气调节系统中的竖向风管与每层水平风管交接的水平管段处，均应采取防止火灾通过管道蔓延至其他防火分隔区域的措施。

8.3 与构造有关的一些问题

(1) 建筑疏散出口的门采用镜面玻璃。

【原因分析】 违反《建通规》第6.5.2条规定。

【处理措施】 镜面玻璃、镜面不锈钢、镜面铝合金、镜面铜、反光釉面瓷砖、反光釉面玻璃等镜面反光材料，容易导致人员视线混淆或产生视觉错误，使人员误以为走错了路或者还有很长的路要走，导致行动迟疑，甚至可能与门、墙体发生碰撞而受伤。在建筑室内装修中，供消防救援人员进出建筑的专用出入口的门和消防救援口的内外表面上，均不允许使用镜面反光材料。

【条文延伸】 《建通规》第6.5.2条规定：下列部位不应使用影响人员安全疏散和消防救援的镜面反光材料：

1) 疏散出口的门。

2) 疏散走道及其尽端、疏散楼梯间及其前室的顶棚、墙面和地面。

3) 供消防救援人员进出建筑的出入口的门、窗。

4) 消防专用通道、消防电梯前室或合用前室的顶棚、墙面和地面。

(2) 地上建筑门厅，楼梯间在首层无法直通室外，采用扩大的封闭楼梯间，采用B_1级装修材料。

【原因分析】 违反《建通规》第6.5.3条和《装修规》第4.0.4、4.0.5条规定。

【处理措施】 地上建筑安全出口的门厅，其顶棚应采用A级装修材料，其他部位应采用不低于B_1级的装修材料。如果大厅作为扩大的封闭楼梯间，其顶棚、墙面和地面均应采用A级装修材料。

【条文延伸】 1)《装修规》第4.0.4、4.0.5条：①地上建筑的水平疏散走道和安全出口的门厅，其顶棚应采用A级装修材料，其他部位应采用不低于B_1级的装修材料，地下民用建筑的疏散走道和安全出口的门厅，其顶棚、墙面和地面均应采用A级装修材料。②疏散楼梯间和前室的顶棚、墙面和地面均应采用A级装修材料。

2)《建通规》第6.5.3条规定，下列部位的顶棚、墙面和地面内部装修材料的燃烧性能均应为A级：①避难走道、避难层、避难间。②疏散楼梯间及其前室。③消防电梯前室或合用前室。

(3) 防水等级为一级的框架填充外墙，只设置一道防水砂浆。

【原因分析】违反《防水通规》第 4.5.2 条规定。

【处理措施】防水等级为一级的框架填充或砌体结构外墙，应设置 2 道及以上防水层。

【条文延伸】《防水通规》第 4.5.2 条：墙面防水层做法应符合下列规定：

1) 防水等级为一级的框架填充或砌体结构外墙，应设置 2 道及以上防水层。防水等级为二级的框架填充或砌体结构外墙，应设置 1 道及以上防水层。当采用 2 道防水时，应设置 1 道防水砂浆及 1 道防水涂料或其他防水材料。

2) 防水等级为一级的现浇混凝土外墙、装配式混凝土外墙板应设置 1 道及以上防水层。

3) 封闭式幕墙应达到一级防水要求。

8.4 与强条有关的一些问题

（1）建筑中庭玻璃采光顶和疏散出口雨篷采用安全玻璃。

【原因分析】违反《民通规》第 6.1.3 条规定。

【处理措施】建筑采光顶采用玻璃时，面向室内一侧应采用夹层玻璃，建筑雨篷采用玻璃时，应采用夹层玻璃，当采光顶玻璃最高点到地面或楼面距离大于 3.0m 时，夹层中空玻璃的夹层胶位于下侧。

【条文延伸】《民通规》第 6.1.3 条：建筑采光顶采用玻璃时，面向室内一侧应采用夹层玻璃，建筑雨篷采用玻璃时，应采用夹层玻璃。

（2）建筑门厅出入口采用玻璃面板门，未设置明显的防撞标识。

【原因分析】违反《民通规》第 6.2.7 条规定。

【处理措施】由于玻璃的透明性，为防止行走人员的错觉产生碰撞行为，对于落地玻璃幕墙或设有玻璃面板的场所，需在视觉水平区间范围设置明显的防撞标识，或其他隔离措施。

【条文延伸】《民通规》第 6.2.7 条：安装在易于受到人体或物体碰撞部位的玻璃面板，应采取防护措施，并应设置提示标识。

（3）建筑门厅出入口采用全玻璃面板门，未设置明显的防撞标识。

【原因分析】违反《民通规》第 6.5.5 条规定。

【处理措施】由于玻璃的透明性，为防止行走人员的错觉产生碰撞行为，对于设有玻璃面板的场所，需在视觉水平区间范围设置明显的防撞标识。

第8章 建筑设计总说明中常见问题

【条文延伸】《民通规》第6.5.5条：全玻璃的门和落地窗应选用安全玻璃，并应设防撞提示标识。

（4）建筑立面斜幕墙的玻璃面板采用安全玻璃。

【原因分析】违反《民通规》第6.2.8条规定。

【处理措施】斜幕墙是指与水平面夹角大于75°且小于90°的建筑幕墙，其玻璃破碎后的颗粒也会影响安全。玻璃幕墙的玻璃面板应采用安全玻璃，斜幕墙的玻璃面板应采用夹层玻璃。

【条文延伸】《民通规》第6.2.8条：玻璃幕墙的玻璃面板应采用安全玻璃，斜幕墙的玻璃面板应采用夹层玻璃，外倾斜、水平倒挂的石材或脆性材质面板应采取防坠落措施。

（5）建筑工程屋面防水设计工作年限15年有误。

【原因分析】违反《防水通规》第2.0.2条规定。

【处理措施】屋面工程防水设计工作年限不应低于20年。

【条文延伸】《防水通规》第2.0.2条规定，工程防水设计工作年限应符合下列规定：

1）地下工程防水设计工作年限不应低于工程结构设计工作年限。

2）屋面工程防水设计工作年限不应低于20年。

3）室内工程防水设计工作年限不应低于25年。

（6）建筑消防救援窗口未设置可在室内和室外识别的永久性明显标志。

【原因分析】违反《建通规》第2.2.3条规定。

【处理措施】建筑设置的消防救援口或兼作消防救援口的外门、外窗，均应在建筑的内部和外部相应位置采用明显的永久性标志标示，并对需要破拆的消防救援口在设计容易破拆的位置标示破拆点。这些标志应具备良好的耐久性能、耐候性能、与消防救援口的结合牢固，在受到阳光、高温和低温、雨、雪、风、腐蚀性环境等的长期作用下不会脱落，不会产生明显褪色。

【条文延伸】《建通规》第2.2.3条规定，建筑外墙上设置的便于消防救援人员出入的消防救援口应符合下列规定：

1）沿外墙的每个防火分区在对应消防救援操作面范围内设置的消防救援口不应少于2个。

2）无外窗的建筑应每层设置消防救援口，有外窗的建筑应自第三层起每层设置消防救援口。

3）消防救援口的净高度和净宽度均≥1.00m，当利用门时，净高度≥1.40m，净宽度≥0.80m。

4）消防救援口应易于从室内和室外打开或破拆，采用玻璃窗时，应采用安全玻璃。

5）消防救援口应设置可在室内和室外识别的永久性明显标志。

（7）无障碍出入口全玻璃门未选用安全玻璃，且未采取醒目的防撞提示措施。

【原因分析】 违反《无障碍通规》第2.5.6条规定。

【处理措施】 选用安全玻璃或采取防护措施是为了防止玻璃门破碎带来的伤害。防撞提示措施包括但不限于防撞提示标志，颜色要考虑背景光线条件变化的情况，能够使人易于察觉，宽度应覆盖完整的玻璃宽度，设置在人坐姿和站姿均能方便识别的高度范围内。

【条文延伸】《无障碍通规》第2.5.6条规定，无障碍出入口全玻璃门应符合下列规定：

1）应选用安全玻璃或采取防护措施，并应采取醒目的防撞提示措施。

2）开启扇左右两侧为玻璃隔断时，门应与玻璃隔断在视觉上显著区分开，玻璃隔断并应采取醒目的防撞提示措施。

3）防撞提示应横跨玻璃门或隔断，距地面高度应为0.85~1.50m。

第 9 章
建筑防火设计常见问题

近些年来，随着我国经济建设快速发展以及我国发生特大火灾暴露出的问题，建筑防火已成为施工图审查的重要内容之一。防火是建筑设计不可分割的一部分，必须从项目一开始就纳入整体设计过程。对于参与建筑设计过程的每个人来说，了解在设计过程中存在防火问题至关重要。本章结合工程实例，从建筑设计的角度对住宅建筑、公共建筑等防火设计审查中常见的一些疑难问题进行了详细解析，供设计审查人员参考。

9.1 建筑分类问题

（1）高层民用建筑分类错误。

【工程实例】某高层住宅楼，地面以上 18 层，地下 2 层，标准层层高 3.00m，顶层层高 2.85m，屋面结构板面标高为 53.85m，室内外高差 0.15m，如图 9.1-1 所示。该高层住宅楼防火分类定为二类，耐火等级二级。

【原因分析】防火建筑高度计算应为建筑室外设计地面至其屋面面层的高度，本工程室内外高差 0.15m，平屋面结构板面标高为 53.85m，屋面保温层为挤塑聚苯板 250mm，依照《建规》附录 A 第 A.0.1 条规定，该住宅建筑高度 $H=[53.85+(0.25+0.10)+0.15]m=54.30m>54.00m$，防火分类应为一类，相应的耐火等级不应低于一级。

【处理措施】对于高层民用建筑，必须首先根据其使用性质、建筑高度、火灾危险性、疏散和扑救难度等，对其所属的建筑类别予以准确定性（一类、二类），因为建筑耐火等级、防火分区以及一系列的消防设施都将以

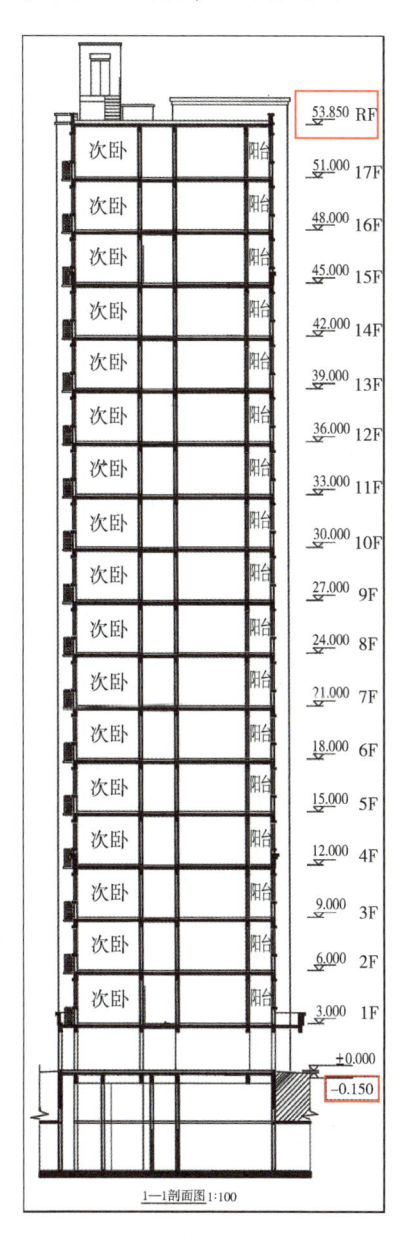

图 9.1-1 某高层住宅楼剖面图

此为依据进行设计考虑，防火设计审查也将以此为据展开。

【条文延伸】 1)《建规》附录A第A.0.1条，建筑高度的计算应符合下列规定：①建筑屋面为坡屋面时，建筑高度应为建筑室外设计地面至其檐口与屋脊的平均高度。②建筑屋面为平屋面（包括有女儿墙的平屋面）时，建筑高度应为建筑室外设计地面至其屋面面层的高度。③同一座建筑有多种形式的屋面时，建筑高度应按上述方法分别计算后，取其中最大值。④对于台阶式地坪，当位于不同高程地坪上的同一建筑之间有防火墙分隔，各自有符合规范规定的安全出口，且可沿建筑的两个长边设置贯通式或尽头式消防车道时，可分别计算各自的建筑高度。否则，应按其中建筑高度最大者确定该建筑的建筑高度。

2)《建通规》第5.3.1条，下列民用建筑的耐火等级应为一级：①一类高层民用建筑。②二层和二层半式、多层式民用机场航站楼。③A类广播电影电视建筑。④四级生物安全实验室。

（2）高层民用建筑防火计算高度错误。

【工程实例】 某高层人才公寓楼，地面以上12层，地下1层，建筑高度为49.55m。一、二和三层为办公，层高分为5.4m和4.5m，标准层为公寓，层高3.85m，屋面结构板面标高为49.05m，如图9.1-2所示，机房层屋面结构板面标高为52.90m，如图9.1-3所示，室内外高差0.30m，公寓楼剖面图如图9.1-4所示。该高层公寓楼楼防火分类定为二类，耐火等级二级。

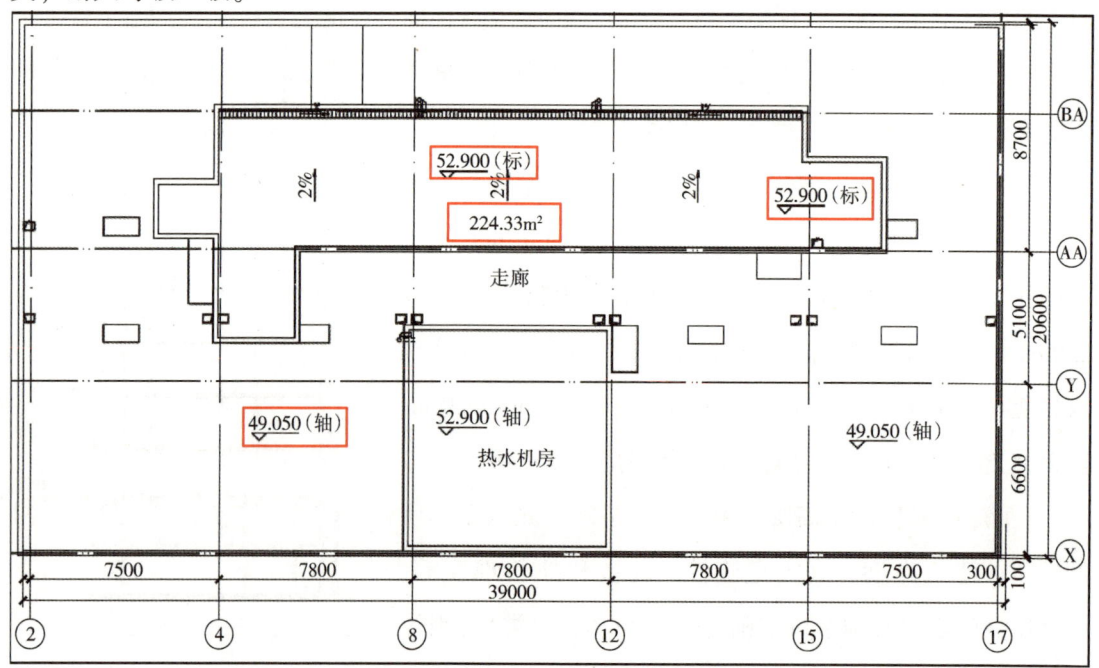

图9.1-2 某人才公寓楼屋顶平面图

第9章 建筑防火设计常见问题

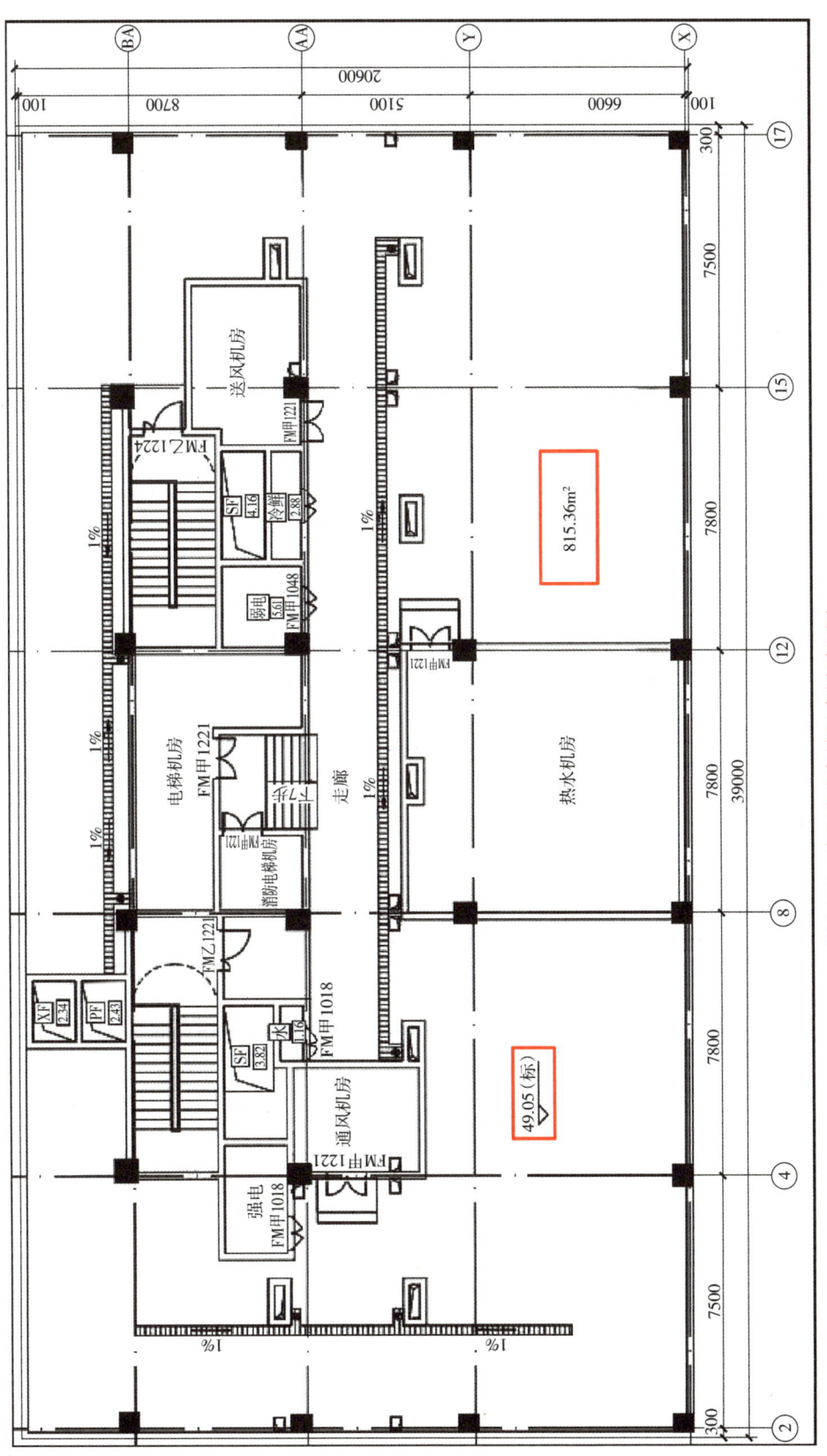

图9.1-3 某人才公寓楼机房层平面图

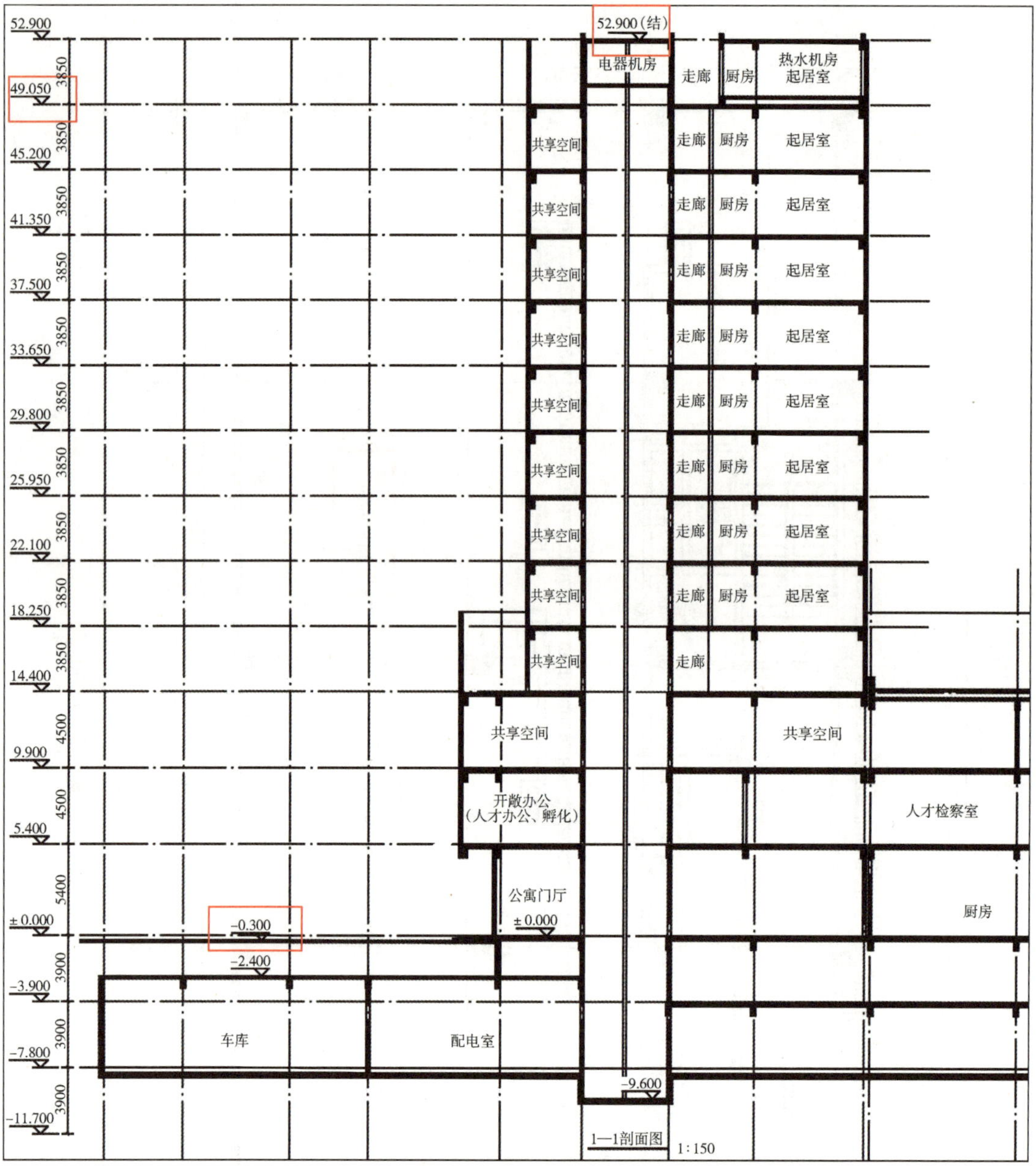

图 9.1-4 某人才公寓楼剖面图

【原因分析】 防火建筑高度计算应为建筑室外设计地面至其屋面面层的高度，局部凸出屋顶的瞭望塔、冷却塔、水箱间、微波天线间或设施、电梯机房、排风和排烟机房以及楼梯出口小间等辅助用房占屋面面积大于1/4者，应计入建筑高度。本公寓楼平屋面面积为815.36m²，设备用房面积为224.33m²>815.36m²/4=203.84m²，因此，依据《建规》附录第A.0.1条规定，该公寓楼防火建筑高度为 $H=(52.9+0.30+0.20)\text{m}=53.4\text{m}$，应划分为一类高层公建，相应的耐火等级应为一级。

【处理措施】审查意见中对公寓楼建筑高度提出异议，经设计人员重新校核后，如果按照一类高层民用建筑进行防火设计，关联设备专业，图纸改动较大，后经与甲方协商，对公寓楼部分层高调整为 3.30m，总建筑高度变为 48.0m。按照二类高层公建进行防火设计，耐火等级二级。

【条文延伸】1)《建规》附录 A 第 A.0.1 条，建筑高度的计算应符合下列规定：①建筑屋面为平屋面（包括有女儿墙的平屋面）时，建筑高度应为建筑室外设计地面至其屋面面层的高度。②局部凸出屋顶的瞭望塔、冷却塔、水箱间、微波天线间或设施、电梯机房、排风和排烟机房以及楼梯出口小间等辅助用房占屋面面积不大于 1/4 者，可不计入建筑高度。

2)《建通规》第 5.3.2 条，下列民用建筑的耐火等级不应低于二级：①二类高层民用建筑。②一层和一层半式民用机场航站楼。③总建筑面积大于 1500m² 的单、多层人员密集场所。④B 类广播电影电视建筑。⑤一级普通消防站、二级普通消防站、特勤消防站、战勤保障消防站。⑥设置洁净手术部的建筑，三级生物安全实验室。

9.2 防火分区问题

(1) 汽车库与其他功能的房间划分为一个防火分区。

【工程实例】某商业广场综合楼，一层平面布置停车库、商铺等，如图 9.2-1 所示，划分为一个防火分区。

【原因分析】本工程车库面积约为 800m²，商铺及其他用房面积约为 1100m²。车库与商铺划分为一个防火分区不当，违反《汽修规》第 5.1.6 条规定。

【处理措施】设在建筑物内的汽车库与其他部分应采用耐火极限不低于 3.00h 的不燃烧体隔墙和 2.00h 的不燃烧体楼板分隔，汽车库的外墙门、窗、洞口的上方应设置不燃烧体的防火挑檐。

【条文延伸】《汽修规》第 5.1.6 条规定，汽车库、修车库与其他建筑合建时，应符合下列规定：

1) 当贴邻建造时，应采用防火墙隔开。

2) 设在建筑物内的汽车库（包括屋顶停车场）、修车库与其他部位之间，应采用防火墙和耐火极限不低于 2.00h 的不燃性楼板分隔。

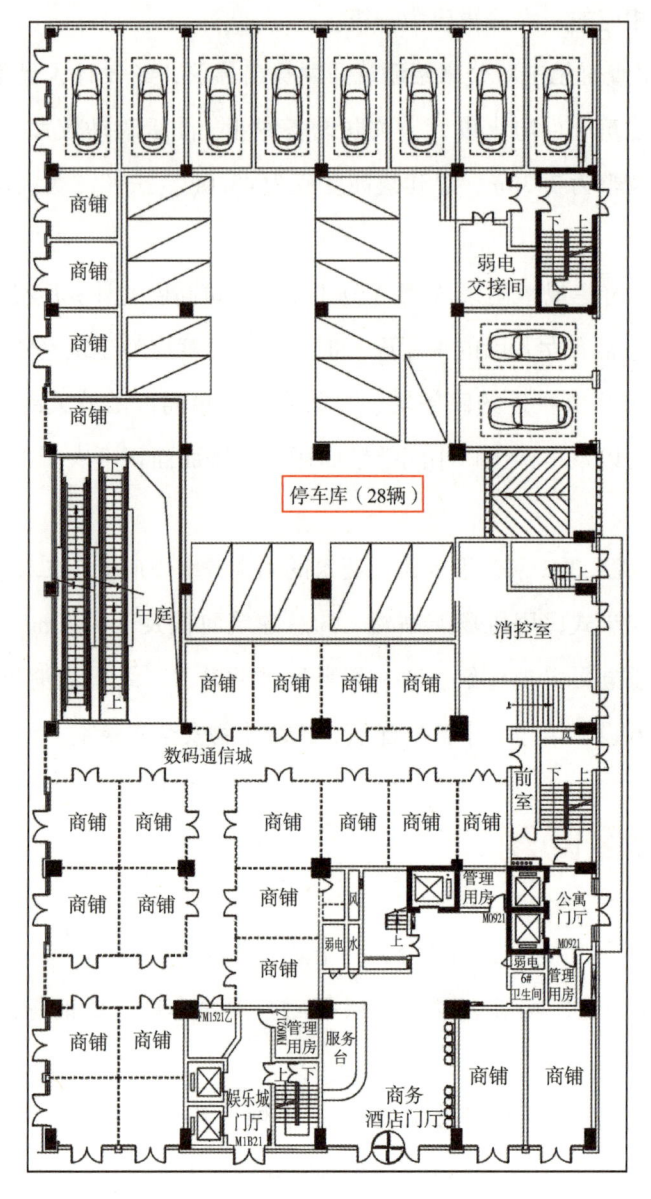

图 9.2-1 某商业广场综合楼一层局部平面图

3）汽车库、修车库的外墙门、洞口的上方，应设置耐火极限不低于1.00h、宽度不小于1.00m、长度不小于开口宽度的不燃性防火挑檐。

4）汽车库、修车库的外墙上、下层开口之间墙的高度不应小于1.20m或设置耐火极限不低于1.00h、宽度不小于1.00m 的不燃性防火挑檐。

（2）地下复式汽车库防火分区面积未按规范要求折减。

【工程实例】某高层综合楼，地上24层，地下2层，地下设复式停车库，每层建筑面积为3273.27m²，设置自动喷水灭火系统，每层划分为一个防火分区。地下一层普通停位 11 个，立体停车位 102 个，如图 9.2-2 所示。

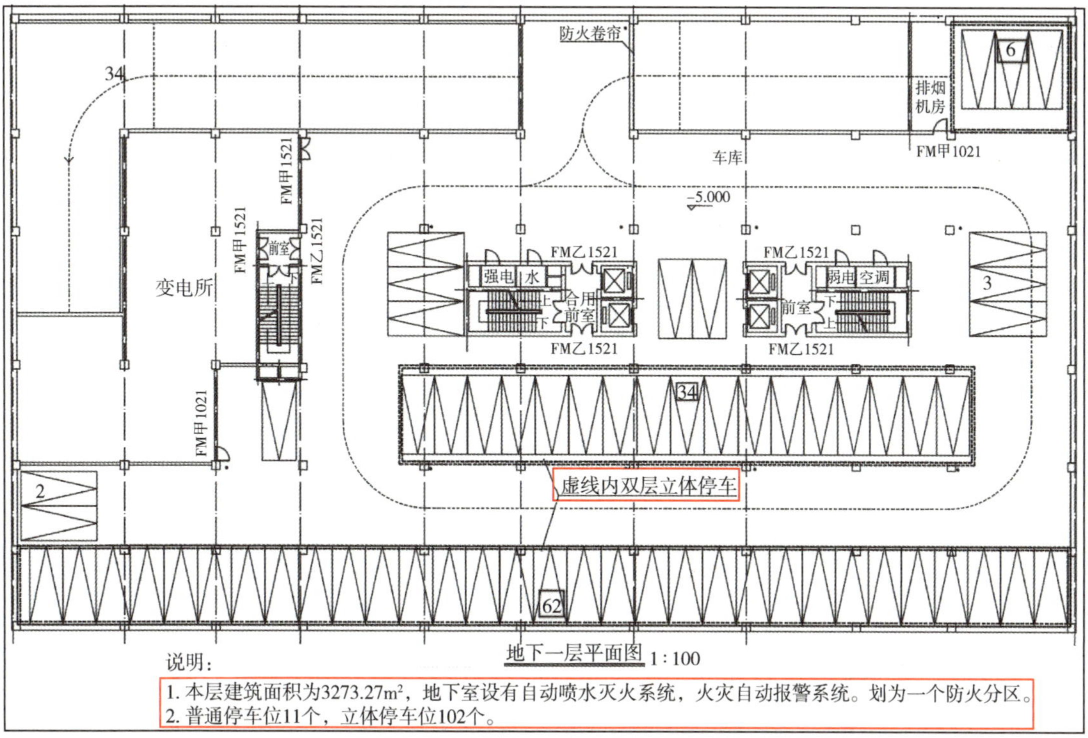

图 9.2-2 某高层建筑地下车库平面图

【原因分析】 有些地下车库，由于空间限制，车位数无法满足规划要求，只能采用复式停车位的办法来解决，但在防火分区面积的划分上，往往出现超面积现象。该综合楼地下由于采用双层立体车位，依据《汽修规》第 5.1.1 规定，高层地下汽车库每个防火分区的最大允许建筑面积为 2000m²，汽车库内设有自动灭火系统时，其防火分区的最大允许建筑面积可增加为 4000m²，但对复式汽车库，防火分区最大允许建筑面积应按规定值减少 35%，即最大可以做到 2600m²，本工程地下汽车库每层防火分区面积为 3273.27m²，大于规定的限值。

【处理措施】 复式汽车库即室内有车道且有人员停留的机械式汽车库，与一般的汽车库相比，由于其设备能叠放停车，相同的面积内可多停 30%~50% 的小汽车，故其防火分区面积应适当减小，以保证安全。审查意见中提出应重新划分防火分区。这一点许多设计人员往往忽略，审查时应特别注意。

【条文延伸】《汽修规》第 5.1.1、5.1.2 条规定，室内有车道且有人员停留的机械式汽车库，其防火分区最大允许建筑面积应按表 5.1.1 的规定减少 35%；设置自动灭火系统的汽车库，其每个防火分区的最大允许建筑面积不应大于规范规定的2.0倍。

（3）设有中庭的建筑，其防火分区面积未按上下层相连通的面积叠加计算。

【工程实例】 某6层综合楼，地下一层为车库，首层为商店和业务大厅，二层为客房和办公区，三~五层为客房、办公和实验室，六层为多功能厅、办公室和客房。二层以上设有中庭，如图9.2-3和图9.2-4所示。每层建筑面积约2190m²，总高度22.8m，耐火等级二级，每层划分为一个防火分区。

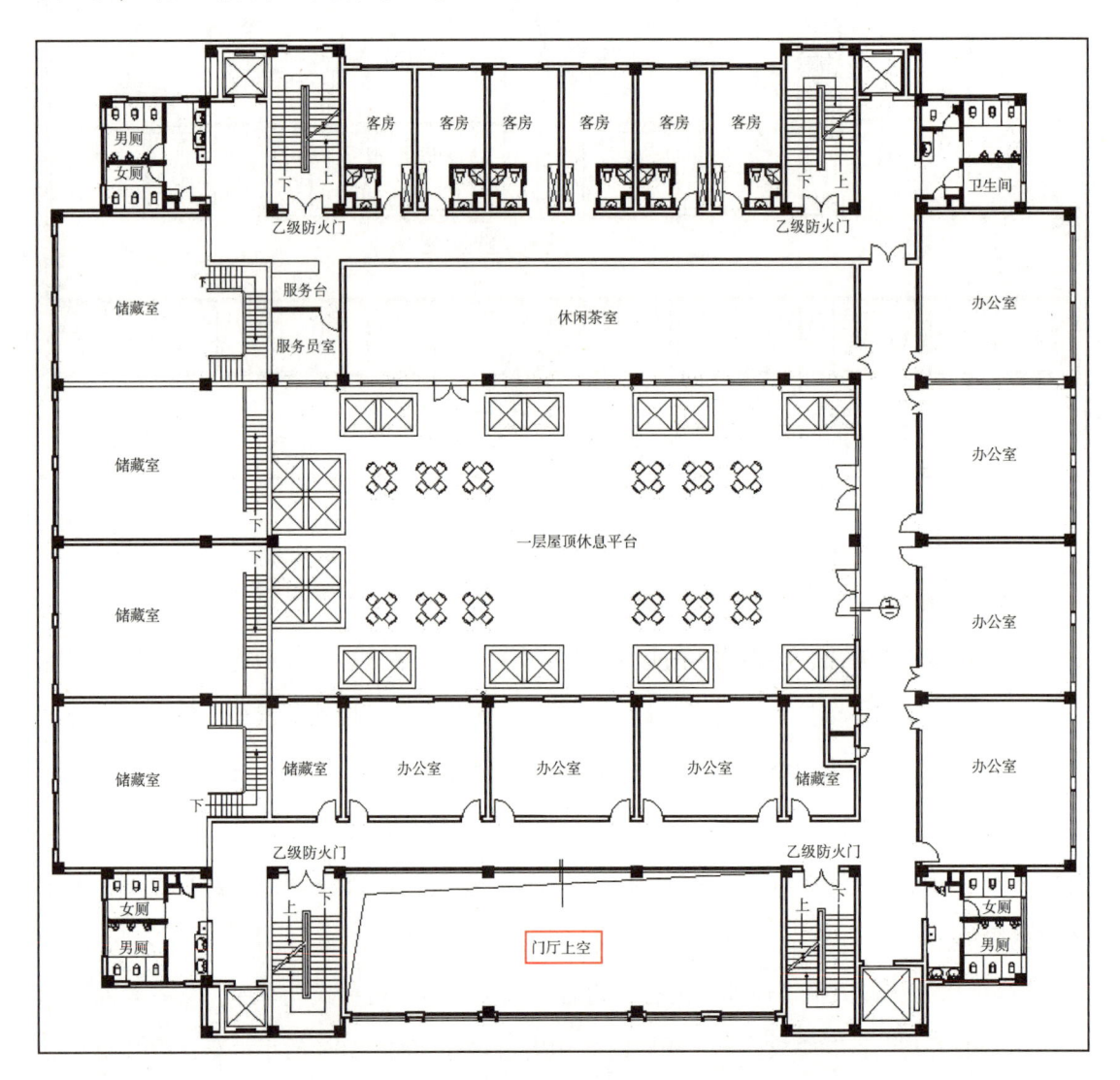

图9.2-3 某综合楼二层平面图

【原因分析】 依据《建规》第5.3.2条规定，一、二级耐火等级的多层民用建筑，防火分区最大允许建筑面积为2500m²（未设喷淋），但对于建筑物内设置中庭时，其防火分区面积应按上下层相连通的面积叠加计算；当超过一个防火分区最大允许建筑面积时，应

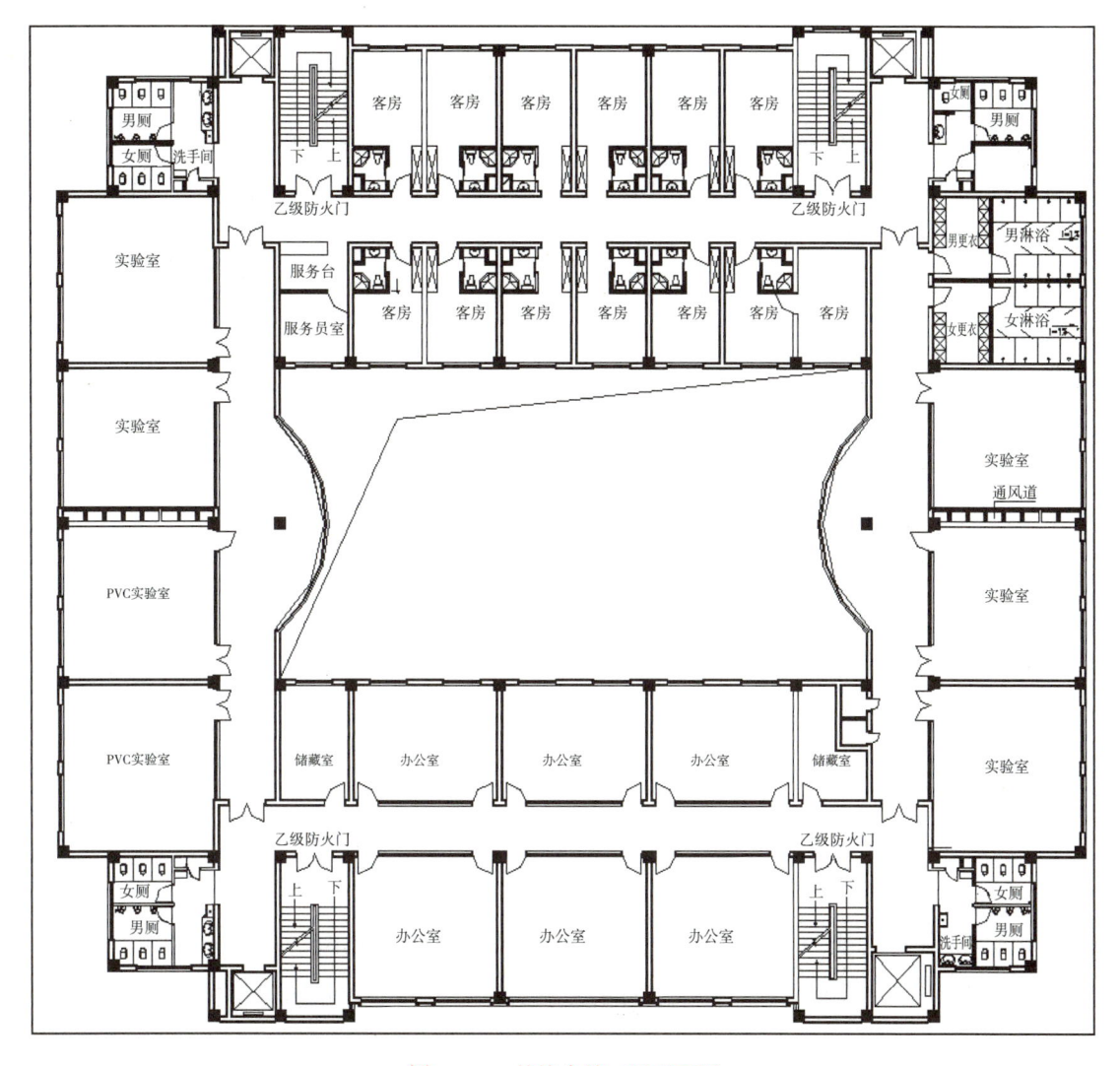

图 9.2-4 某综合楼三层平面图

符合第 5.3.2.1-4 条有关规定。本综合楼每层建筑面积为 2190m²，每层划分为一个防火分区，违反《建规》5.3.2 条规定。

【处理措施】 审查提出意见后进行了修改：

1) 与周围连通空间采用耐火极限不应低于 3.00h 的防火卷帘进行防火分隔。
2) 与中庭相连通的门、窗，采用火灾时能自行关闭的甲级防火门、窗。
3) 中庭内严禁布置可燃物。

【条文延伸】《建规》第 5.3.2 条：

1) 建筑内设置自动扶梯、敞开楼梯等上、下层相连通的开口时，其防火分区的建筑面积应按上、下层相连通的建筑面积叠加计算，当叠加计算后的建筑面积大于本规范第

5.3.1条的规定时，应划分防火分区。

2）建筑内设置中庭时，其防火分区的建筑面积应按上、下层相连通的建筑面积叠加计算，当叠加计算后的建筑面积大于本规范第5.3.1条的规定时，应符合下列规定：①与周围连通空间应进行防火分隔：采用防火隔墙时，其耐火极限不低于1.00h；采用防火玻璃墙时，其耐火隔热性和耐火完整性不应低于1.00h，采用耐火完整性不低于1.00h的非隔热性防火玻璃墙时，应设置自动喷水灭火系统进行保护；采用防火卷帘时，其耐火极限不应低于3.00h，并应符合本规范第6.5.3条的规定；与中庭相连通的门、窗，应采用火灾时能自行关闭的甲级防火门、窗。②高层建筑内的中庭回廊应设置自动喷水灭火系统和火灾自动报警系统。③中庭应设置排烟设施。④中庭内不应布置可燃物。

9.3 安全疏散问题

保证安全疏散有三个指标：安全出口、疏散距离和疏散宽度。审查中经常碰到的问题也是围绕着这三个指标展开，有的安全出口只有1个，有的疏散距离不够或疏散宽度达不到要求等。

（1）地下室安全出口不满足要求。

【工程实例一】某3层联排别墅，地下一层设活动室和娱乐厅，如图9.3-1和图9.3-2所示。每户地下室面积约110m²，设置了一部疏散楼梯到首层地面。

【原因分析】该别墅地下部分建筑面积大于50m²，只设有1部疏散楼梯到首层，不符合《建规》第5.5.5条规定。

【处理措施】依据《建规》第5.5.5条规定，当需要设置2个安全出口时，其中1个安全出口可利用直通室外的金属竖向梯。审查人员提出意见，建议在窗井处增设竖向梯。

【条文延伸】《建规》第5.5.5条：

1）除人员密集场所外，建筑面积不大于500m²、使用人数不超过30人且埋深不大于10m的地下或半地下建筑（室），当需要设置2个安全出口时，其中1个安全出口可利用直通室外的金属竖向梯。

2）除歌舞娱乐放映游艺场所外，防火分区建筑面积不大于200m²的地下或半地下设备间、防火分区建筑面积不大于50m²且经常停留人数不超过15人的其他地下或半地下建筑（室），可设置1个安全出口或1部疏散楼梯。

第 9 章 建筑防火设计常见问题

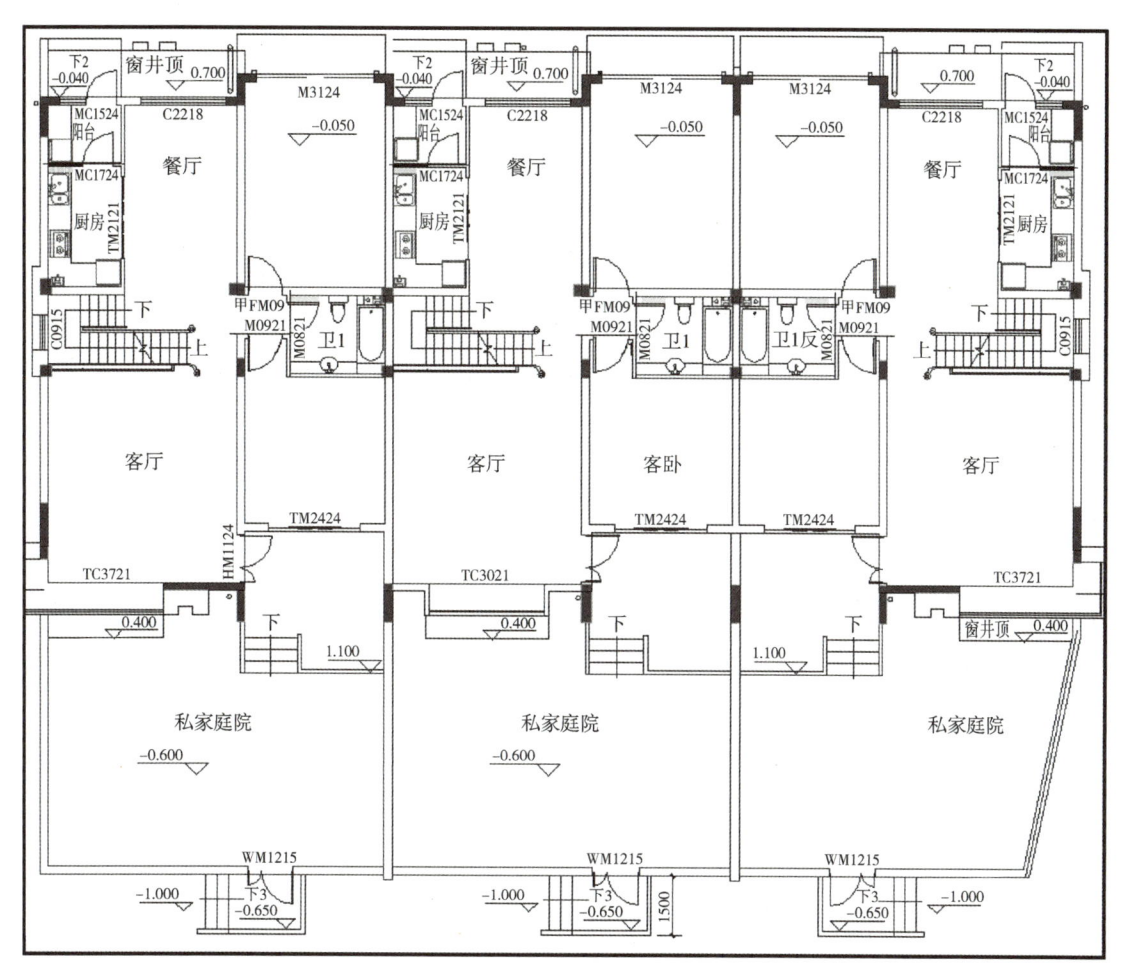

图 9.3-1 某别墅首层平面图

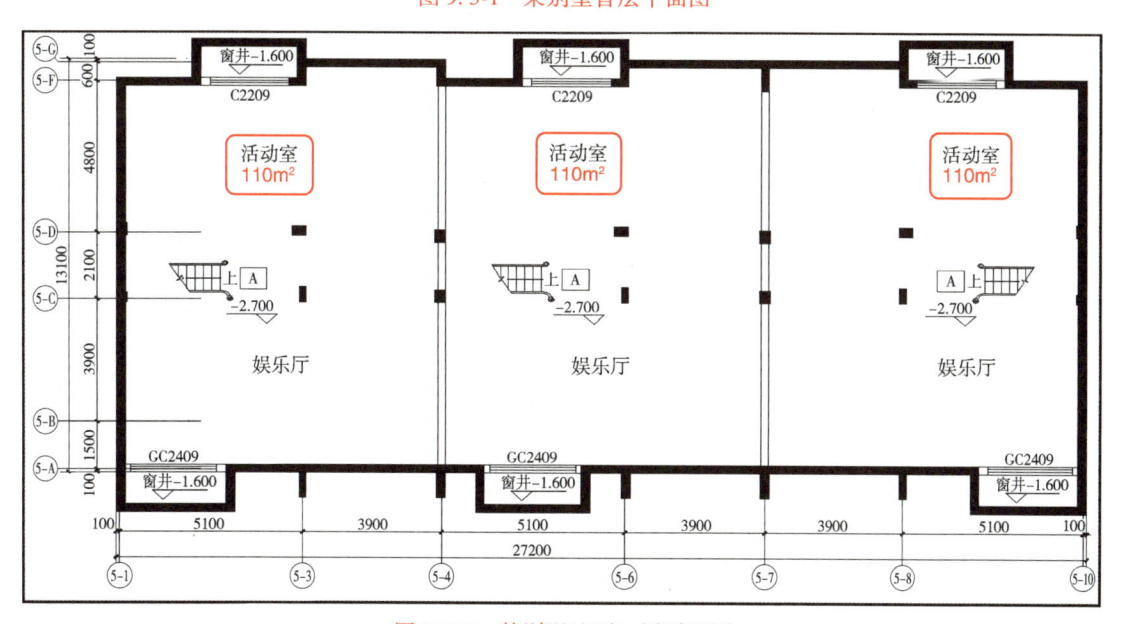

图 9.3-2 某别墅地下一层平面图

3）除本规范另有规定外，建筑面积不大于200m²的地下或半地下设备间、建筑面积不大于50m²且经常停留人数不超过15人的其他地下或半地下房间，可设置1个疏散门。

【工程实例二】某6层旅馆，南向地面标高为-2.50m，北向室外地面标高为-0.30m，地下室人员通过疏散通道疏散到室外，如图9.3-3所示。

【原因分析】地下部分人员疏散只有1个安全出口，不符合《建规》第5.5.9条规定。

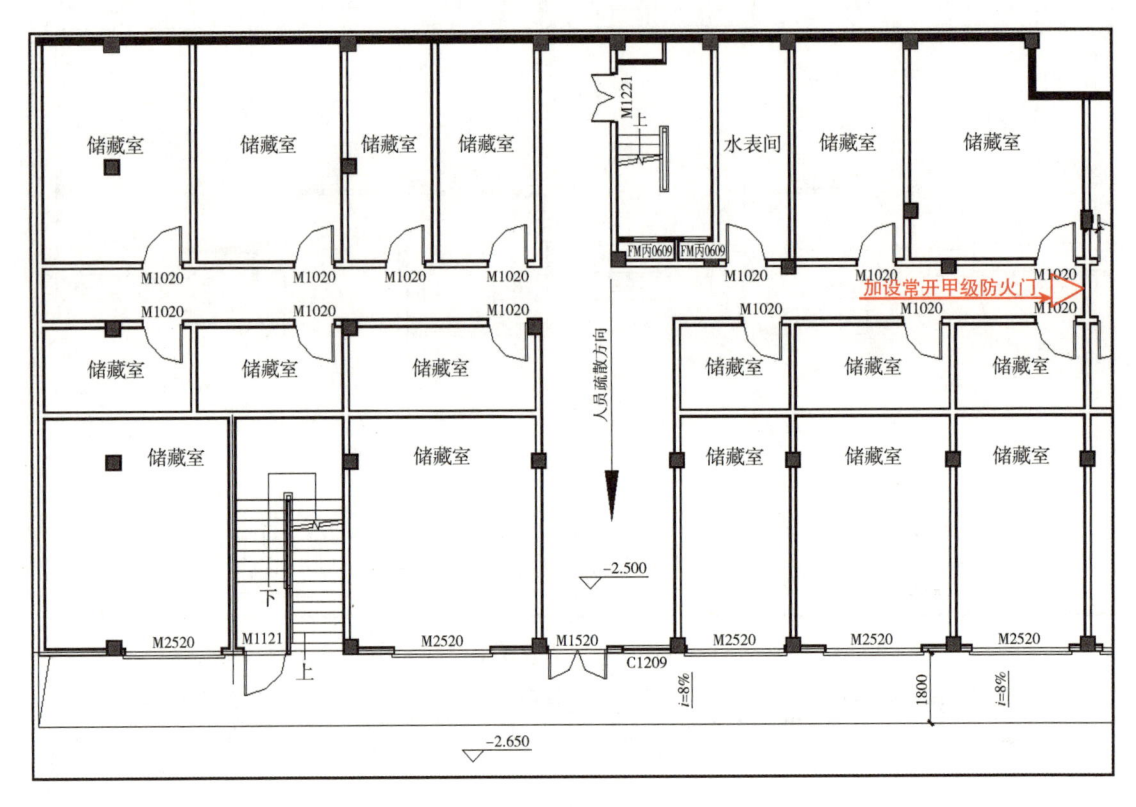

图9.3-3　某旅馆地下室平面图

【处理措施】审查提出整改意见，利用通向相邻地下室的甲级防火门作为第二安全出口。

【条文延伸】《建规》5.5.9条规定，一、二级耐火等级公共建筑内的安全出口全部直通室外确有困难的防火分区，可利用通向相邻防火分区的甲级防火门作为安全出口，但应符合下列要求：

1）利用通向相邻防火分区的甲级防火门作为安全出口时，应采用防火墙与相邻防火分区进行分隔。

2）建筑面积>1000m²的防火分区，直通室外的安全出口≥2个，建筑面积≤1000m²

的防火分区，直通室外的安全出口不应少于1个。

3）该防火分区通向相邻防火分区的疏散净宽度不应大于其按本规范第 5.5.21 条规定计算所需疏散总净宽度的 30%，建筑各层直通室外的安全出口总净宽度不应小于按照本规范第 5.5.21 条规定计算所需疏散总净宽度。

（2）防火分区无独立的出入口，均借用其他防火分区。

【工程实例】某商业广场，地下一层平面如图 9.3-4 所示，共分为七个防火分区，如图 9.3-5 所示。防火分区一通过防火分区五的 2 个安全出口疏散，防火分区二通过防火分区六的 2 个安全出口疏散。

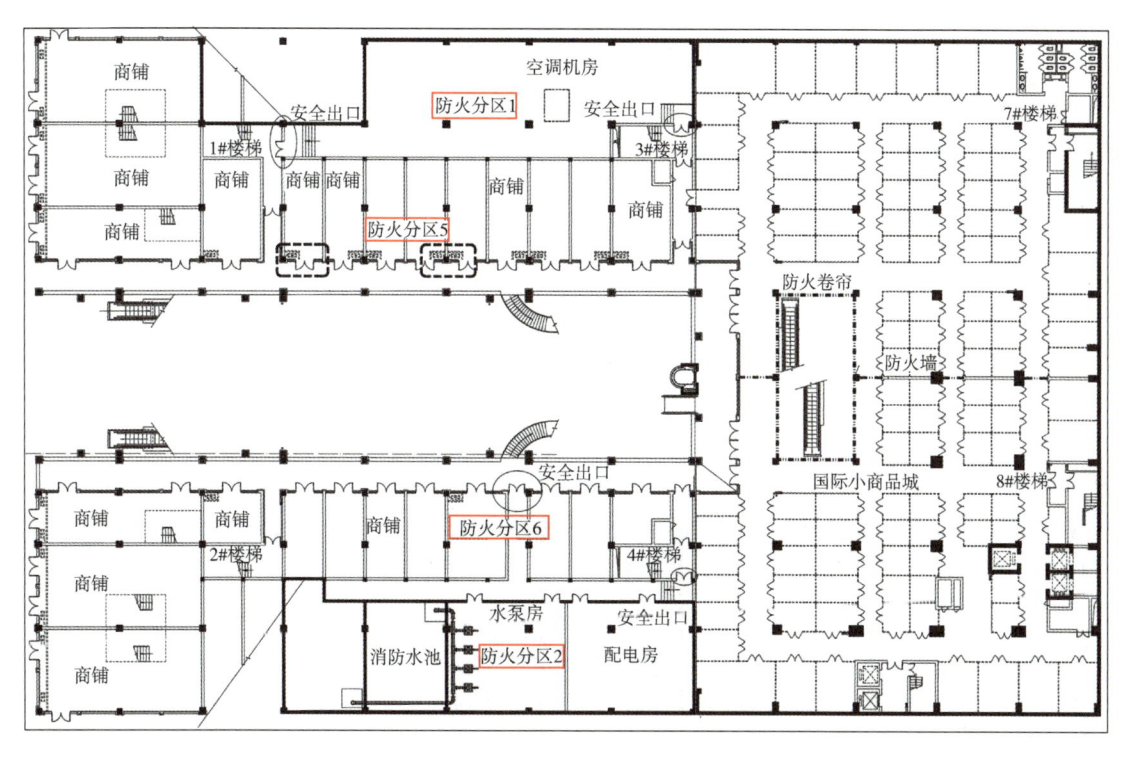

图 9.3-4 某商业广场地下一层平面图

【原因分析】违反《建规》第 5.5.9 条规定。当安全出口设置有困难时，可借用通向相邻防火分区的甲级防火门作为安全出口，但应符合一定的条件。建筑面积不大于 1000m² 的防火分区，直通室外的安全出口不应少于 1 个，2 个安全出口不能都借用相邻防火分区。

【处理措施】审查意见中提出防火分区一和防火分区二必须各自有 1 个直通室外的安全出口（增设疏散楼梯），另外 1 个安全出口可借用相邻防火分区。

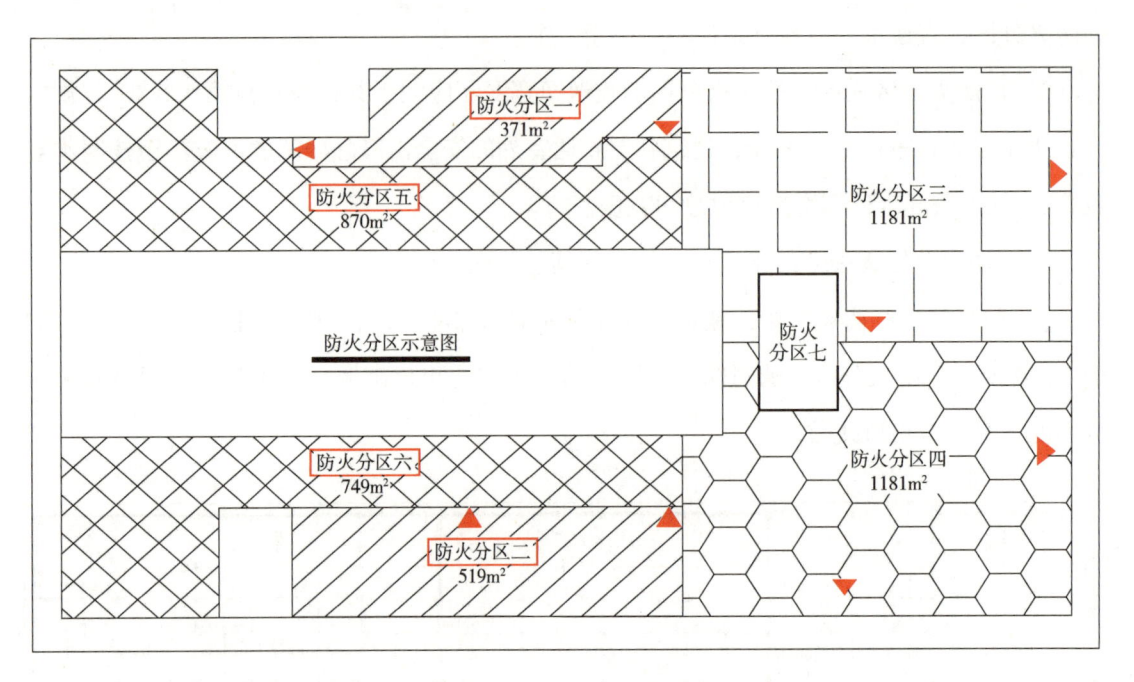

图9.3-5 某商业广场地下一层防火分区示意图

（3）房间疏散距离和疏散门不符合规范要求。

【工程实例一】某高层旅馆建筑，共16层，总高度54.9m，一类高层建筑，耐火等级一级，在十四层设有职工活动室，房间内设自动喷水灭火系统。活动室房间面积460m²，设有1个疏散门，门宽1.5m，室内最远端到疏散外门的距离约为21.8m，如图9.3-6所示。

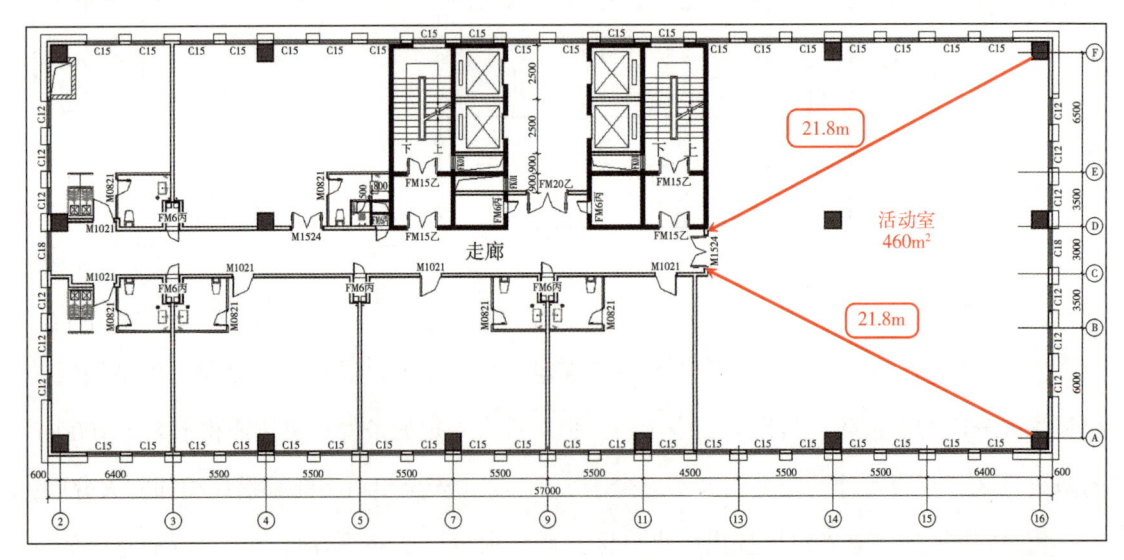

图9.3-6 某高层旅馆十四层平面图

【原因分析】依据《建通规》第7.4.2规定，位于尽端的职工活动室疏散门不应少于

2个（满足一定条件可设1个）。该旅馆活动室不满足放宽条件，且只设了1个疏散门，不符合《建通规》第7.4.2条规定。另外活动室内最远点到疏散门距离21.8m>15m（旅馆）×1.25（设自动喷水灭火系统)= 18.75m，不符合《建规》第5.5.17条规定。

【处理措施】审查意见提出应修改方案，增加1个疏散门，且两个疏散门之间水平距离不应小于5.00m。

【工程实例二】某高层住宅，地下2层，地上23层，地上一、二层为商业网点，三至二十三层为住宅，建筑高度69.60m，耐火等级一级。商业网点室内设有敞开楼梯间，房间进深为13.10m。二层商铺内最远一点到直通室外的安全出口距离约为26.00m。商业网点一、二层平面图如图9.3-7、图9.3-8所示。

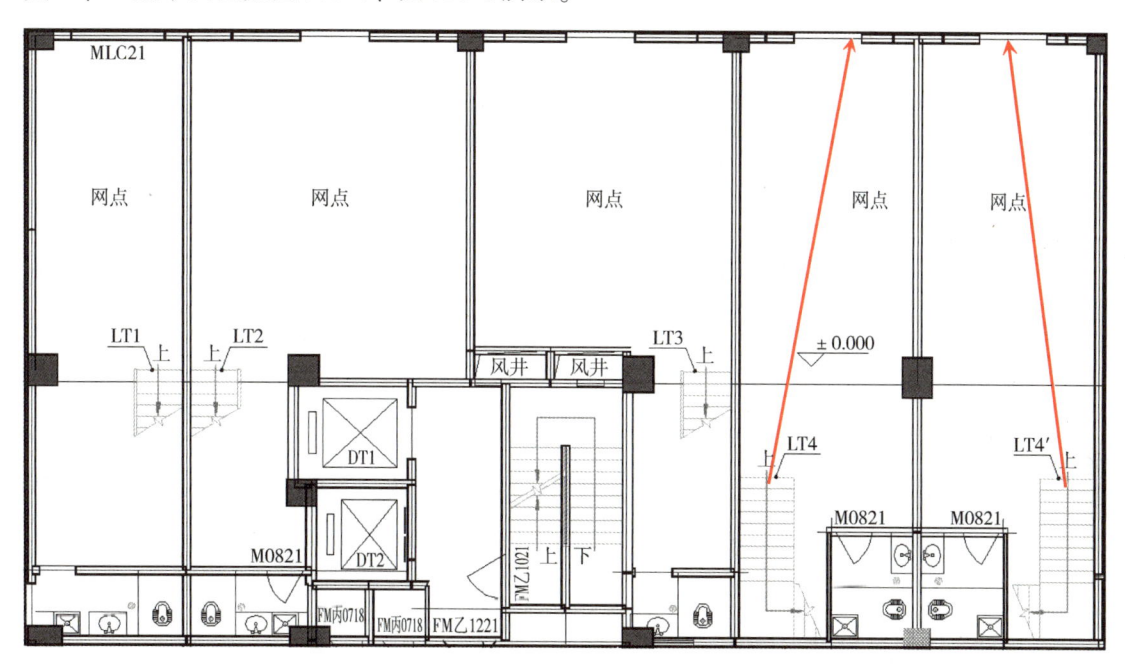

图9.3-7 某高层住宅商业网点一层平面图

【原因分析】二层商业服务网点最远点到一层安全出口的疏散距离为26.00m>22.00m（未设喷淋），不符合《建规》第5.4.11规定。

【处理措施】提出审查意见后，建议将商业网点内敞开楼梯间改为封闭楼梯间，疏散距离满足规范要求。

【条文延伸】《建规》5.4.11条规定：

1) 设置商业服务网点的住宅建筑，其居住部分与商业服务网点之间应采用耐火极限不低于2.00h且无门、窗、洞口的防火隔墙和1.50h的不燃性楼板完全分隔，住宅部分和商业服务网点部分的安全出口和疏散楼梯应分别独立设置。

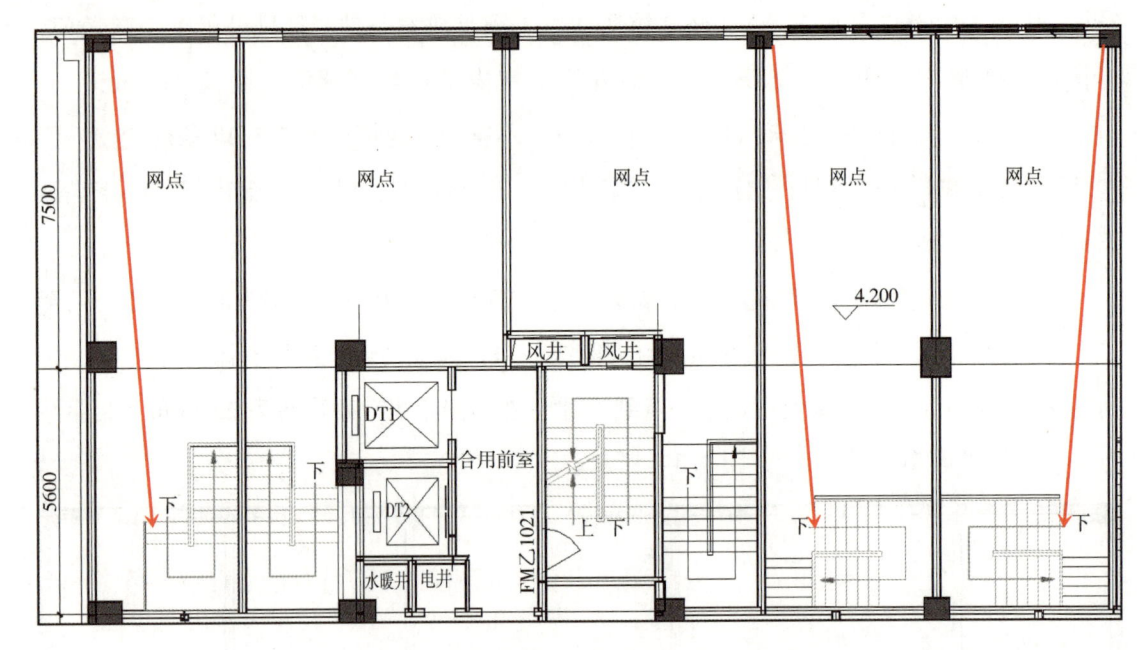

图 9.3-8　某高层住宅商业网点二层平面图

2）商业服务网点中每个分隔单元之间应采用耐火极限不低于 2.00h 且无门、窗、洞口的防火隔墙相互分隔，当每个分隔单元任一层建筑面积大于 200m 时，该层应设置 2 个安全出口或疏散门。

3）每个分隔单元内的任一点至最近直通室外的出口的直线距离不应大于本规范表 5.5.17 中有关多层其他建筑位于袋形走道两侧或尽端的疏散门至最近安全出口的最大直线距离（室内楼梯的距离可按其水平投影长度的 1.50 倍计算）。

9.4　防火构造问题

（1）住宅楼梯间与相邻外窗间距过小，不符合规范要求。

【工程实例】某 6 层住宅楼，设置敞开楼梯间，楼梯间窗边缘距离相邻卫生间窗边为 0.95m，如图 9.4-1 所示。

【原因分析】该住宅楼梯间窗距离相邻卫生间窗为 0.95m<1.00m，不符合《建规》第 6.4.1 条规定。

【处理措施】楼梯间作为人员疏散的主要途径，为防止楼梯间受到住户火灾烟气的影响，楼梯间窗口与套房窗口最近边缘之间的水平间距限值不应小于 1.00m。提出审查意见后，建议调整卫生间窗位置，使之满足规范要求。

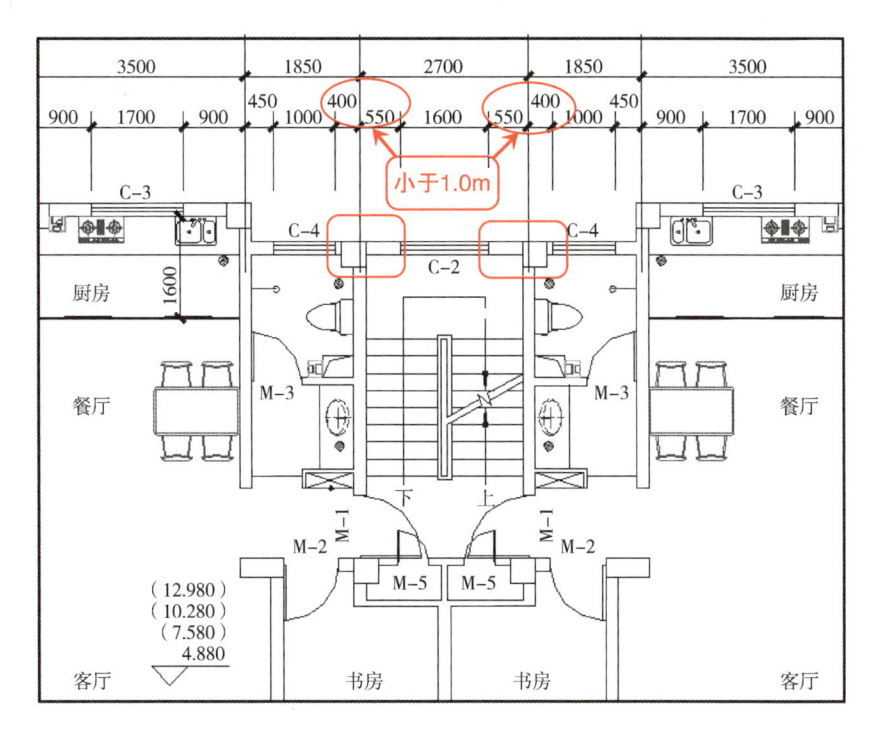

图 9.4-1　住宅楼梯间与相邻住户外窗间距离

【条文延伸】《建规》6.4.1 条规定，疏散楼梯间应能天然采光和自然通风，并宜靠外墙设置。靠外墙设置时，楼梯间、前室及合用前室外墙上的窗口与两侧门、窗、洞口最近边缘的水平距离不应小于 1.0m。

（2）地下汽车库借用住宅楼梯疏散，通向走道门为乙级防火门。

【工程实例】某住宅楼地下车库，人员疏散借用住宅疏散楼梯，通向楼梯间疏散走道门采用乙级防火门，如图 9.4-2 所示。

【原因分析】该住宅楼地下车库，人员疏散通向走道门采用乙级防火门，不符合《汽修规》第 6.0.7 条规定。

【处理措施】在大型住宅小区中，地下汽车库均有地下通道与住宅楼梯相通，规范允许利用地下汽车库通向住宅的楼梯间作为汽车库的疏散楼梯，既可以节省投资，同时在火灾情况下，人员的疏散路径也与人们平时的行走路径相一致。该走道的设置类似于楼梯间的扩大前室，同时，考虑到汽车库与住宅地下室之间分别属于不同防火分区。审查意见提出，连通门应采用甲级防火门。

【条文延伸】《汽修规》第 6.0.7 条规定，与住宅地下室相连通的地下汽车库、半地下汽车库，人员疏散可借用住宅部分的疏散楼梯，当不能直接进入住宅部分的疏散楼梯间

185

时，应在汽车库与住宅部分的疏散楼梯之间设置连通走道，走道应采用防火隔墙分隔，汽车库开向该走道的门均应采用甲级防火门。

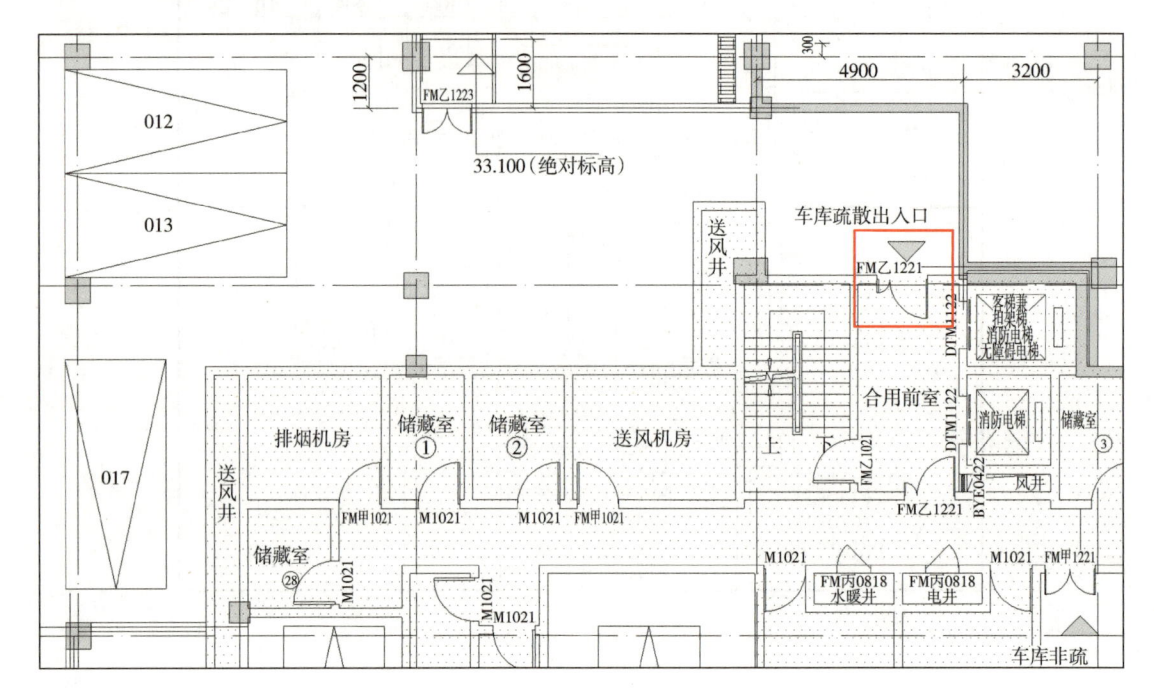

图 9.4-2 某住宅楼地下车库局部平面图

第10章

公共建筑设计中常见问题

近年随着公建项目规模越来越大，功能越来越复杂，设计存在着任务多，时间紧，设计周期短，校对审核缺乏足够时间，导致设计文件违反强制性条文时有发生，为避免一些常见设计问题的重复出现，现对公共建筑设计审查中遇到的一些常见问题归纳整理，供设计和审图人员参考。

10.1 地下室设计问题

（1）地下食堂的排风口和取风口开向邻近建筑。

【原因分析】违反《民通规》第4.5.1条规定。

【处理措施】地下食堂的排风口与邻近建筑应保持一定距离，当排风口设置位置无法避开人员活动场所时，应采取措施。提出审查意见后，调整排风口底部距人员活动场所地坪的高度，且不小于2.5m。

【条文延伸】《民通规》第4.5.1条规定，地下车库、地下室有污染性的排风口不应朝向邻近建筑的可开启外窗或取风口，当排风口与人员活动场所的距离小于10m时，朝向人员活动场所的排风口底部距人员活动场所地坪的高度不应小于2.5m。

（2）地下汽车库出入口（坡道）未设防雨篷，也未采取防止雨水倒灌的措施。

【原因分析】违反《民通规》第5.9.1条和《车库规》第6.4.3条规定。

【处理措施】审查意见提出，为了保证出入车库人员人身健康和安全，地下室的出入口要采取截水、挡水、排水等防止雨水倒灌的措施。

【条文延伸】1)《民通规》第5.9.1条规定，地下室、半地下室的出入口（坡道）、窗井、风井、下沉庭院（下沉式广场）、地下管道（沟）、地下坑井等应采取必要的截水、挡水及排水等防止涌水、倒灌的措施，并应满足内涝防治要求。

2)《车库规》第6.4.3条规定，多雨地区通往地下的坡道底端应设置截水沟，当地下坡道的敞开段无遮雨设施时，在敞开段的较低处应增加截水沟。

(3) 地下车库种植顶板防水等级为二级，且未设置具有耐根穿刺性能的防水层。

【原因分析】 违反《防水通规》第4.1.3条规定。

【处理措施】 地下车库种植顶板若发生渗漏则较难根治，因此其防水措施应予以加强。防水等级应为一级（防水混凝土结构厚度≥250mm）。为防止植物根系对普通防水层的穿刺破坏，《防水通规》规定应至少设置一道具有耐根穿刺性能的防水层，并应在其上设置保护层。保护层应能够防止后续回填和园林绿化施工过程中对防水层可能造成的破坏。审查意见提出后，按照规范要求进行整改。

【条文延伸】《防水通规》第4.8.1条规定，种植屋面和地下建（构）筑物种植顶板工程防水等级应为一级，并应至少设置一道具有耐根穿刺性能的防水层，其上应设置保护层。

(4) 地下车库内消防水池防水层做法不符合防水等级一级的要求。

【原因分析】 一级防水等级的地下消防水池，只在池壁外面设置防水层，违反《防水通规》第4.1.3条规定。

【处理措施】 对防水等级一级的地下消防水池，应至少在内壁设置1道防水层。水池内壁多采用水泥基防水材料，水池外壁可采用防水卷材、防水涂料或水泥基防水材料。地下水池使用时，聚合物水泥防水砂浆防水层的厚度≥6.0mm，掺外加剂、防水剂的砂浆防水层的厚度≥18.0mm。审查意见提出后，按照规范要求进行整改。

【条文延伸】《防水通规》第4.8.1条规定，防水等级为一级的蓄水类工程，应至少在内壁设置1道防水层。防水等级为二级的蓄水类工程应在内壁设置1道防水层。防水材料应选用防水卷材、防水涂料或水泥基防水材料。对蓄水水质有卫生要求的混凝土结构蓄水类工程，应增加外壁防水层，至少应设置1道防水卷材、防水涂料或水泥基防水材料防水层。

(5) 附设在地下建筑内的消防水泵房和消防控制室未采取防水淹等措施。

【原因分析】 设在地下一层的消防水泵房和消防控制室，出入口处未设挡水门槛，违反《建水通规》第4.1.7、4.1.8条规定。

【处理措施】 在实际火灾中，有不少消防水泵房和消防控制室因被淹或进水而无法使用，严重影响自动消防设施的灭火、控火效果，影响灭火救援行动。因此，既要通过合理确定这些房间的布置楼层和位置，也要采取门槛、排水措施等方法防止灭火或自动喷水等灭火设施动作后的水积聚而致消防控制设备或消防水泵、消防电源与配电装置等被淹。审查意见提出后，按照规范要求进行整改。

【条文延伸】 1)《建通规》第4.1.7条规定：消防水泵房不应设置在建筑的地下三层

及以下楼层，疏散门应直通室外或安全出口。消防水泵房应采取防水淹等的措施。

2)《建通规》第4.1.8条规定：消防控制室应位于建筑的首层或地下一层，疏散门应直通室外或安全出口。消防控制室应采取防水淹、防潮、防啮齿动物等的措施。

10.2 无障碍设计问题

（1）设有电梯的办公楼，未设置无障碍电梯。

【原因分析】违反《无障碍通规》第2.6.4条规定。

【处理措施】满足乘轮椅者使用的最小轿厢规格，深度不应小于1.40m，宽度不应小于1.10m。

【条文延伸】《无障碍通规》第2.6.4条规定，公共建筑内设有电梯时，至少应设置1部无障碍电梯。

（2）办公建筑无障碍出入口的上方未设置雨篷。

【原因分析】违反《民通规》第2.4.2条规定。

【处理措施】无障碍出入口上方设置雨篷既能够有效防止上空坠物，也能够在雨雪天气为出入的人群提供过渡空间，避免出入口地面湿滑带来的危险。审查意见提出应增设雨篷。

【条文延伸】《无障碍通规》第2.4.2条规定，除平坡出入口外，无障碍出入口的门前应设置平台，在门完全开启的状态下，平台的净深度不应小于1.50m，无障碍出入口的上方应设置雨篷。

（3）人员密集的公共场所无障碍通道的通行净宽小于1.80m。

【工程实例】某人才大厦办公楼，一层设有对外服务大厅，包括安居服务中心和人才服务中心，大厅入口设有无障碍坡道，其中进入安居服务中心的通道轴线尺寸1.80m，且通道处有柱凸出，柱边与墙之间距离为1.50m，一层局部平面图如图10.2-1所示。

【原因分析】人才服务大厅属于人员密集场所，进入安居服务中心的无障碍通道净宽1.60m，且通道上有柱凸出，不符合《无障碍通规》第2.2.2条规定。

【处理措施】满足乘轮椅者通行和疏散是无障碍通道的重要功能，无障碍通道通行净宽是指无障碍通行设施的两侧墙面外表皮或固定障碍物之间的水平净距离。审查意见提出应移动走道墙体，确保通道净宽度不小于1.80m，有柱凸出处，应计算到柱边。

【条文延伸】《无障碍通规》第2.2.2条规定，无障碍通道的通行净宽不应小于

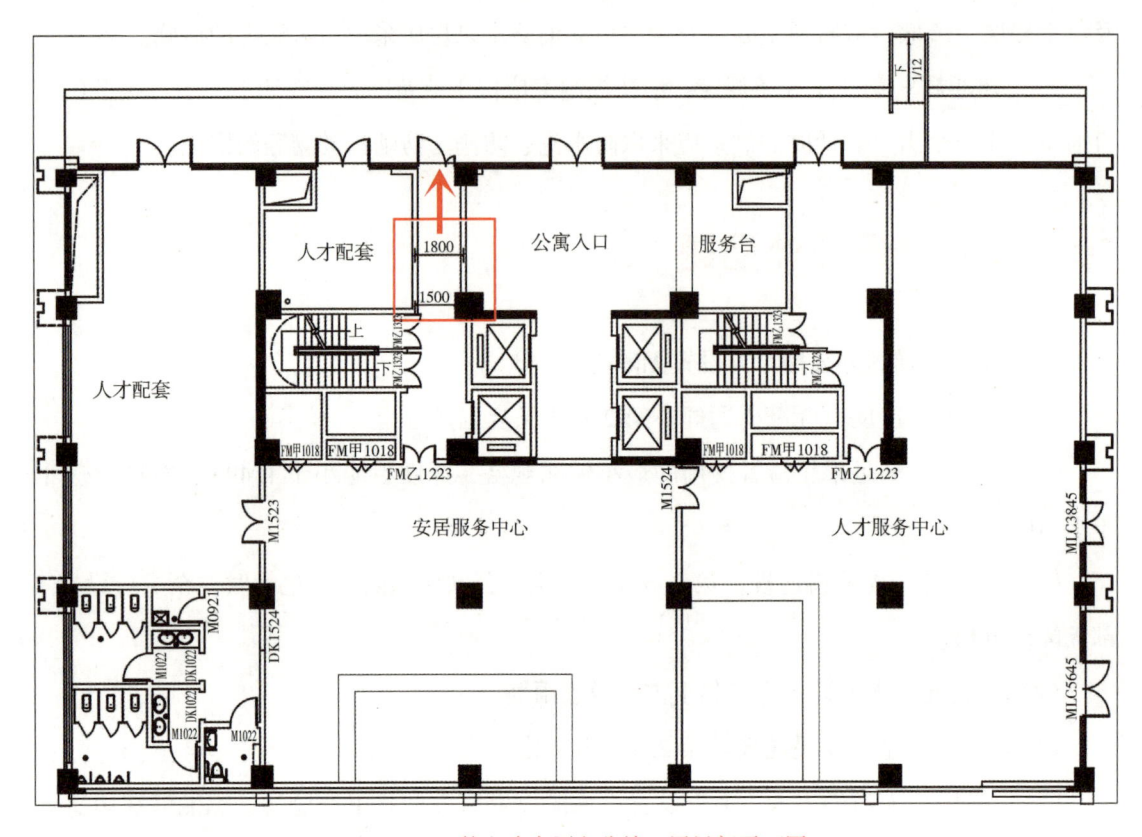

图 10.2-1 某人才大厦办公楼一层局部平面图

1.20m，人员密集的公共场所的通行净宽不应小于1.80m。人员密集的公共场所主要是指营业厅、观众厅、礼堂、电影院、剧院和体育场馆的观众厅，公共娱乐场所中出入大厅、舞厅，候机（车、船）厅及医院的门诊大厅等面积较大、同一时间聚集人数较多的场所。

（4）无障碍出入口两道门之间的距离小于1.50m。

【工程实例】某医院门诊综合楼，一层设有候诊和服务大厅，北向候诊大厅入口设有门斗，两道门之间距离2.25m，门宽1.80m，一层局部平面图如图10.2-2所示。

【原因分析】进入医院门诊楼候诊厅的门斗尺寸不符合《无障碍通规》第2.5.7条规定。

【处理措施】连续设置多道门时，门之间的距离要考虑乘轮椅者、推童车者等开关门和通过所需的空间，规范要求两道门之间的距离除去门扇摆动的空间后的净间距不应小于1.50m。审查意见提出应调整门斗尺寸，确保净间距不小于1.50m。

【条文延伸】《无障碍通规》第2.5.7条规定，无障碍出入口连续设置多道门时，两道门之间的距离除去门扇摆动的空间后的净间距不应小于1.50m。

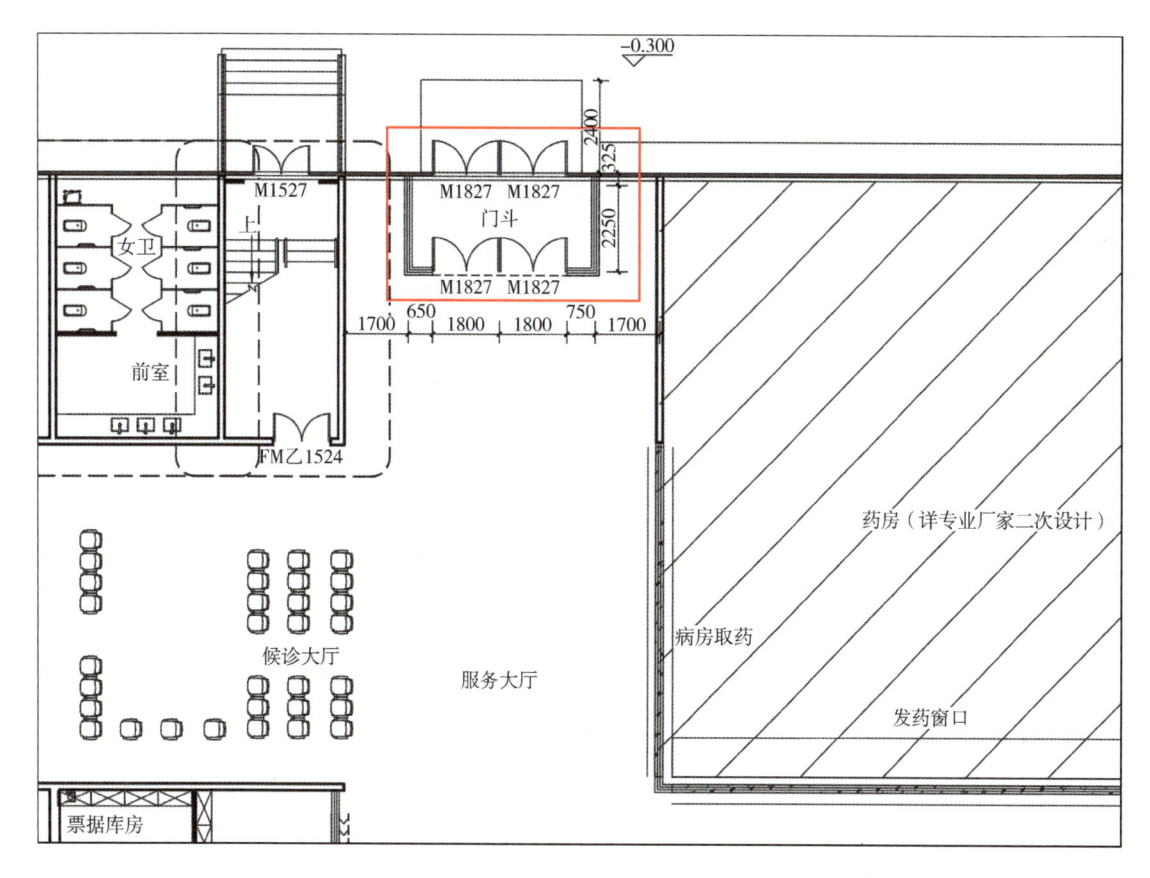

图 10.2-2 某医院门诊综合楼楼一层局部平面图

10.3 门窗安全设计问题

（1）公共建筑临空窗台距楼地面的净高低于 0.80m 时未采取防护措施。

【工程实例】某高层办公楼，外窗窗台距离楼面 0.45m，防护栏杆距离窗台面 0.35m，距离楼面高度为 0.80m，如图 10.3-1 左图所示。

【原因分析】违反《民通规》第 6.5.6 条规定。

【处理措施】审查意见提出窗台下有可踏面时（宽度≥0.22m，且高度≤0.45m 的可踏部位），防护高度应从可踏面起算不应小于 0.80m。防护措施可采用护窗栏杆或夹层安全玻璃固定窗等。修改后防护栏杆做法如图 10.3-1 右图所示。

【条文延伸】《民通规》第 6.5.6 条规定，民用建筑临空窗的窗台距楼地面的净高低于 0.80m 时应设置防护设施，防护高度由楼地面（或可踏面）起计算不应小于 0.80m。

（2）采光天窗的玻璃未采用夹层玻璃，不满足相应的规范要求。

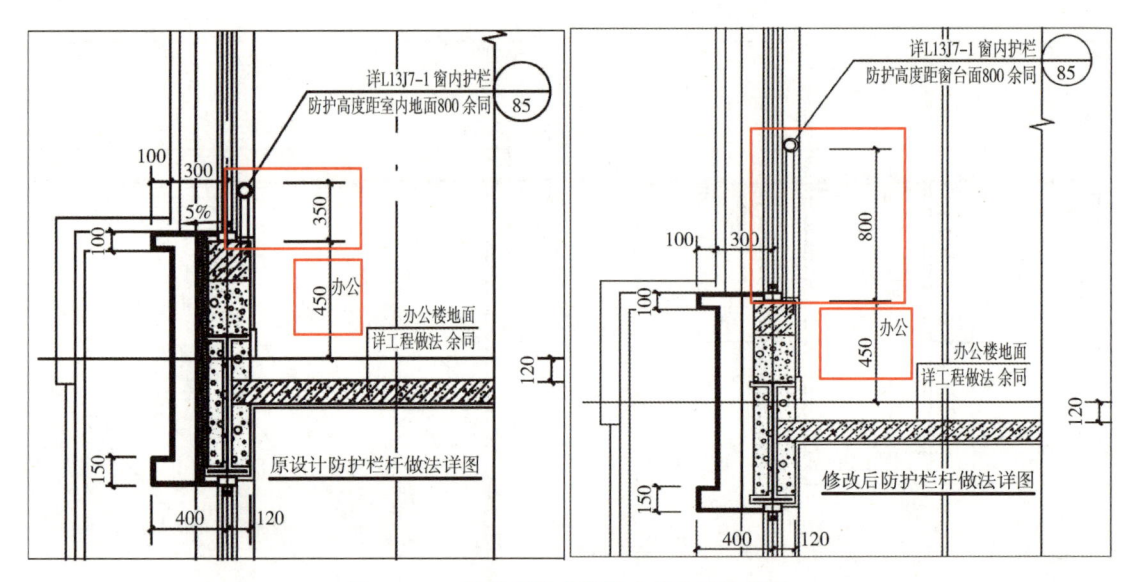

图 10.3-1　某高层办公楼临空外窗防护栏杆

【原因分析】违反《民通规》第 6.5.7 条规定。

【处理措施】天窗以及采光顶的下方通常为人员活动的场所，为防止采光面板受损时对下方人员造成伤害，用于采光的面板可以采用不易破碎的高分子材料，如聚碳酸酯阳光板等，玻璃作为天窗透光面板时，应采用夹层玻璃，其胶片最小厚度不小于 0.76mm。

【条文延伸】《民通规》第 6.5.7 条规定：

1）采光天窗应采用防破碎坠落的透光材料，当采用玻璃时，应使用夹层玻璃或夹层中空玻璃。

2）天窗应设置冷凝水导泄装置，采取防冷凝水产生的措施，多雪地区应考虑积雪对天窗的影响。

3）天窗的连接应牢固、安全，开启扇启闭应方便可靠。

（3）入口门厅旋转门不应作为疏散门。

【工程实例】某商业综合楼，建筑高度 55.5m，一、二层为商业，三层以上为公寓和办公室，一层大厅出入口设置旋转门，两侧商业部分设有对外疏散的平开门，如图 10.3-2 所示。

【原因分析】违反《民通规》第 6.11.97 条和《建规》第 5.5.17 条规定。

【处理措施】综合楼入口大厅的门既要考虑人流进出方便，又要考虑安全疏散的需要，因此不宜设置影响人流进出和安全疏散的旋转门、弹簧门等。审查意见提出，如设置旋转门，应在旁边增设向外开启的安全疏散门。另外该综合楼疏散楼梯首层不能直接对外，应在首层门厅设置扩大的防烟楼梯间前室，如图 10.3-3 所示。

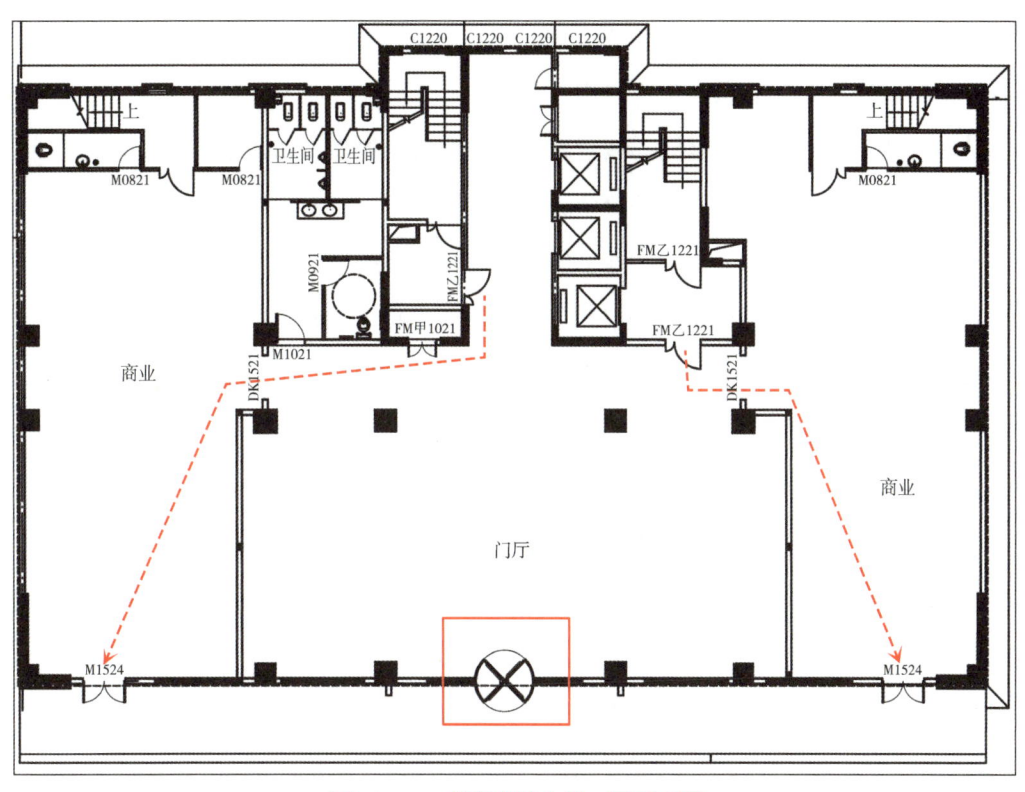

图 10.3-2　某商业综合楼一层平面图

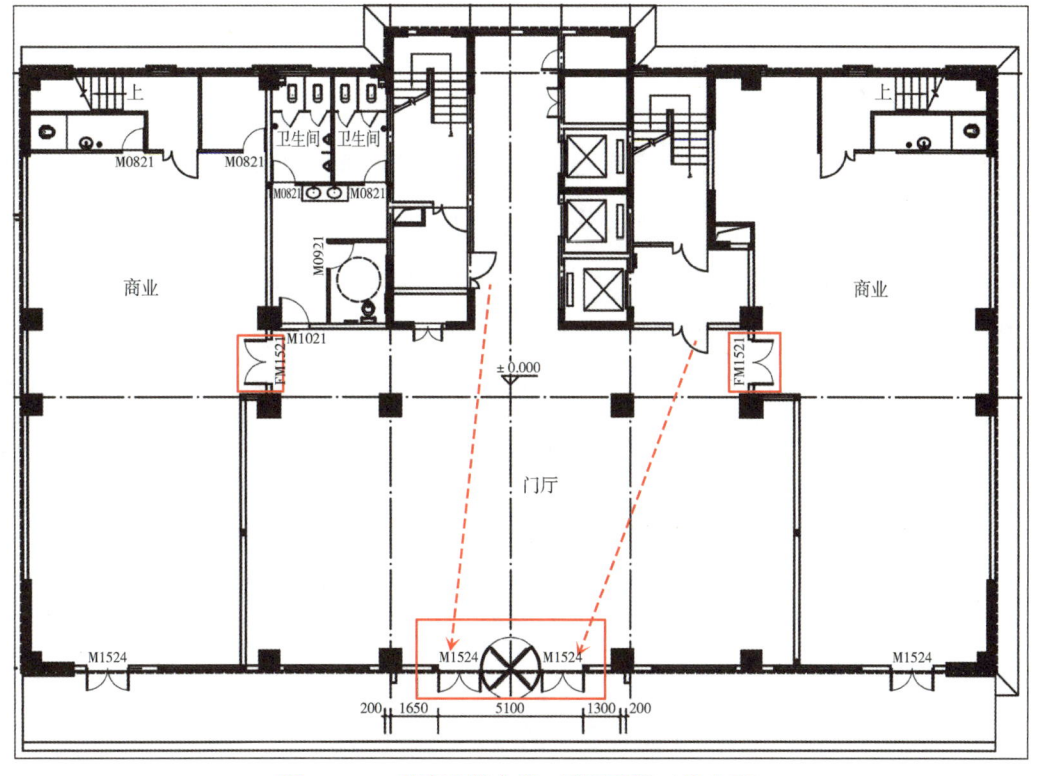

图 10.3-3　某商业综合楼一层平面图（修改后）

【条文延伸】《民建标》第6.11.9条规定：

1）疏散门门应开启方便、坚固耐用。

2）手动开启的大门扇应有制动装置，推拉门应有防脱轨的措施。

3）双面弹簧门应在可视高度部分装透明安全玻璃。

4）推拉门、旋转门、电动门、卷帘门、吊门、折叠门不应作为疏散门。

5）开向疏散走道及楼梯间的门扇开足后，不应影响走道及楼梯平台的疏散宽度。

6）全玻璃门应选用安全玻璃或采取防护措施，并应设防撞提示标志。

10.4 栏杆安全设计问题

（1）学校建筑临空处防护栏杆净高度小于1.20m，且栏杆净高未从所在建筑完成面和可踏面起算。

【工程实例】某小学教学楼，地上3层，建筑高度10.65m，一层设有室内篮球场，二层设教室和挑空看台，看台临空处防护栏杆距挡水台面（250mm×100mm）高1.10m，如图10.4-1所示。

【原因分析】违反《民建标》第6.7.3条规定。学校建筑临空处危险性更大，栏杆高度比一般建筑应适当加大。

【处理措施】审查意见提出临空挑台下有可踏面时（宽度≥0.22m，且高度≤0.45m的可踏部位），防护高度应从可踏面起算不应小于1.20m。

【条文延伸】《民建标》第6.7.3条规定，阳台、外廊、室内回廊、内天井、上人屋面及室外楼梯等临空处应设置防护栏杆，并应符合下列规定：

1）栏杆应以坚固、耐久的材料制作，并应能承受国家现行相关标准规定的水平荷载。

2）当临空高度在24.00m以下时，栏杆高度不应低于1.05m，当临空高度在24.00m及以上时，栏杆高度不应低于1.10m。上人屋面和交通、商业、旅馆、医院、学校等建筑临开敞中庭的栏杆高度不应小于1.20m。

3）栏杆高度应从所在楼地面或屋面至栏杆扶手顶面垂直高度计算，当底面有宽度≥0.22m，且高度≤0.45m的可踏部位时，应从可踏部位顶面起算。

4）公共场所栏杆离地面0.10m高度范围内不宜留空。

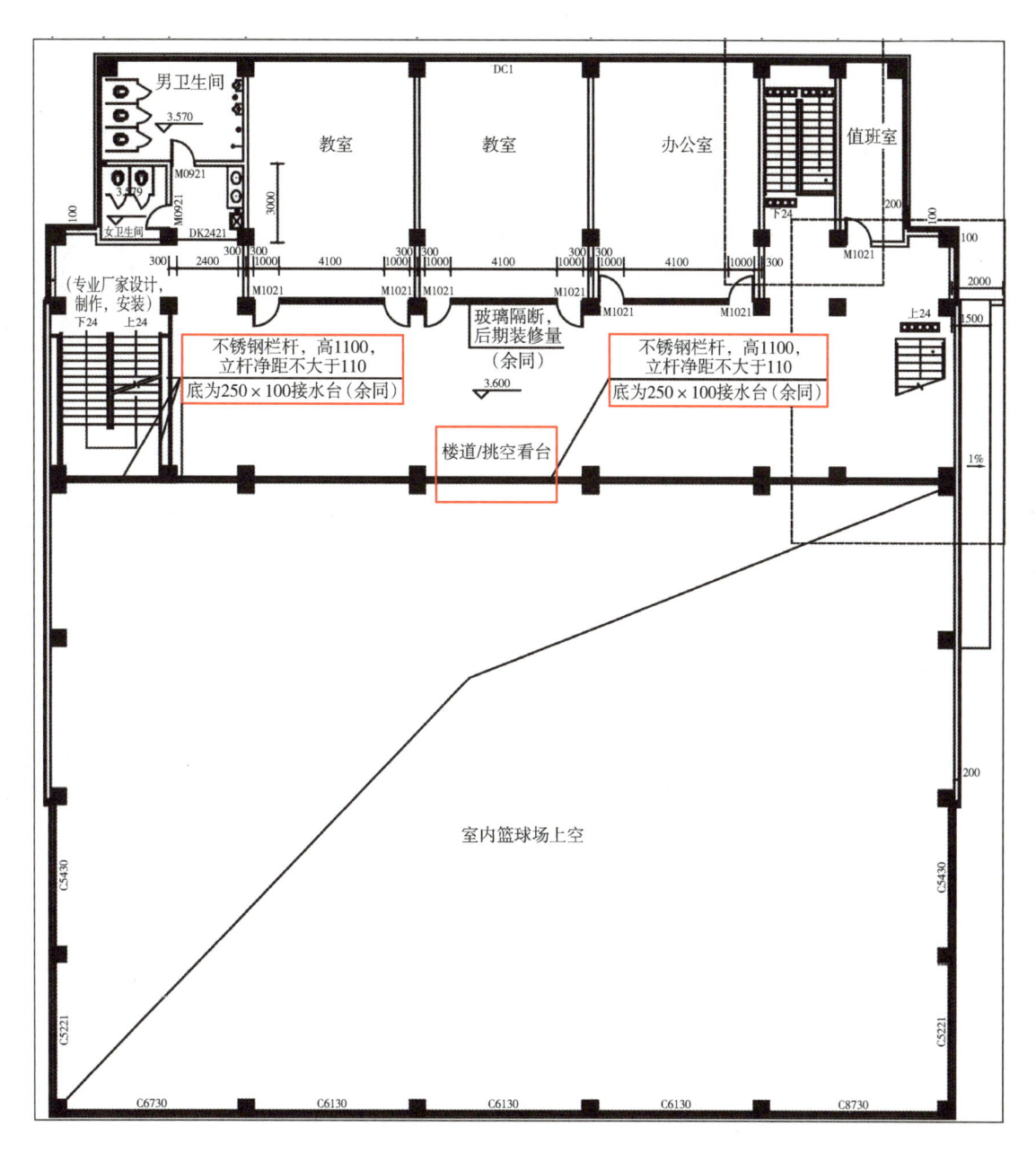

图 10.4-1 某小学教学楼二层平面图

（2）幼儿园出入口台阶高度超过 0.30m，侧面临空处未设置防护设施。

【工程实例】某幼儿园建筑，地上 3 层，建筑高度 12.25m，室外地面标高 -0.45m，入口平台标高 -0.015m，入口平台侧面临空，如图 10.4-2 所示。

【原因分析】违反《民建标》第 4.1.16 条规定。幼儿建筑入口平台临空处危险性大，应采取一定的安全防护措施。

【处理措施】审查意见提出，幼儿园入口平台高差超过0.30m，应在平台侧面设置安全防护栏杆，高度不低于1.05m。

【条文延伸】《托幼规》第4.1.16规定，托儿所、幼儿园建筑出入口台阶高度超过0.30m，并侧面临空时，应设置防护设施，防护设施净高不应低于1.05m。

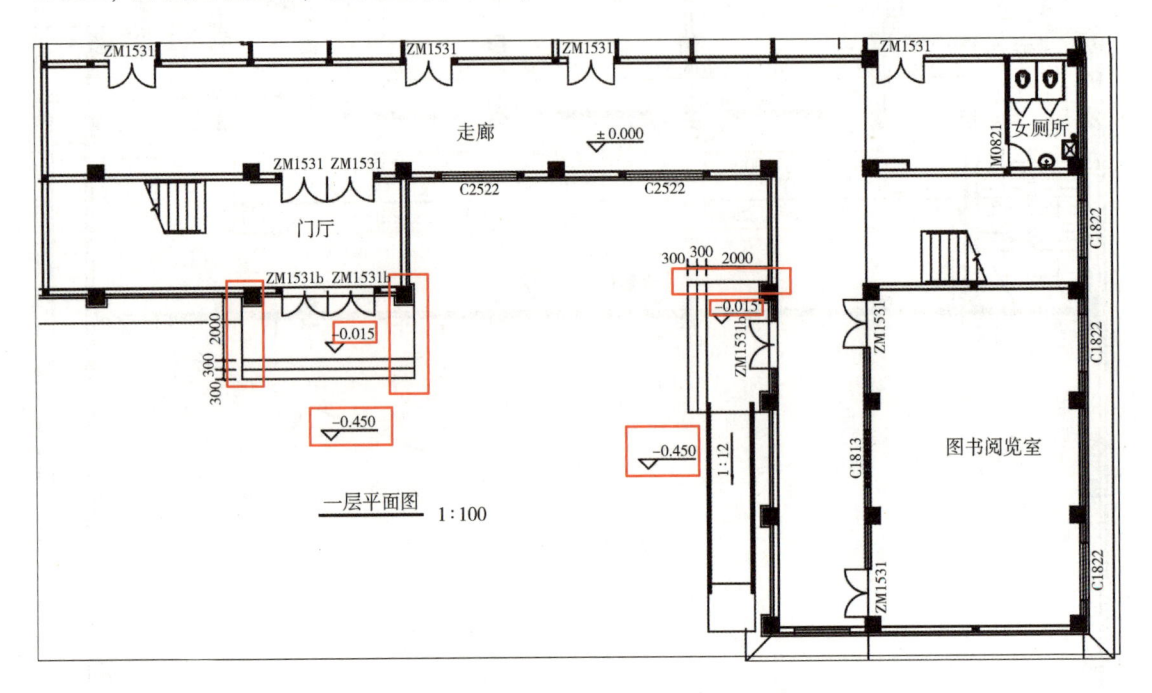

图10.4-2 某幼儿园建筑一层局部平面图

（3）幼儿园中庭防护栏杆高度1.20m，立杆净距0.10m，不符合规范要求。

【工程实例】某幼儿园建筑，地上3层，建筑高度12.90m，中庭临空部分四周设置防护栏杆，栏杆从挡水台面起算高1.2m，下设200mm宽×100mm高挡水台，立杆净距100mm，剖面图如图10.4-3所示。

【原因分析】违反《托幼规》第4.1.9条规定。考虑到托儿所、幼儿园中婴幼儿安全意识差，易动、易攀爬，游戏时头部或身体易钻入栏杆空隙中，临空防护栏杆高度比《民通规》适当加高，立杆净距适当减小。

【处理措施】审查意见提出，幼儿园临空处应设置防护栏杆应执行《托幼规》第4.1.9条规定，净高≥1.30m，垂直杆件净距离≤0.09m。

【条文延伸】《托幼规》第4.1.9条规定，托儿所、幼儿园的外廊、室内回廊、内天井、阳台、上人屋面、平台、看台及室外楼梯等临空处应设置防护栏杆，栏杆应以坚固、耐久的材料制作。防护栏杆的高度应从可踏部位顶面起算，且净高不应小于1.30m。防护栏杆必须采用防止幼儿攀登和穿过的构造，当采用垂直杆件做栏杆时，其杆件净距离不应大于0.09m。

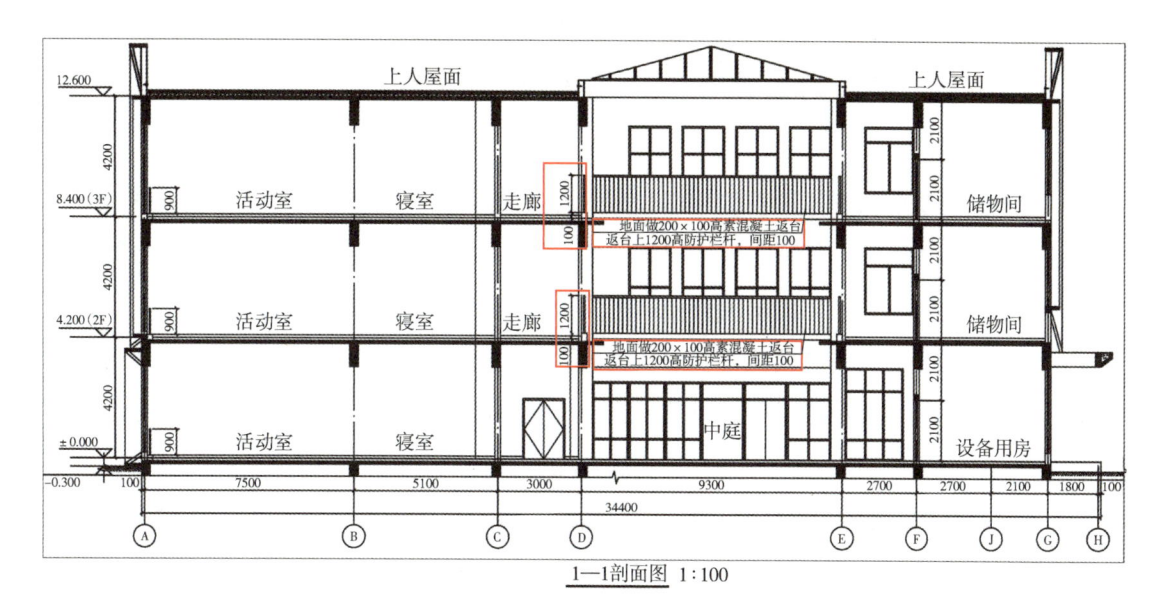

图10.4-3 某幼儿园剖面图

第 11 章
住宅建筑设计常见问题

随着中国经济的快速发展，住宅短缺时代基本结束，住宅建设已经由数量型向数量、质量型并举发展。适用、舒适、经济成为住宅发展的主要特征，住宅需求从物理空间需求向生活质量需求转变，住宅的价值取向从区位地段向性能价格比转变。高品质、新生活是当前住宅发展的主题，高品质就是要在住宅的适用性能、安全性能、耐久性能、环境性能和经济性能方面具有明显的提高，以较小的投入获得较高的舒适度和性价比，满足新生活方式的需求。住宅作为最能体现自我价值的商品，其功能价值、性能价值和环境文化价值将成为住宅品质的重要价值取向。由于住宅建筑与每个人的生活密切相关，也成为近年来质量问题投诉的重灾区。现把审查过程中发现的容易引起投诉的问题进行汇总，希望能引起设计人员的重视。

11.1　室内外环境问题

（1）住宅伸出上人屋面的烟道和排风道与邻近建筑窗口距离不满足要求。

【工程实例】某多层住宅楼，地上6层，建筑高度18.38m，采用坡屋面，屋脊处标高21.38m，屋面排气道距离屋脊1.60m，排气道伸出屋面0.60m，屋面坡度1∶1.67，如图11.1-1所示。

【原因分析】违反《民建标》第6.16.4条。该住宅楼伸出坡屋面的排气道距离屋脊1.60m，按照规范规定，排气道应高于屋脊，伸出屋面0.6m高不满足要求。

【处理措施】烟道和排风道伸出屋面高度由多种因素决定。由于各种原因屋面上并非总是处于负压，如果伸出高度过低，不仅难以保证必要的防水等构造要求，也容易使排出气体因受风压影响而向室内倒灌，特别是顶层用户，由于管道高度不足而产生倒灌的现象比较普遍。审查意见提出，排风道伸出屋面高度应大于屋脊高度（21.38m）。经计算排风道伸出屋面至少0.96m左右。

【条文延伸】1）《民通规》第6.7.3条规定，伸出屋面的烟道或排风道，其伸出高度应根据屋面形式、排出口周围遮挡物的高度和距离、屋面积雪深度等因素合理确定，应有利于烟气扩散和防止烟气倒灌。

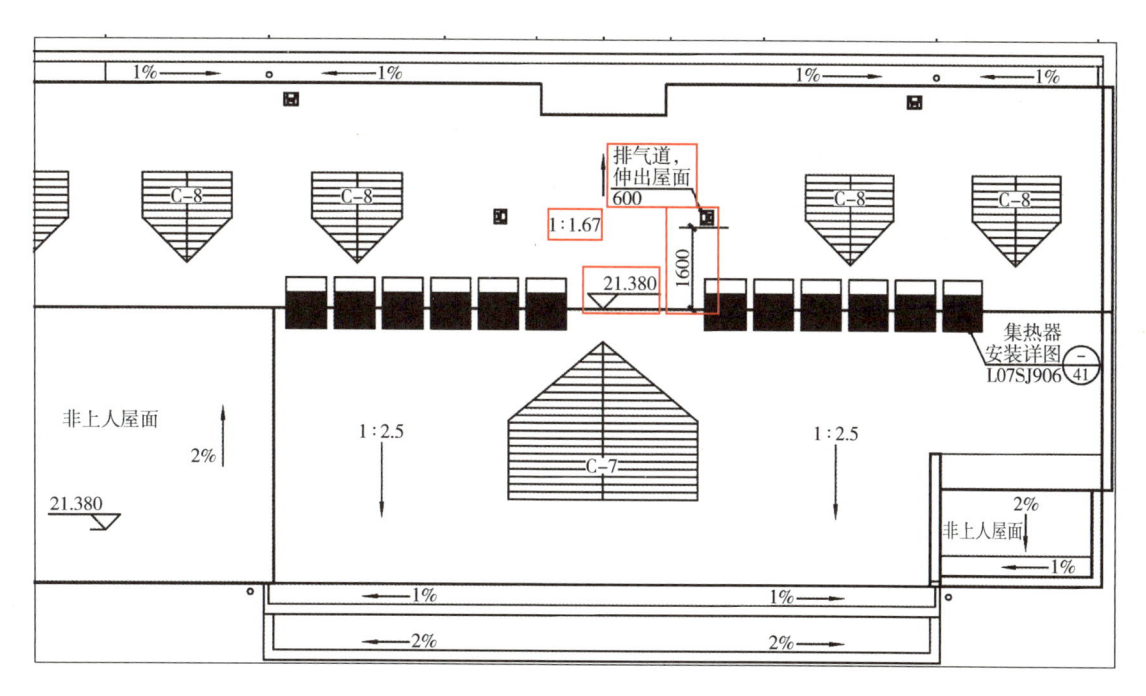

图 11.1-1 某多层住宅楼屋面布置图

2)《民建标》第 6.16.4 条规定，自然排放的烟道和排风道宜伸出屋面，同时应避开门窗和进风口。伸出高度应有利于烟气扩散，并应根据屋面形式、排出口周围遮挡物的高度、距离和积雪深度确定，伸出平屋面的高度不得小于 0.6m。伸出坡屋面的高度应符合下列规定：

①当烟道或排风道中心线距屋脊的水平面投影距离小于 1.5m 时，应高出屋脊 0.6m。

②当烟道或排风道中心线距屋脊的水平面投影距离为 1.5~3.0m 时，应高于屋脊，且伸出屋面高度不得小于 0.6m。

③当烟道或排风道中心线距屋脊的水平面投影距离大于 3.0m 时，可适当低于屋脊，但其顶部与屋脊的连线同水平线之间的夹角不应大于 10°，且伸出屋面高度不得小于 0.6m。

3)《住设规》第 6.8.5 条规定，竖向排气道屋顶风帽的安装高度不应低于相邻建筑砌筑体。排气道的出口设置在上人屋面、住户平台上时，应高出屋面或平台地面 2m，当周围 4m 之内有门窗时，应高出门窗上皮 0.6m。

（2）住宅商业网点内布置餐饮店，未做排气、消声处理。

【原因分析】违反《住设规》第 6.10.2 条规定。住宅底层内布置易产生油烟的餐饮店，使气味进入住宅楼道内，且产生噪声也对邻近住户产生不良影响。

【处理措施】审查意见提出底层商业网点布置有产生刺激性气味或噪声的配套用房，应做排气、消声处理。

【条文延伸】《住设规》第6.10.2条规定，住宅建筑内不应布置易产生油烟的餐饮店，当住宅底层商业网点布置有产生刺激性气味或噪声的配套用房，应做排气、消声处理。

（3）设备机房设在地下楼层，与底层住户相邻，未采取减振、隔声处理措施。

【原因分析】违反《住设规》第6.10.3条规定。水泵房、冷热源机房、变配电机房等公共机电用房都会产生较大的噪声，故不宜设置于住户相邻楼层内，也不宜设置在住宅主体建筑内；当受到条件限制必须设置在主体建筑内时，可设置在架空楼层或不与住宅套内房间直接相邻的空间内，并需做好减振、隔声措施。

【处理措施】审查意见提出后，对产生振动和噪声的设备间进行减振和隔声处理，对振动较大的设备房建议单独设置。

【条文延伸】《住设规》第6.10.3条规定，水泵房、冷热源机房、变配电机房等公共机电用房不宜设置在住宅主体建筑内，不宜设置在与住户相邻的楼层内，在无法满足上述要求贴临设置时，应增加隔声减振处理。

（4）电梯井道紧邻起居室（厅）布置，未采取减振、隔声处理措施。

【工程实例】某高层住宅楼，地上17层，建筑高度51.3m，每单元设有两部电梯，三种户型，分别为户型A、户型B和户型C，电梯紧邻户型B的卧室和户型A客厅布置，如图11.1-2所示。

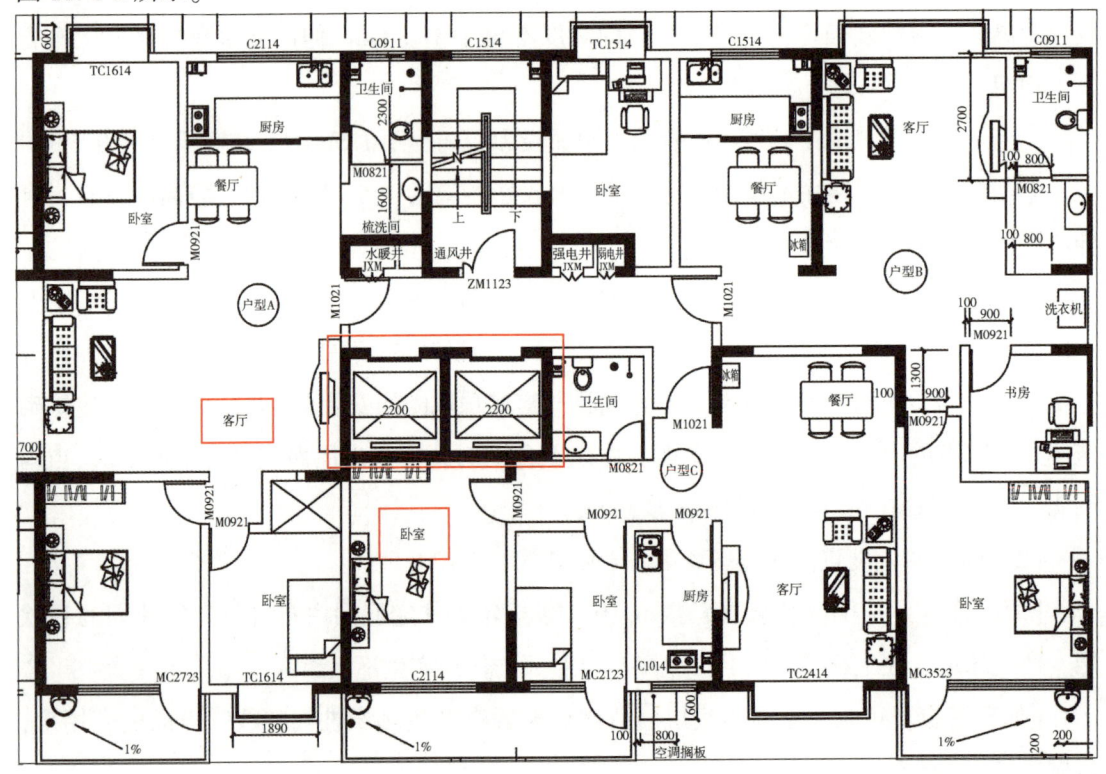

图11.1-2 某高层住宅楼标准层平面图

【原因分析】 违反《住设规》第 6.4.7 条规定。住宅设计时尽量避免卧室和起居室（厅）紧邻电梯井道和电梯机房布置。当受条件限制起居室（厅）紧邻电梯井道、电梯机房布置时，需要采取提高电梯井壁隔声量的有效的隔声、减振技术措施。

【处理措施】 审查意见提出后，对户型 B 进行方案调整，并对电梯井道周边进行隔声处理，如图 11.1-3 所示。

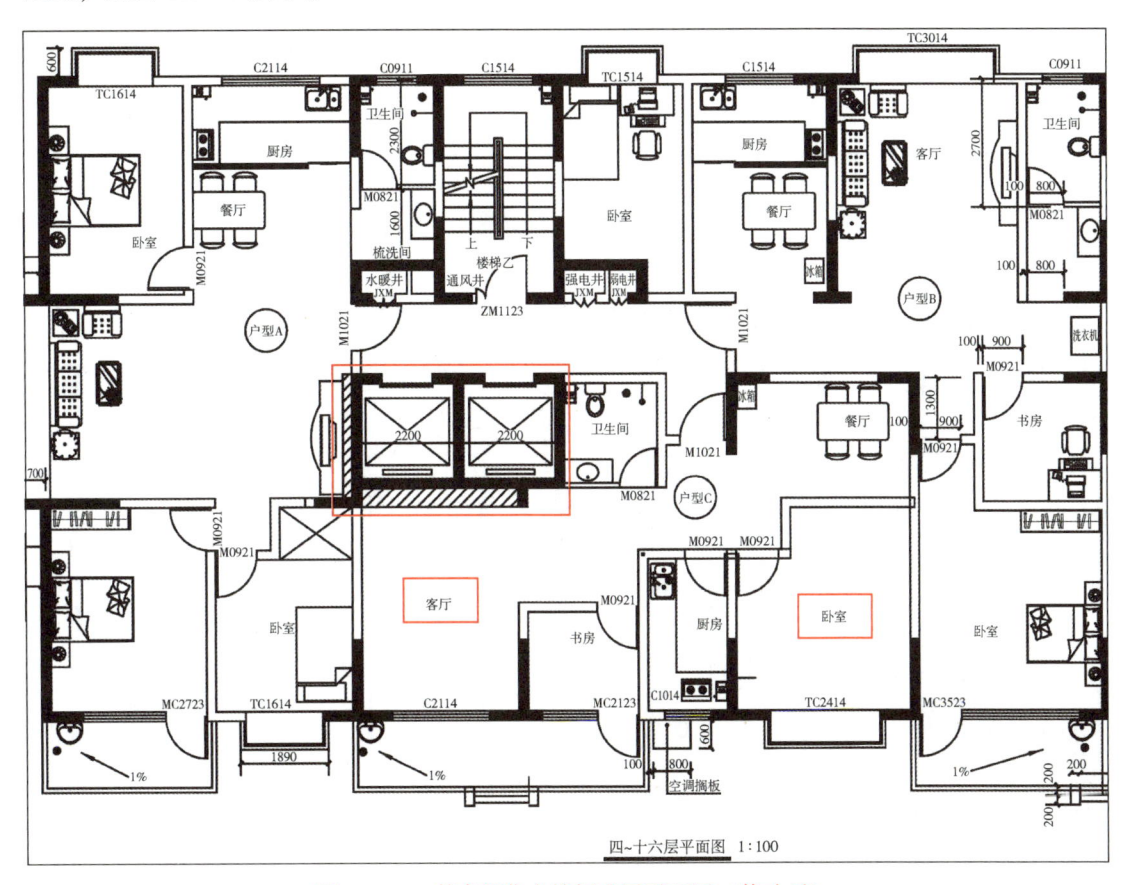

图 11.1-3 某高层住宅楼标准层平面图（修改后）

【条文延伸】 1)《住设规》第 6.4.7 条规定，电梯不应紧邻卧室布置。当受条件限制，电梯不得不紧邻兼起居的卧室布置时，应采取隔声、减振的构造措施。

2)《住设规》第 7.3.5 条规定，起居室（厅）不宜紧邻电梯布置。受条件限制起居室〈厅）紧邻电梯布置时，必须采取有效的隔声和减振措施。

11.2 无障碍设计问题

(1) 住宅入口无障碍通道净宽不满足要求。

【工程实例】某高层住宅楼,地上10层,建筑高度29.0m,每单元设一部电梯(兼无障碍电梯),两种户型,分别为户型A和户型,入口门厅处疏散通道轴线尺寸1.35m,如图11.2-1所示。

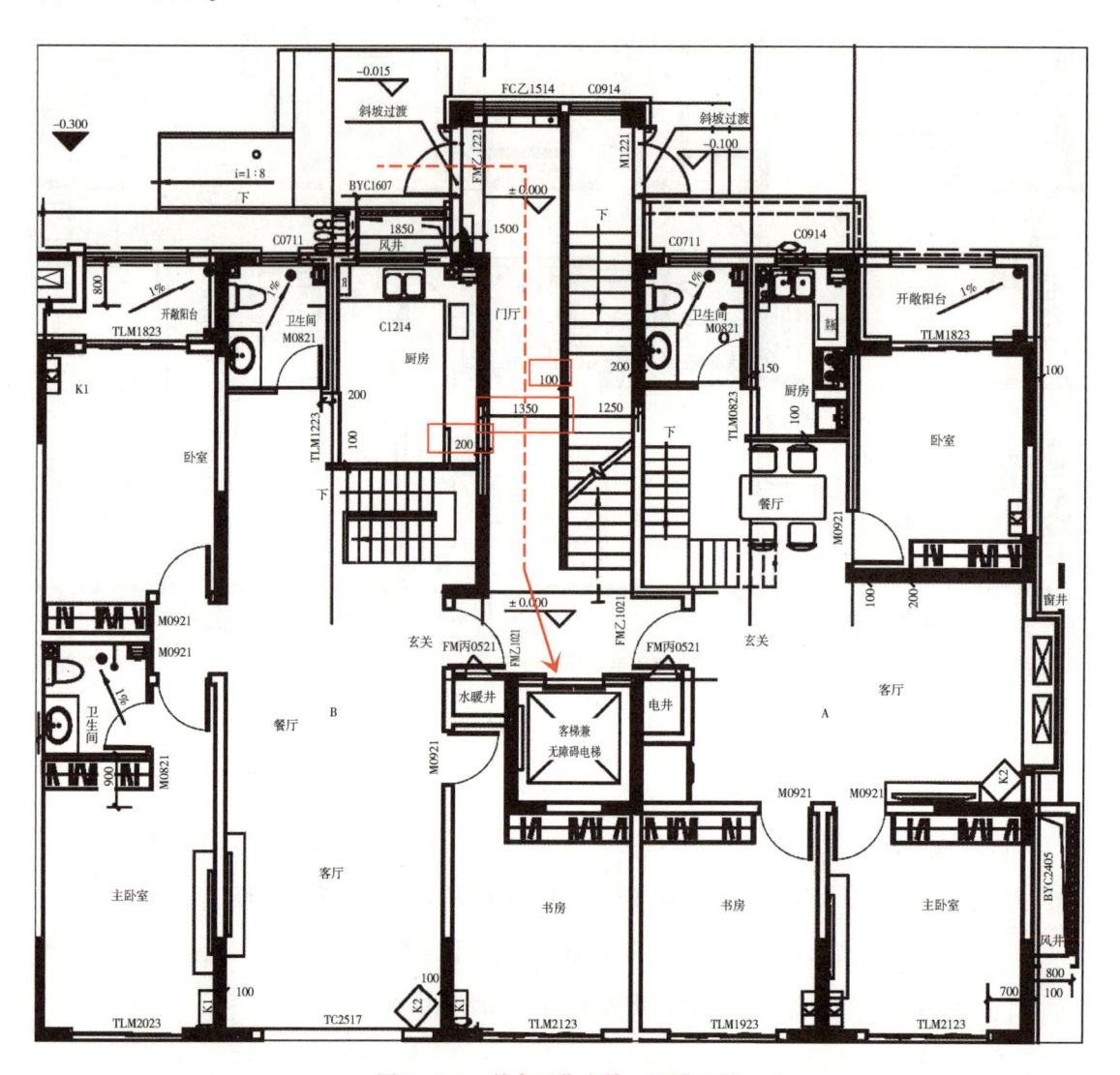

图 11.2-1 某高层住宅楼一层平面图

【原因分析】违反《住设规》第6.6.4条规定。疏散通道净宽为1350mm-50mm-100mm-40mm(装饰面层)=1160mm<1200mm,不满足《住设规》规定。

【处理措施】审查意见提出后，要求对疏散通道进行方案调整，增大楼梯开间，由原来的 2600mm 调整为 2700mm，疏散通道净宽调整为 1200mm，满足要求。

【条文延伸】《住设规》第 6.6.4 条规定，供轮椅通行的走道和通道净宽不应小于 1.20m。

(2) 高层住宅电梯兼做担架电梯时，电梯轿厢尺寸不满足要求。

【原因分析】违反《无障碍通规》第 2.6.2 条规定。设计井道尺寸偏小，导致担架无法进入。

【处理措施】实际工程应用中，若保证轿厢尺寸为 1.50m（深）×1.60m（宽）时，井道净尺寸建议取 2.00m（深）×2.20m（宽）完全可行，即电梯井轴线尺寸为 2.20m（深）×2.40m（宽）。

【条文延伸】《无障碍通规》第 2.6.2 条规定，无障碍电梯的轿厢的规格应依据建筑类型和使用要求选用。满足乘轮椅者使用的最小轿厢规格，深度不应小于 1.40m，宽度不应小于 1.10m。同时满足乘轮椅者使用和容纳担架的轿厢，如采用宽轿厢，深度≥1.50m，宽度≥1.60m。如采用深轿厢，深度≥2.10m，宽度≥1.10m。轿厢内部设施应满足无障碍要求。

(3) 住宅无障碍出入口的上方未设置雨篷。

【原因分析】违反《无障碍通规》第 2.4.2 条规定，设计人员往往容易疏忽这一点。

【处理措施】无障碍出入口上方设置雨篷既能够有效防止上空坠物，也能够在雨雪天气为出入的人群提供过渡空间，避免出入口地面湿滑带来的危险。

【条文延伸】《无障碍通规》第 2.4.2 条规定，除平坡出入口外，无障碍出入口的门前应设置平台；在门完全开启的状态下，平台的净深度≥1.50m；无障碍出入口的上方应设置雨篷。

11.3 门窗安全设计问题

(1) 住宅单元向外开启的户门与相邻户门相互影响。

【工程实例】某高层住宅楼，地上 16 层，建筑高度 52.6m，每个单元三户，分别为户型 A、户型 B、户型 C，户型 A 和户型 B 的户门向外开启，如图 11.3-1 所示。

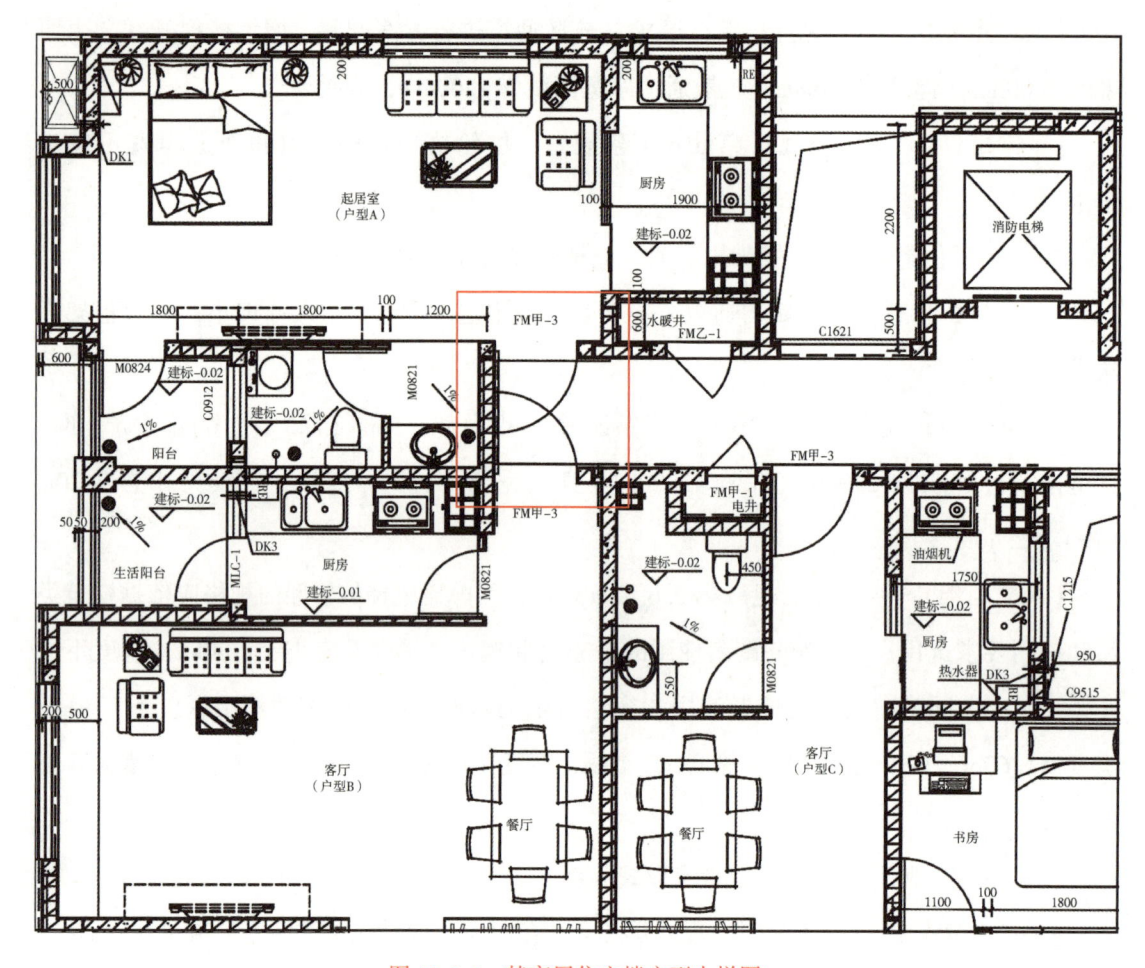

图 11.3-1 某高层住宅楼户型大样图

【原因分析】违反《住设规》第 5.8.5 条规定。户型 A 和户型 B 的户门向外开启时相互影响。

【处理措施】一般的住宅户门都是内开启的，既可避免妨碍楼梯间的交通，又可避免相邻近的户门开启时之间发生碰撞。当向内开启有困难时，应控制相邻户门的距离、设大小门扇、入口处设凹口等措施，以保证安全疏散。审查意见提出后重新修改户型 B 方案，如图 11.3-2 所示。

【条文延伸】《住设规》第 5.8.5 条规定，户门应采用具备防盗、隔声功能的防护门。向外开启的户门不应妨碍公共交通及相邻户门开启。

（2）天井内开设的外窗视线干扰，也未采取一定的措施。

【工程实例】某高层住宅楼，单元户型内厨房和书房通过开向内天井的窗采光通风，窗户采用 5+12A+5 塑料框中空玻璃（无色），相邻户型厨房外窗距离 2.50m，书房与外窗

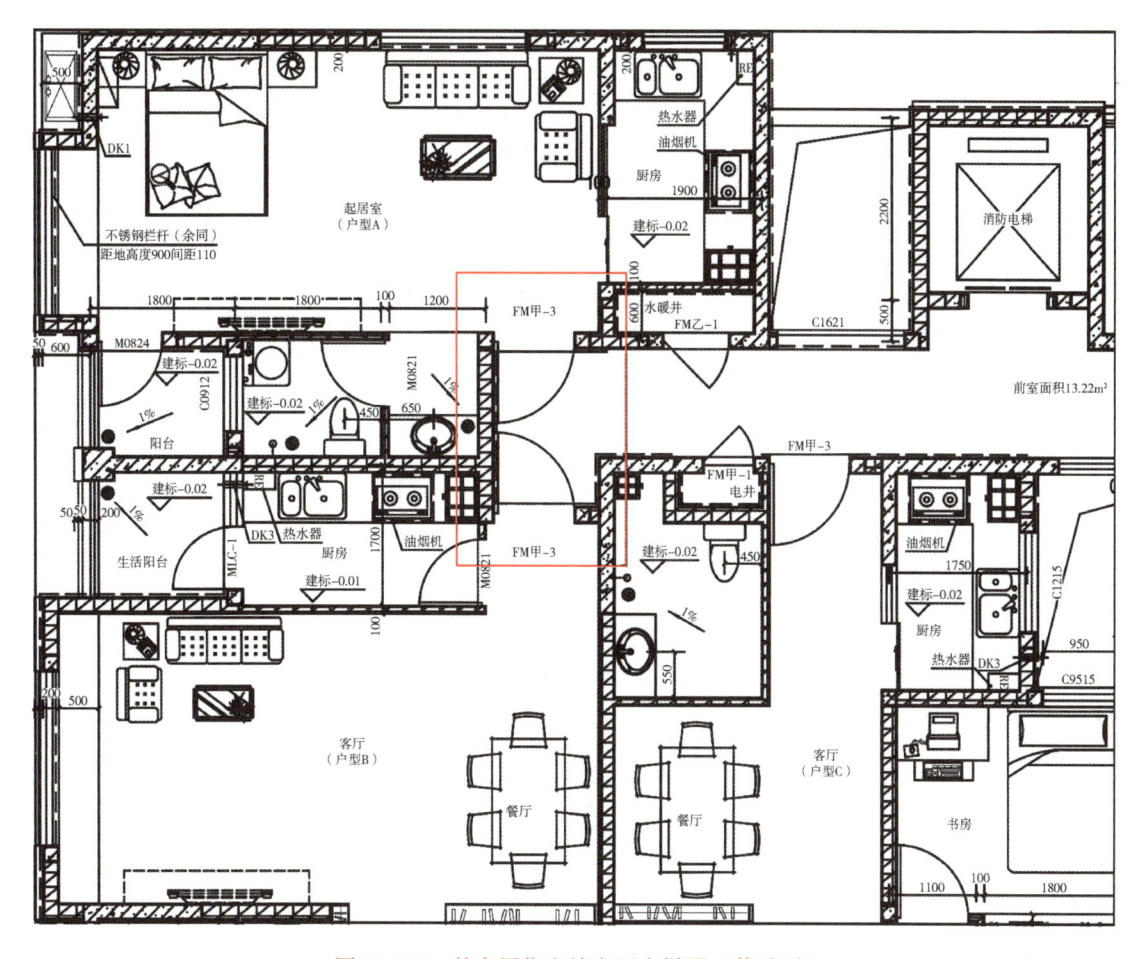

图 11.3-2 某高层住宅楼户型大样图（修改后）

距离 1.40m，如图 11.3-3 所示。

【原因分析】违反《住设规》第 5.8.5 条规定。户型向外开启的窗视线相互干扰。

【处理措施】住宅凹口的窗和面临走廊、共用上人屋面的窗常因设计不当，引起住户的强烈不满，本实例开向天井内窗应采取一定措施，避免视线干扰。

【条文延伸】《住设规》第 5.8.5 条规定，面临走廊、共用上人屋面或凹口的窗，应避免视线干扰，向走廊开启的窗扇不应妨碍交通。

（3）住宅凸窗台护栏防护高度不满足规范要求。

【工程实例】某高层住宅楼，卧室窗设置为凸窗，凸窗尺寸 2.10m×1.80m，凸窗台面高 0.60m，可开启窗扇洞口底距离凸窗台面 0.50m，设置 900mm 高的防护栏杆，其凸窗平面图和剖面图如图 11.3-4、图 11.3-5 所示。

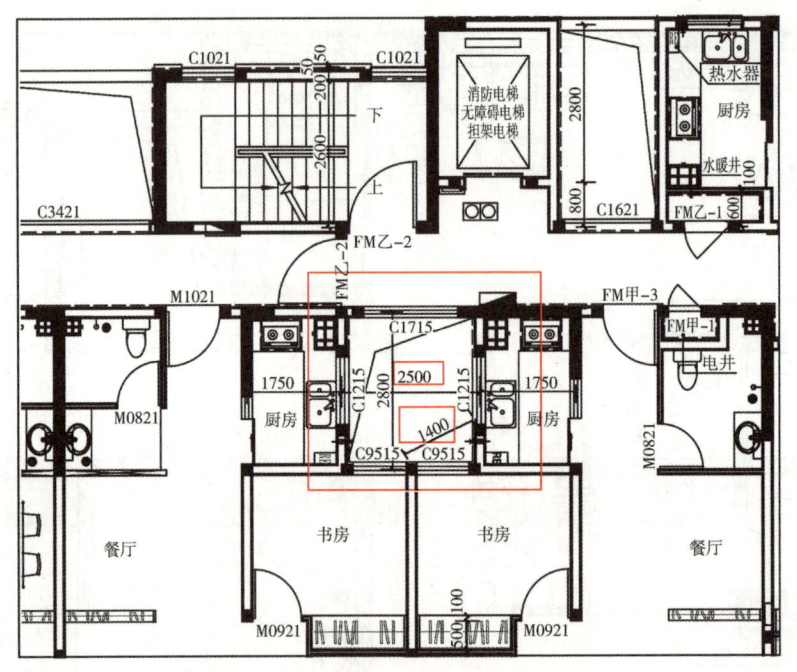

图 11.3-3　某高层住宅楼内天井大样图

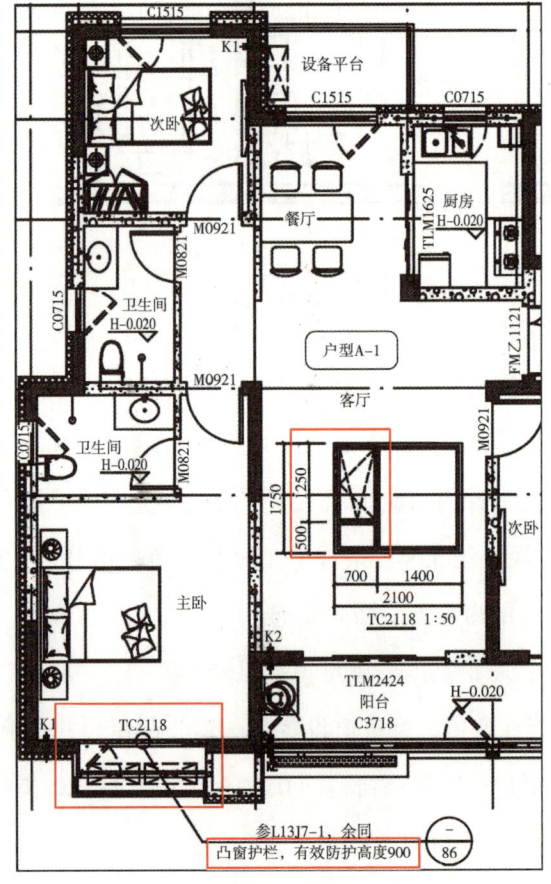

图 11.3-4　某高层住宅楼卧室凸窗平面图

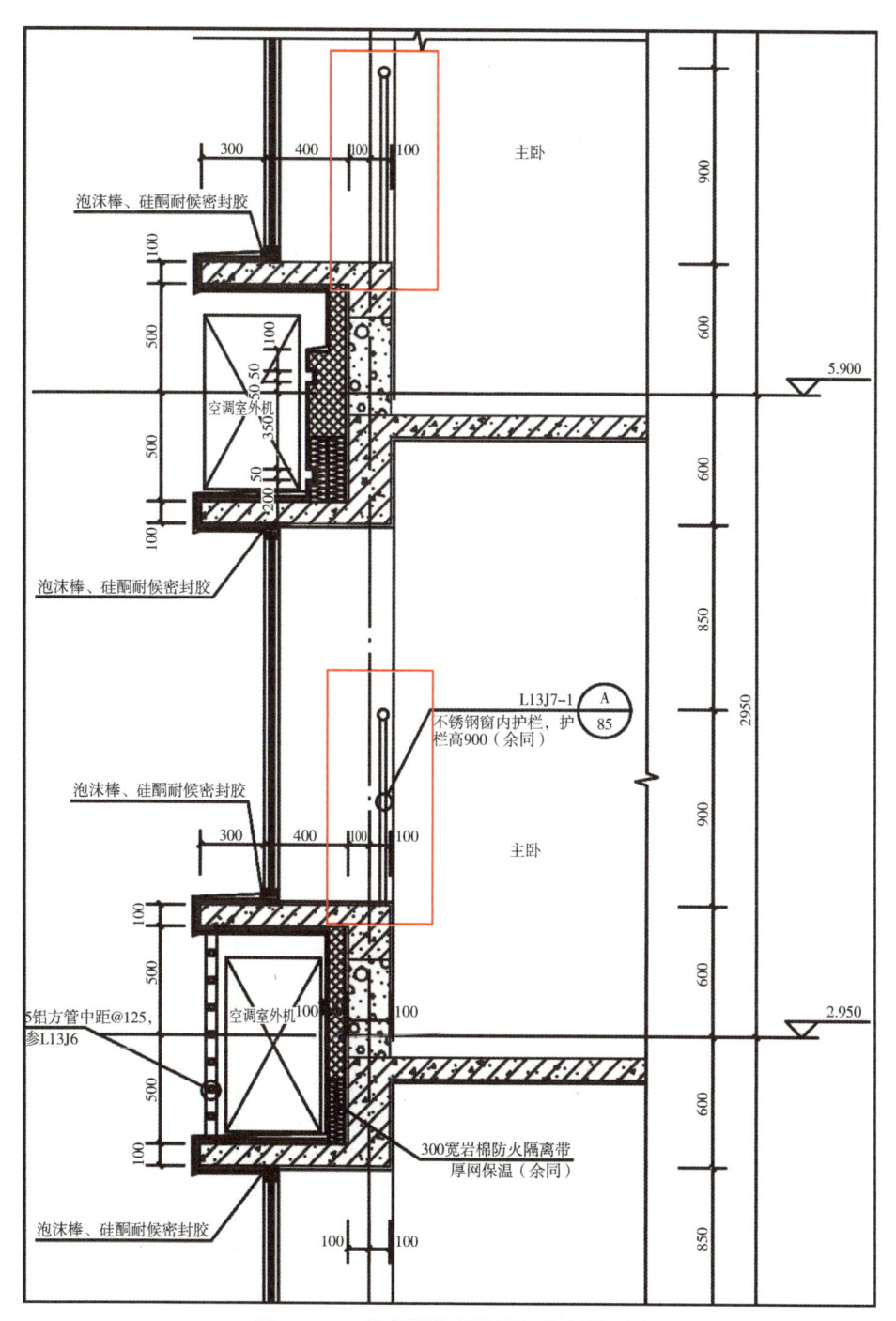

图 11.3-5 某高层住宅楼卧室凸窗剖面图

【原因分析】实际调查表明，当出现可开启窗扇执手超出一般成年人正常站立所能触及的范围，就会出现攀登至凸窗台面关闭窗扇的情况，如可开启窗扇窗洞口底距凸窗台面的净高小于 0.90m，容易发生坠落事故。该工程凸窗防护栏杆设置位置错误，护栏应贴窗设置，违反《住设规》第5.8.2条规定。

【**处理措施**】审查意见提出住宅凸窗可开启窗扇窗洞口底距窗台面的净高低于0.90m时，窗洞口处应有防护措施，其防护高度从窗台面起算不应低于0.90m。由于凸窗开启扇向内开，修改后护栏贴窗设在窗外，高度不小于0.90m，如图11.3-6所示。

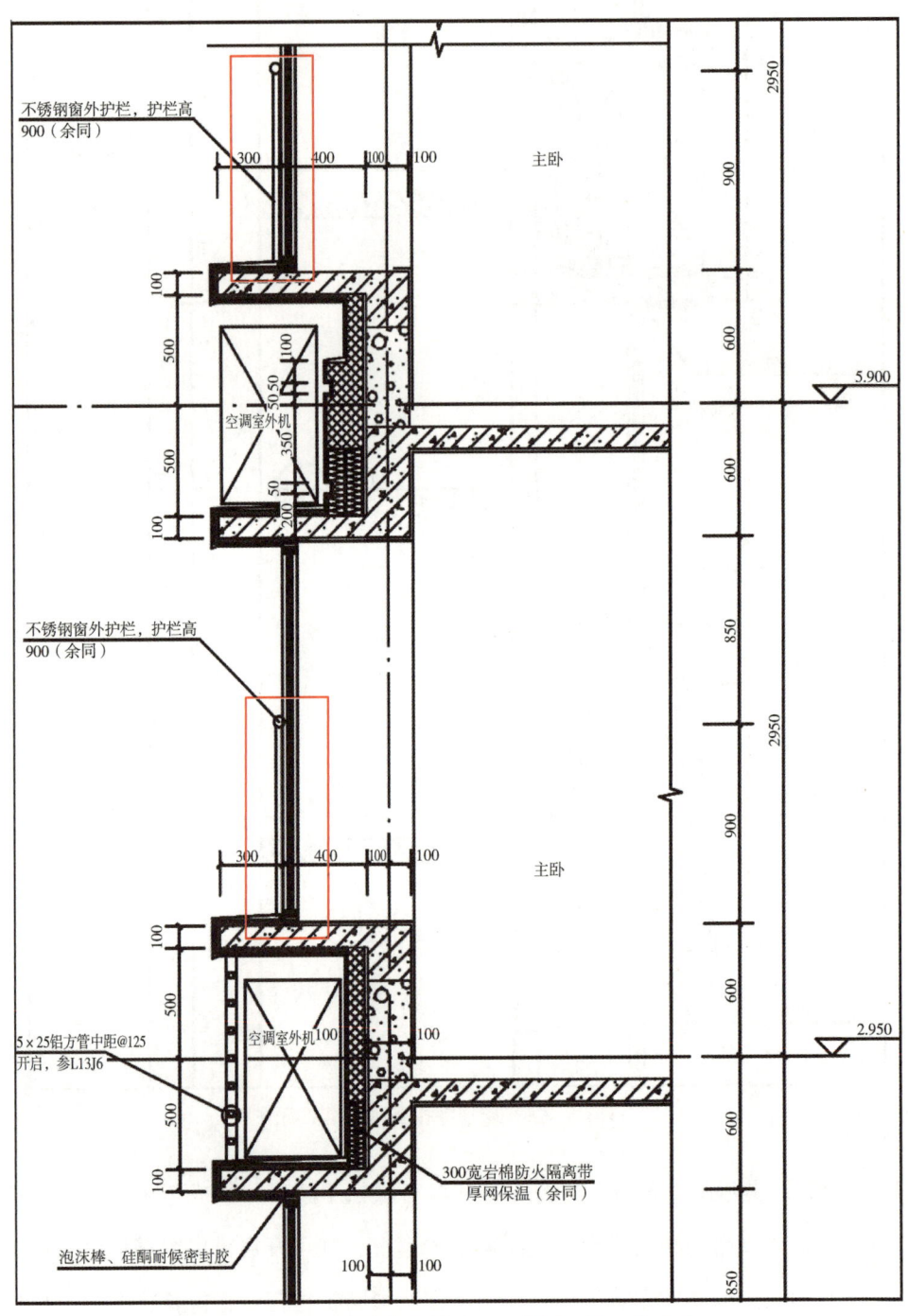

图11.3-6 某高层住宅楼卧室凸窗剖面图（修改后）

【条文延伸】1)《住设规》第5.8.2条规定，当设置凸窗时应符合下列规定：①窗台高度≤0.45m时，防护高度从窗台面起算≥0.90m。②可开启窗扇窗洞口底距窗台面的净高低于0.90m时，窗洞口处应有防护措施。其防护高度从窗台面起算≥0.90m。③严寒和寒冷地区不宜设置凸窗。

2)《技术措施》第10.5.3条规定，凸窗（飘窗）等宽窗台（宽度大于0.22m的窗台），防护高度应遵守以下规定，常见的防护形式如图11.3-7所示。凡凸窗范围内设有宽度大于0.22m的窗台（以下简称宽窗台），且低于规定高度h的窗台，可供人攀爬站立时，护栏或固定窗扇的防护高度一律从窗台面算起。护栏应贴窗设置。

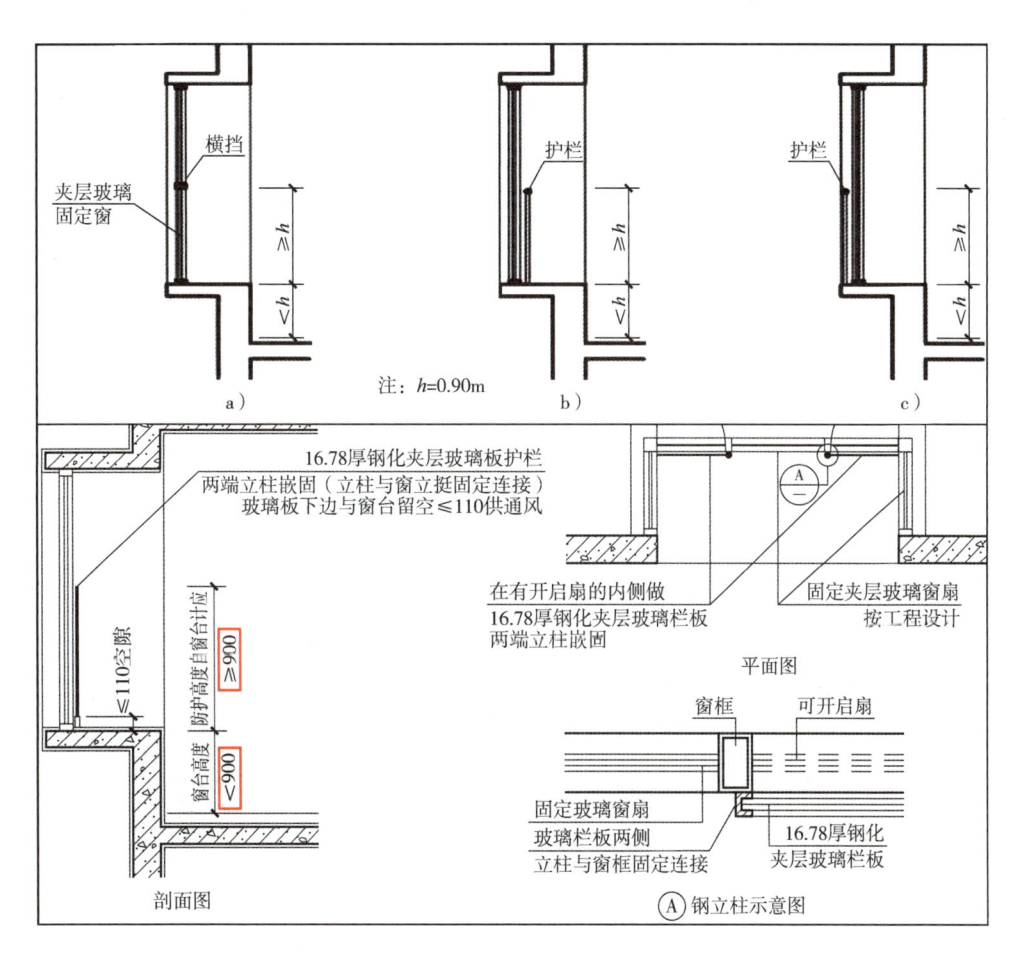

图11.3-7 凸窗台护栏防护形式示意图

3)《技术措施》第10.5.4条规定，住宅建筑中凸窗的设置条件见表11.3-1。

表 11.3-1　住宅建筑中凸窗的设置条件

建筑类型	气候区	位置	设置条件	备注
住宅建筑	严寒地区	除南向外	不应设置	从节能的角度讲，居住建筑不宜设置凸窗。当设置凸窗时，凸窗凸出（从外墙面至凸窗外表面）≤400mm；凸窗的传热系数限值应比普通窗降低15%，且其不透明的顶部、底部、侧面的传热系数应小于或等于外墙的传热系数。当计算窗墙面积比时，凸窗的窗面积和凸窗所占的墙面积应按窗洞口面积计算
	寒冷地区	北向的卧室、起居室	不得设置	
	夏热冬冷地区		当外窗采用凸窗时，应符合下列规定：①窗的传热系数限值应比《夏热冬冷节能标》中的相应值小10%。②计算窗墙面积比时，凸窗的面积按窗洞口面积计算。③对凸窗不透明的上顶板、下底板和侧板，应进行保温处理，且板的传热系数不应小于外墙的传热系数	

11.4　防护栏杆设计问题

（1）住宅公共出入口台阶高度超过 0.70m 并侧面临空时，未设置防护设施。

【工程实例】某高层住宅楼，地上 24 层，地下 2 层，建筑高度 73.25m，室内外高差 0.75m，地下车库人员疏散出口处设 5 步台阶，如图 11.4-1 所示。

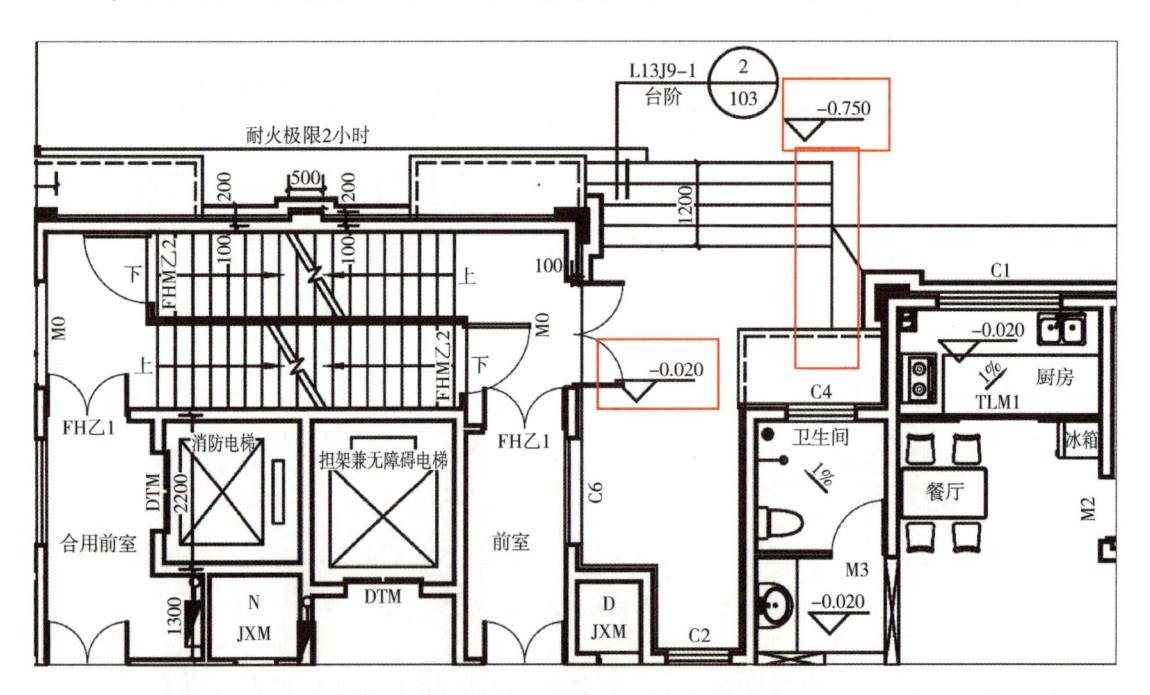

图 11.4-1　某高层住宅楼车库出口平面图

【原因分析】违反《住设规》第 6.1.2 条规定。

【处理措施】 公共出入口台阶高度超过 0.70m 且侧面临空时，人易跌伤，故需采取防护措施。审查意见提出建议临空处设置净高不低于 1.05 的防护栏杆。

【条文延伸】 1)《住设规》第 6.1.2 条规定，公共出入口台阶高度超过 0.70m 并侧面临空时，应设置防护设施，防护设施净高不应低于 1.05m。

2)《民通规》第 5.2.1 条规定，当台阶、人行坡道总高度达到或超过 0.70m 时，应在临空面采取防护措施。

（2）住宅公共外廊临空部位未设置安全防护设施。

【工程实例】 某高层住宅楼，地上 18 层，建筑高度 52.20m，第十五层设置可容纳担架的电梯联通的连廊，连廊净宽 1.70m，净高 2.00m，连廊临空面设防水格栅，如图 11.4-2 所示。

【原因分析】 违反《住设规》第 6.1.3 条规定。联系廊窗台高 0.40m，宽 0.30m，属于可踏部位。窗洞口只设置了防雨格栅，未采取其他安全防护措施，造成安全隐患。

【处理措施】 连廊侧面临空时，人易跌落，故需采取防护措施。审查意见提出建议临空处设置从可踏面起算净高不低于 1.10m 的防护栏杆，栏杆净间距不应大于 0.11m。

【条文延伸】 1)《住设规》第 6.1.3 条规定，外廊、内天井及上人屋面等临空处的栏杆净高，六层及六层以下不应低于 1.05m，七层及七层以上不应低于 1.10m。防护栏杆必须采用防止儿童攀登的构造，栏杆的垂直杆件间净距不应大于 0.11m。放置花盆处必须采取防坠落措施。

2)《民通规》第 6.6.1 条规定，阳台、外廊、室内回廊、中庭、内天井、上人屋面及楼梯等处的临空部位应设置防护栏杆（栏板），并应符合下列规定：①栏杆（栏板）应以坚固、耐久的材料制作，应安装牢固，并应能承受相应的水平荷载。②栏杆（栏板）垂直高度不应小于 1.10m。栏杆（栏板）高度应按所在楼地面或屋面至扶手顶面的垂直高度计算，如底面有宽度大于或等于 0.22m，且高度不大于 0.45m 的可踏部位，应按可踏部位顶面至扶手顶面的垂直高度计算。

（3）住宅开敞阳台部位设置花池，未采取防坠落措施。

【工程实例】 某住宅楼，地上 8 层，建筑高度 23.60m，南向客厅和卧室设有开敞式阳台，阳台外侧设置 0.60m 宽花池，种植花草，如图 11.4-3 所示。

【原因分析】 违反《住设规》第 6.1.3 条规定。放置花盆处未采取防坠落措施。

【处理措施】 阳台侧面临空处设置花池，容易引起坠落伤人事故。审查意见提出阳台放置花盆处必须采取防坠落措施。

建筑专业施工图疑难问题解析

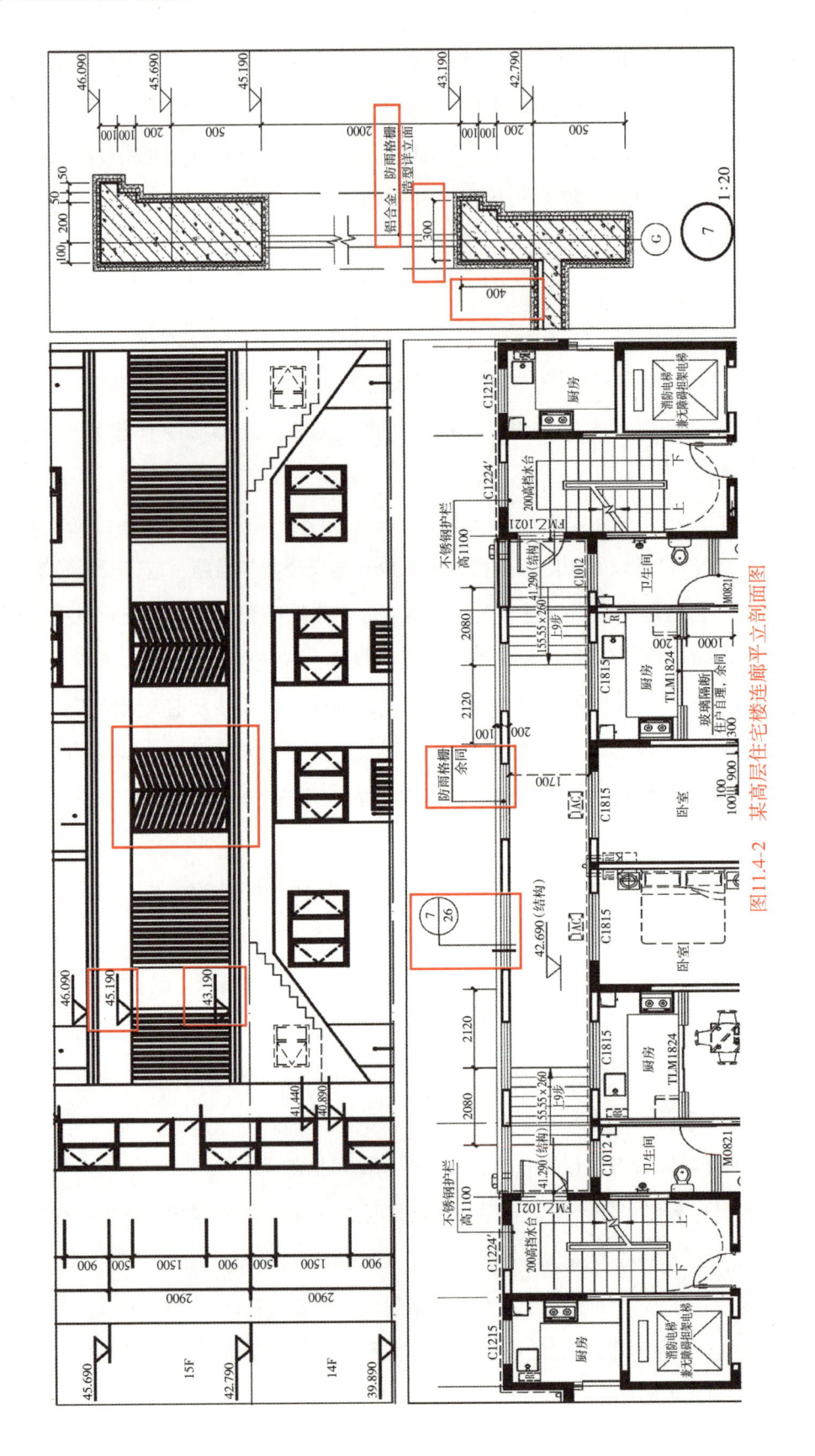

图11.4-2 某高层住宅楼连廊平立剖面图

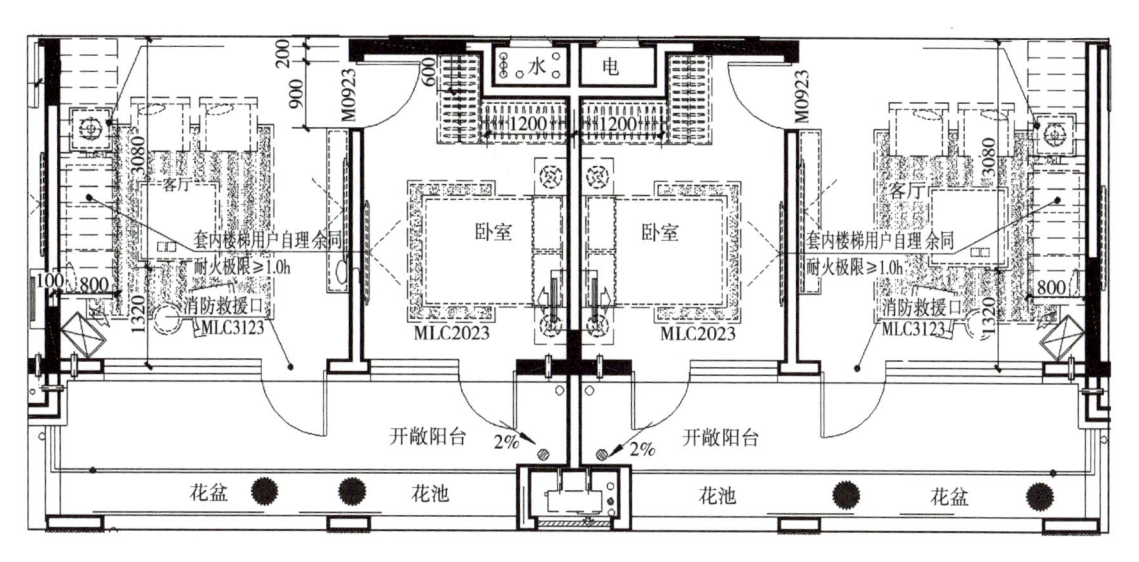

图 11.4-3　某住宅楼阳台花池平面图

附　　录

附录 A　常用标准规范简称索引

（1）《建筑防火通用规范》（GB 55037—2022），简称《建通规》。

（2）《建筑设计防火规范》（GB 50016—2014）（2018 年版），简称《建规》。

（3）《建筑内部装修设计防火规范》（GB 50222—2017），简称《装修规》。

（4）《汽车库、修车库、停车场设计防火规范》（GB 50067—2014），简称《汽修规》。

（5）《建筑与市政工程无障碍通用规范》（GB 55019—2021），简称《无障碍通规》。

（6）《无障碍设计规范》（GB 50763—2012），简称《无障碍规》。

（7）《建筑节能与可再生能源利用通用规范》（GB 55015—2021），简称《节能通规》。

（8）《公共建筑节能设计标准》（GB 50189—2015），简称《公建节能标》。

（9）《严寒和寒冷地区居住建筑节能设计标准》（JGJ 26—2018），简称《严寒节能标》。

（10）《夏热冬冷地区居住建筑节能设计标准》（JGJ 134—2010），简称《夏热冬冷节能标》。

（11）《绿色建筑评价标准》（GB/T 50378—2019）（2024 年版），简称《绿建评标》。

（12）《玻璃幕墙工程技术规范》（JGJ 102—2003），简称《玻璃幕墙规》。

（13）《冷库设计标准》（GB 50072—2021），简称《冷库标》。

（14）《建筑钢结构防火技术规范》（GB 51249—2017），简称《建钢规》。

（15）《钢结构防火涂料》（GB 14907—2018），简称《钢涂》。

（16）《钢结构防火涂料应用技术规程》（T/CECS 24—2020），简称《钢涂规》。

（17）《建筑设计防火规范》（GB 50016—2014）（2018 年版）实施指南，简称《建规指南》。

（18）《屋面工程技术规范》（GB 50345—2012），简称《屋面规》。

（19）《托儿所、幼儿园建筑设计规范》（JGJ 39—2016）（2019 年版），简称《托幼规》。

(20)《建筑与市政工程防水通用规范》(GB 55030—2022),简称《防水通规》。

(21)《工程结构通用规范》(GB 55001—2021),简称《结构通规》。

(22)《火灾自动报警系统设计规范》(GB 50116—2013),简称《自报》。

(23)《建筑防烟排烟系统技术标准》(GB 51251—2017),简称《防排烟》。

(24)《消防给水及消火栓系统技术规范》(GB 50974—2014),简称《消水规》。

(25)《商店建筑设计规范》(JGJ 48—2014),简称《商店规》。

(26)《车库建筑设计规范》(JGJ 100—2015),简称《车库规》。

(27)《消防设施通用规范》(GB 55036—2022),简称《消通规》。

(28)《民用建筑通用规范》(GB 55031—2022),简称《民通规》。

(29)《幼儿园建设标准》(建标 175—2016),简称《幼建标》。

(30)《中小学校设计规范》(GB 50099—2011),简称《中小学规》。

(31)《民用建筑设计统一标准》(GB 50352—2019),简称《民建标》。

(32)《建筑幕墙工程设计文件编制标准》(T/CBDA 26—2019),简称《幕墙编标》。

(33)《民用建筑电气设计标准》(GB 51348—2019),简称《民电标》。

(34)《低压配电设计规范》(GB 50054—2011),简称《低配规》。

(35)《建筑防火封堵应用技术标准》(GB/T 51410—2020),简称《防火封堵标》。

(36)《建筑玻璃应用技术规程》(JGJ 113—2015),简称《玻璃规程》。

(37)《住宅设计规范》(GB 50096—2011),简称《住设规》。

(38)《住宅项目规范》(GR 55038—2025),简称《住项规》。

(39)《建筑室内防水工程技术规程》(CECS 196：2006),简称《室内防水规程》。

(40)《建筑环境通用规范》(GB 55016—2021),简称《环境通规》。

(41)《民用建筑隔声设计规范》(GB 50118—2010),简称《民建隔声规》。

(42)《建筑碳排放计算标准》(GB/T 51366—2019),简称《碳排标》。

(43)《建筑幕墙、门窗通用技术条件》(GB/T 31433—2015),简称《幕墙门窗条件》。

(44)《民用建筑工程室内环境污染控制标准》(GB 50325—2020),简称《室内污染标》。

(45)《城市防洪工程设计规范》(GB/T 50805—2012),简称《防洪规》。

(46)《防洪标准》(GB 50201—2014),简称《防洪标》。

(47)《电磁环境控制限值》(GB 8702—2014),简称《电磁控》。

(48)《建筑外墙防水工程技术规程》(JGJ/T 235—2011),简称《外墙防水规程》。

(49)《外墙外保温工程技术标准》(JGJ 144—2019),简称《外保温标》。

(50)《金属与石材幕墙工程技术规范》(JGJ 133—2001),简称《金属石材幕墙规》。

(51)《塑料门窗工程技术规程》(JGJ 103—2008),简称《塑料门窗规程》。

(52)《铝合金门窗工程技术规范》(JGJ 214—2010),简称《铝合金门窗规》。

(53)《建筑遮阳工程技术规范》(JGJ 237—2011),简称《遮阳规》。

(54)《民用建筑太阳能热水系统应用技术标准》(GB 50364—2018),简称《太阳能标》。

(55)《建筑光伏系统应用技术标准》(GB/T 51368—2019),简称《光伏标》。

(56)《装配式混凝土建筑技术标准》(GB/T 51231—2016),简称《装混建标》。

(57)《住宅室内防水工程技术规范》(JGJ 298—2013),简称《住宅防水规》。

(58)《电动汽车分散充电设施工程技术标准》(GB/T 51313—2018),简称《电车充电标》。

(59)《电动自行车安全技术规范》(GB 17761—2024),简称《电动自行车规》。

(60)《城市步行和自行车交通系统规划标准》(GB/T 51439—2021),简称《步行和自行车标》。

(61)《公共建筑标识系统技术规范》(GB/T 51223—2017),简称《公建标识规》。

(62)《老年人照料设施建筑设计标准》(JGJ 450—2018),简称《照料设施标》。

(63)《地下工程防水技术规范》(GB 50108—2008),简称《地下防水规》。

(64)《建筑幕墙设计标准》(T/CECS 1266—2023),简称《幕墙标准》。

(65)《既有建筑维护与改造通用规范》(GB 55022—2021),简称《维护改造通规》。

(66)《装配式混凝土结构技术规程》(JGJ 1—2014),简称《装混规程》。

(67)《建筑轻质条板隔墙技术规程》(JGJ/T 157—2014),简称《条板规程》。

(68)《建筑防火封堵应用技术标准》(GB/T 51410—2020),简称《防火封堵标》。

(69)《装配式钢结构建筑技术标准》(GB/T 51232—2016),简称《装钢建标》。

(70)《民用建筑热工设计规范》(GB 50176—2016),简称《民建热规》。

(71)《夏热冬暖地区居住建筑节能设计标准》(JGJ 75—2012),简称《夏热冬暖节能标》。

(72)《建筑钢结构防腐蚀技术规程》(JGJ/T 251—2011),简称《钢结构防腐蚀规程》。

(73)《宿舍建筑设计规范》(JGJ 36—2016),简称《宿舍规》。

(74)《宿舍、旅馆建筑项目规范》(GB 55025—2022),简称《宿旅项规》。

(75)《体育建筑设计规范》(JGJ 31—2003),简称《体育规》。

(76)《办公建筑设计标准》(JGJ/T 67—2019),简称《办公标》。

(77)《饮食建筑设计标准》(JGJ 64—2017),简称《饮食标》。

(78)《旅馆建筑设计规范》(JGJ 62—2014),简称《旅馆规》。

(79)《图书馆建筑设计规范》(JGJ 38—2015),简称《图书馆规》。

(80)《博物馆建筑设计规范》(JGJ 66—2015),简称《博物馆规》。

(81)《档案馆建筑设计规范》(JGJ 25—2010),简称《档案馆规》。

(82)《剧场建筑设计规范》(JGJ 57—2016),简称《剧场规》。

(83)《电影院建筑设计规范》(JGJ 58—2008),简称《电影院规》。

(84)《展览建筑设计规范》(JGJ 218—2010),简称《展览规》。

(85)《综合医院建筑设计标准》(GB 51039—2014)(2024版),简称《医院标》。

(86)《综合医院建设标准》(建标 110—2021),简称《医院建标》。

(87)《传染病医院建筑设计规范》(GB 50849—2014),简称《传染病医规》。

(88)《交通客运站建筑设计规范》(JGJ/T 60—2012),简称《客运站规》。

(89)《物流建筑设计规范》(GB 51157—2016),简称《物流规》。

(90)《危险货物分类和品名编号》(GB 6944—2005),简称《危品分编》。

(91)《城市居住区规划设计标准》(GB 50180—2018),简称《居规标》。

(92)《居住建筑节能设计标准》(DB37/T 5026—2022),简称《山东居能标》。

(93)《公共建筑节能设计标准》(DB37/T 5155—2019),简称《山东公能标》。

(94)《工业建筑节能设计统一标准》(GB 51245—2017),简称《工建节能标》。

(95)《建筑地面工程防滑技术规程》(JGJ/T 331—2014),简称《防滑规程》。

(96)《种植屋面工程技术规程》(JGJ 155—2013),简称《种植屋面规》。

附录 B 政府文件及简称索引

（1）住房和城乡建设部关于实施《房屋建筑和市政基础设施工程施工图设计文件审查管理办法》有关问题的通知（建质〔2013〕111号），简称《施工图审查管理办法》。

（2）《关于进一步明确房屋建筑和市政基础设施工程施工图设计文件执行工程建设规范标准有关要求的通知》（闽建科〔2022〕4号），简称《福建通知》。

（3）《关于做好工程建设项目设计审查适用国家工程建设标准衔接工作的通知》（陕建发〔2021〕246号），简称《陕西标准衔接》。

（4）《关于完善质量保障体系提升建筑工程品质的指导意见》（国办函〔2019〕92号）。

（5）《关于全面开展工程建设项目审批制度改革的实施意见》（国办发〔2019〕11号），简称《项目审改意见》。

（6）《中华人民共和国消防法》（2019年4月23日修订），简称《消法》。

（7）《优化营商环境条例》（国务院令第722号）。

（8）《住房和城乡建设部等部门关于加快新型建筑工业化发展的若干意见》（建标规〔2020〕8号），简称《建筑工业化发展意见》。

（9）《加快推动建筑领域节能降碳工作方案的通知》（国办函〔2024〕20号），简称《节能降碳方案》。

（10）《山东省绿色建筑促进办法》（省政府令323号）。

（11）《关于进一步加强施工图设计文件审查工作的指导意见》（鲁建设字〔2022〕3号），简称《山东审查指导意见》。

（12）《国务院办公厅关于大力发展装配式建筑的指导意见》（国办发〔2016〕71号），简称《装配式指导意见》。

（13）《国家发展改革委等部门关于进一步提升电动汽车充电基础设施服务保障能力的实施意见》（发改能源规〔2022〕53号），简称《电动汽车充电实施意见》。

（14）《关于加强和规范我省居民小区电动汽车充电基础设施建设的通知》（鲁发改能源〔2020〕1254号），简称《山东电动汽车充电建设》。

（15）《关于构建更高水平的全民健身公共服务体系的意见》，简称《全民健身意见》。

（16）《关于加强超高层建筑规划建设管理的通知》（建科〔2021〕76号），简称《超高层管理》。

（17）《中华人民共和国无障碍环境建设法》（2023年6月28日第十四届全国人民代表大会常务委员会第三次会议通过），简称《无障碍法》。

（18）《关于推进海绵城市建设的指导意见》（国办发〔2015〕75号），简称《海绵城市意见》。

（19）《关于进一步加强玻璃幕墙安全防护工作的通知》（建标〔2015〕38号），简称《玻璃幕墙安防》。

（20）《装配式混凝土结构建筑工程施工图设计文件技术审查要点（2016年版）》（建质函〔2016〕287号），简称《装配式混凝土审查要点》。

（21）《大力推进山东省智能建造促进建筑业工业化、数字化、绿色化转型升级的实施方案的通知》鲁建建管字〔2024〕2号，简称《山东实施方案》。

（22）《建筑工程设计文件编制深度规定（2016版）》（建质函〔2016〕247号），简称《设计深度规定》。

附录 C 省市审查要点简称索引

（1）《山东省绿色建筑施工图设计审查技术要点（2021年版）》，简称《山东绿建审查要点》。

（2）《湖南省房屋建筑工程消防设计技术审查要点（2024年版）》，简称《湖南消防审查要点》。

（3）《福建省建筑节能施工图设计与审查要点（2023年版）》，简称《福建节能审查要点》。

（4）《四川省民用绿色建筑设计施工图阶段审查技术要点（2024版）》，简称《四川绿建审查要点》。

（5）《江苏省民用建筑及市政工程施工图无障碍设计文件技术审查要点（2020年版）》，简称《江苏无障碍审查要点》。

（6）《上海市建设工程施工图无障碍设计文件技术审查要点（2023年版）》，简称《上海无障碍审查要点》。

（7）《南京市建筑幕墙工程施工图设计文件审查指南（2022年版）》，简称《南京幕墙审查指南》。

（8）《苏州市建设工程施工图设计审查疑难技术问题指导（2021年版）》，简称《苏州施工图审查指导》。

（9）《合肥市既有建筑改造设计与审查导则（2022年版）》，简称《合肥改造导则》。

（10）《东营市既有建筑改造工程设计审查要点（2024年版）》，简称《东营改造导则》。

（11）《山东省既有建筑改造工程消防设计审查验收技术指南》（2023年版）》，简称《山东改造消防指南》。

（12）《上海市房屋建筑工程施工图设计文件技术审查要点（3.0版）（建筑、结构篇）》，简称《上海施工图审查要点》。

（13）《浙江省房屋建筑和市政基础设施工程施工图设计文件技术审查要点：房屋建筑工程（2020年版）》，简称《浙江施工图审查要点》。

（14）《福建省建筑工程施工图设计文件编制深度规定（2023年版）》，简称《福建深度规定》。

（15）《装配式混凝土结构建筑工程施工图设计文件技术审查要点（2016年版）》（建质函〔2016〕287号），简称《装配式混凝土审查要点》。

（16）《山东省房屋建筑和市政工程施工图设计文件技术审查要点（2024年版）（第一册：房屋建筑）》，简称《山东施工图审查要点》。

（17）《山东省施工图审查常见问题解答（房屋建筑）（2024年版）》，简称《山东审查解答》。

（18）《乌鲁木齐市施工图审查常见问题汇编（2023版）》，简称《乌鲁木齐审查汇编》。

（19）《青岛市建筑工程施工图设计审查技术问答清单（2023年版）》，简称《青岛审查清单》。

（20）《佛山市南海区房屋建筑工程设计常见问题汇编（2023年版）》，简称《佛山设计问题汇编》。

（21）中科院关于《建筑内部装修设计防火规范》（GB 50222—2017）有关条款解释的复函（2018年8月7日，2018年11月9日），简称《中科院复函》。

（22）中国建筑设计院有限公司编《结构设计统一技术措施》，简称《结构技术措施》。

（23）《全国民用建筑工程设计技术措施：规划·建筑·景观（2009年版）》，简称《技术措施》。

参 考 文 献

[1] 中华人民共和国住房和城乡建设部．建筑防火通用规范：GB 55037—2022 [S]．北京：中国计划出版社，2022．

[2] 中华人民共和国住房和城乡建设部．建筑设计防火规范：GB 50016—2014（2018年版）[S]．北京：中国计划出版社，2018．

[3] 中华人民共和国住房和城乡建设部．建筑内部装修设计防火规范：GB 50222—2017 [S]．北京：中国计划出版社，2017．

[4] 中华人民共和国住房和城乡建设部．民用建筑通用规范：GB 55031—2022 [S]．北京：中国建筑工业出版社，2022．

[5] 中华人民共和国住房和城乡建设部．民用建筑设计统一标准：GB 50352—2019 [S]．北京：中国建筑工业出版社，2019．

[6] 中华人民共和国住房和城乡建设部．建筑节能与可再生能源利用通用规范：GB 55015—2021 [S]．北京：中国计划出版社，2021．

[7] 中华人民共和国住房和城乡建设部．建筑与市政工程无障碍通用规范：GB 55019—2021 [S]．北京：中国建筑工业出版社，2021．

[8] 中华人民共和国住房和城乡建设部．无障碍设计规范：GB 50763—2012 [S]．北京：中国建筑工业出版社，2012．

[9] 中华人民共和国住房和城乡建设部．宿舍、旅馆建筑项目规范：GB 55025—2022 [S]．北京：中国建筑工业出版社，2022．

[10] 中华人民共和国住房和城乡建设部．建筑与市政工程防水通用规范：GB 55030—2022 [S]．北京：中国建筑工业出版社，2022．

[11] 中华人民共和国住房和城乡建设部．住宅设计规范：GB 50096—2011 [S]．北京：中国建筑工业出版社，2011．

[12] 中华人民共和国住房和城乡建设部．住宅项目规范：GB 55038—2025 [S]．北京：中国建筑工业出版社，2025．

[13] 中华人民共和国住房和城乡建设部．托儿所、幼儿园建筑设计规范：JGJ 39—2016 [S]．北京：中国建筑工业出版社，2019．

[14] 中华人民共和国住房和城乡建设部．办公建筑设计标准：JGJ/T 67—2019 [S]．北京：中国建筑工业出版社，2019．

[15] 中华人民共和国住房和城乡建设部．商店建筑设计规范：JGJ 48—2014 [S]．北京：中国计划出版

社，2014.

[16] 中华人民共和国住房和城乡建设部．中小学校设计规范：GB 50099—2011［S］．北京：中国建筑工业出版社，2010.

[17] 中华人民共和国住房和城乡建设部．汽车库、修车库、停车场设计防火规范：GB 50067—2014［S］．北京：中国计划出版社，2014.

[18] 中华人民共和国住房和城乡建设部．车库建筑设计规范：JGJ 100—2015［S］．北京：中国建筑工业出版社，2015.

[19] 中华人民共和国住房和城乡建设部．严寒和寒冷地区居住建筑节能设计标准：JGJ 26—2018［S］．北京：中国建筑工业出版社，2018.

[20] 中华人民共和国住房和城乡建设部．绿色建筑评价标准：GB/T 50378—2019（2024 年版）［S］．北京：中国建筑工业出版社，2024.

[21] 中华人民共和国住房和城乡建设部．装配式建筑评价标准：GB/T 51129—2017［S］．北京：中国建筑工业出版社，2017.

[22] 中华人民共和国住房和城乡建设部．工业建筑节能设计统一标准：GB 51245—2017［S］．北京：中国计划出版社，2017.

[23] 山东省住房和城乡建设厅．居住建筑节能设计标准：DB37/T 5026—2022［S］．北京：中国建材工业出版社，2023.

[24] 山东省住房和城乡建设厅．公共建筑节能设计标准：DB37/T 5155—2019［S］．北京：中国建材工业出版社，2020.

[25] 中华人民共和国住房和城乡建设部．建筑地面工程防滑技术规程：JGJ/T 331—2014［S］．北京：中国建筑工业出版社，2014.

[26] 规范编制组．建筑防火通用规范实施指南［M］．北京：中国计划出版社，2023.

[27] 孟建民．建筑工程设计常见问题汇编建筑分册［M］．北京：中国建筑工业出版社，2021.

[28] 倪照鹏，等．建筑设计防火规范（2018 年版）实施指南［M］．北京：中国计划出版社，2020.

[29] 马国祝．建筑工程施工图审查常见问题详解—建筑专业［M］．2 版．北京：机械工业出版社，2015.

[30] 规范编制组．建筑内部装修设计防火规范理解与应用［M］．北京：中国计划出版社，2018.

[31] 张军．对施工图审查工作的思考和建议［J］．中国勘察设计，2020，11：65-68.

[32] 中国建筑标准设计研究院有限公司．全国民用建筑工程设计技术措施：规划·建筑·景观（2009 年版）［M］．北京：中国计划出版社，2010.

[33] 中国建筑科学研究院有限公司，等．《建筑节能与可再生能源利用通用规范》GB 55015、《建筑环境通用规范》GB 55016 应用指南［M］．北京：中国建筑工业出版社，2022.

后　　记

昔日荣光与今日的困窘

> "这是希望之春，这是失望之冬"
> ——英国作家查尔斯·狄更斯

建筑设计行业，曾被誉为创意与艺术的殿堂，如今却面临着前所未有的挑战与焦虑。在这个瞬息万变的时代，建筑设计行业仿佛陷入了一片迷雾之中，前方的道路充满了未知与变数。首先，市场竞争的日益激烈是建筑设计行业面临的一大问题。随着全球化的加速推进，国内外众多设计事务所纷纷涌入市场，争夺有限的项目资源。许多设计单位不得不以更低的价格、更高的效率来争取项目，导致设计利润空间被不断压缩。同时，开发商对于设计品质的要求也在不断提高，建筑师在追求创新的同时，还要兼顾实用性和经济性，难度之大可想而知。

其次，随着数字化、智能化等技术的广泛应用，也给建筑设计行业带来了巨大冲击，传统的设计方式和理念已经无法满足现代建筑的需求。然而，许多设计单位在技术创新方面却显得力不从心，缺乏足够的技术储备和人才支持，导致他们在面对新型复杂建设项目时，往往难以给出具有创新性和竞争力的设计方案。

再者，为执行国家有关节约能源、保护生态环境、应对气候变化的法律、法规，落实碳达峰、碳中和决策部署，提高能源资源利用效率，推动可再生能源利用，降低建筑碳排放，也给建筑设计行业带来了不小的压力。如何在满足客户需求的同时，实现建筑的绿色、环保和可持续发展，成为设计院必须面对的问题。然而，由于客户对于成本的考虑，这一目标的实现并不容易。此外，建筑设计行业还面临着人才流失和团队建设的问题。由于行业利润空间的压缩和市场竞争的加剧，许多设计院难以提供具有吸引力的薪酬待遇和职业发展机会，导致大量优秀人才流失。同时，团队建设和文化建设也是设计院面临的一大挑战。如何在激烈的市场竞争中保持团队的凝聚力和创造力，成为设计院必须思考的问题。

后记

"这是希望之春，这是失望之冬"，英国作家查尔斯·狄更斯的这句话还未从我们耳中淡出，2024年就不时听到设计人员讨薪离职的消息，对每一位深耕其中的设计师来说，挫败与希望同在，无奈与反思相伴。

米兰昆德拉说过："最沉重的负担压迫着我们，让我们屈服于它，把我们压迫到地面上。负担越重，我们的生命就越贴近地面，它就越真实地存在。"很多时候，为了生存，我们背着越来越沉重的负担，越来越步履维艰，越来越贴近大地，直到找不到方向，直到迷失。可是只知道负重前行的我们，是否曾追问过：生命的意义是学会生存，还是生活？不错，为了生存，我们必须承担某些生命赋予我们的重量，我们不得不为之俯首甘为孺子牛，于是我们今天在为明天的生计努力地工作，思考昨天的得失，忧虑后天的名与利。可是，真正的生活不该这么沉重。真正的生活不应该有这么多的欲望和忧思。懂得生活的人更懂得如何抛弃某些沉重的生命负担去生存，去获得真正的生活态度。

在新的一年里，我们仍然将与市场的压力和未知的困难并进，希望大家都能够秉持初心，不断学习和磨砺自我，"坚持用设计体现价值、用设计创造美好、用设计适应时代"。

2025年1月1日

马国祝